Hello HarmonyOS!
鸿蒙应用开发从入门到精通

孙洋 / 著

电子工业出版社
Publishing House of Electronics Industry
北京·BEIJING

内 容 简 介

本书是系统地介绍鸿蒙应用开发知识的图书，较全面地介绍了鸿蒙应用开发所涉及的知识点，使用概念介绍、代码编写、代码讲解的模式，将所讲的内容通过小案例用由浅入深、分步拆解的方式进行介绍，希望为你带来更好的学习体验。

本书共分为 9 章。第 1 章介绍了 HarmonyOS 的特性、基础知识及鸿蒙应用如何在单机和多设备上运行与调试。第 2 章和第 8 章介绍了鸿蒙应用的布局与组件。第 3 章~第 7 章介绍了鸿蒙应用开发的各项知识，包括 Ability、分布式通信、数据管理、公共事件和通知、服务卡片。第 9 章介绍了鸿蒙应用开发过程中的线程管理。

本书适合移动终端应用设计、开发工程师，以及对鸿蒙应用开发感兴趣或准备从事相关行业的开发者及院校师生阅读参考。

未经许可，不得以任何方式复制或抄袭本书之部分或全部内容。
版权所有，侵权必究。

图书在版编目（CIP）数据

Hello HarmonyOS!：鸿蒙应用开发从入门到精通 / 孙洋著. —北京：电子工业出版社，2022.2
ISBN 978-7-121-42868-5

Ⅰ.①H… Ⅱ.①孙… Ⅲ.①移动终端－应用程序－程序设计 Ⅳ.①TN929.53

中国版本图书馆 CIP 数据核字（2022）第 025410 号

责任编辑：石　悦
印　　刷：涿州市般润文化传播有限公司
装　　订：涿州市般润文化传播有限公司
出版发行：电子工业出版社
　　　　　北京市海淀区万寿路 173 信箱　　邮编：100036
开　　本：720×1000　1/16　印张：32.5　字数：637 千字
版　　次：2022 年 2 月第 1 版
印　　次：2024 年 6 月第 2 次印刷
定　　价：139.00 元

凡所购买电子工业出版社图书有缺损问题，请向购买书店调换。若书店售缺，请与本社发行部联系，联系及邮购电话：(010) 88254888，88258888。
质量投诉请发邮件至 zlts@phei.com.cn，盗版侵权举报请发邮件至 dbqq@phei.com.cn。
本书咨询联系方式：(010) 51260888-819，faq@phei.com.cn。

前　言

2019年10月，华为鸿蒙操作系统（HarmonyOS）正式发布1.0版本。它是一款面向万物互联的全场景分布式操作系统。经过短短两年，HarmonyOS目前已经运行在2.2亿部终端设备上，发展速度十分惊人，其巨大的商业价值逐渐被市场认可。HarmonyOS可以非常方便地连接不同的设备，打破硬件之间的物理屏障，使不同的硬件设备之间可以便捷、迅速地进行数据通信。目前，物联网正从"万物互联"阶段进入"万物智联"阶段，HarmonyOS可以作为这一阶段的"基础设施"。搭载了HarmonyOS的硬件设备，可以很自然地融入鸿蒙生态中。随着设备数量的不断增加，HarmonyOS的优势会更加明显。

鸿蒙开发分为应用开发和设备开发，本书介绍的内容是其中的应用开发，基于HarmonyOS的SDK和开发工具DevEco Studio来完成。鸿蒙应用开发主要使用的编程语言为Java和JavaScript，并支持C/C++语言来做Native开发。不同语言之间可以混合使用，满足了多种多样的开发需求。本书使用Java语言进行讲解，系统地介绍鸿蒙应用开发的基础知识，适合作为入门鸿蒙应用开发的基础教程。

本书是系统地介绍鸿蒙应用开发知识的图书，较全面地介绍了鸿蒙应用开发所涉及的知识点，使用概念介绍、代码编写、代码讲解的模式，将所讲的内容通过小案例用由浅入深、分步拆解的方式进行介绍，希望为你带来更好的学习体验。本书适合移动终端应用设计、开发工程师，以及对鸿蒙应用开发感兴趣或准备从事相关行业的开发者及院校师生阅读参考。

本书共分为9章。第1章介绍了HarmonyOS的特性、基础知识及鸿蒙应用如何在单机和多设备上运行与调试。第2章和第8章介绍了鸿蒙应用的布局与组件。通过学习第2章，你可以掌握不同布局方式适用的场景，了解应用中各个组件的摆放是如何实现的和如何给组件加上丰富的样式。第8章介绍了一些高级组件的使用方法，使用这些组件可以开发功能更为复杂的页面。第3章～第7章介绍了鸿蒙应用开发的各项知识，包括Ability、分布式通信、数据管理、公共事件和通知、服务卡片。第 9 章介绍了鸿蒙应用开发过程中的线程管理。

如果你是一名初学者，那么请在开始阅读本书前，学习一些 Java 语言的基础知识。如果你是一名有经验的资深 Android 移动开发人员，那么可以将本书作为案头参考资料，了解 Android 移动开发和鸿蒙开发的共同点与区别，从而快速上手鸿蒙应用开发。

需要说明的是，由于 HarmonyOS 的 SDK 和开发工具 DevEco Studio 的版本不断更新，本书中的部分内容可能与最新的软件页面不一致，请你见谅，不过这不会影响本书的阅读体验。

由于作者水平有限，编写时间仓促，虽然经过多次勘误，但是书中难免出现一些表述不准确的地方，恳请你批评指正。

感谢你的支持，其实对于一门技术来讲，需要介绍的内容有很多，但是一本书的篇幅是有限的，能讲到的重点也是有限的。我想介绍的内容不限于此，希望以后可以继续与你探讨。

在本书的写作过程中，得到了华为和 51CTO 鸿蒙社区的大力支持！特别感谢王雪燕、于小飞在本书写作过程中提供的支持，感谢电子工业出版社博文视点公司的石悦老师在本书出版过程中的帮助。感谢我的博士生导师鲁斌教授对我的支持。最后，感谢我的家人的陪伴和支持。

希望本书能够帮助到你，祝愿你在未来的学习道路上一切顺利，旅途愉快。

最后，借用华为消费者业务品牌主题曲《我的梦》中的一句歌词与你共勉：

"就让光芒折射泪湿的瞳孔

映出心中最想拥有的彩虹

带我奔向那片有你的天空

因为你是我的梦"

孙洋

2021 年 10 月

目　　录

第1章　HarmonyOS 开篇　｜　1

1.1　HarmonyOS 概述　｜　1
- 1.1.1　HarmonyOS 技术特性　｜　2
- 1.1.2　HarmonyOS 架构　｜　5

1.2　HarmonyOS 环境搭建　｜　7
- 1.2.1　DevEco Studio 安装　｜　7
- 1.2.2　SDK 安装　｜　10
- 1.2.3　HDC 工具配置　｜　17
- 1.2.4　账号注册与实名认证　｜　21

1.3　HarmonyOS 应用程序知识　｜　25
- 1.3.1　App 与 HAP　｜　25
- 1.3.2　Ability 概述　｜　27

1.4　第一个程序：Hello World!　｜　27
- 1.4.1　创建项目　｜　28
- 1.4.2　项目目录　｜　31
- 1.4.3　配置文件　｜　34
- 1.4.4　模拟器运行　｜　36
- 1.4.5　应用签名与真机运行　｜　45
- 1.4.6　自动签名　｜　56
- 1.4.7　应用程序的断点调试　｜　58
- 1.4.8　HiLog 日志　｜　63

1.5　本章小结　｜　68

第2章　HarmonyOS 页面开发　｜　69

2.1　组件与组件容器　｜　69
- 2.1.1　Component　｜　69
- 2.1.2　ComponentContainer　｜　70

2.1.3 开发用户页面的方式 | 71
2.1.4 边距 | 72
2.2 常用布局 | 76
2.2.1 DirectionalLayout | 76
2.2.2 DependentLayout | 89
2.2.3 StackLayout | 95
2.2.4 TableLayout | 98
2.2.5 PositionLayout | 105
2.2.6 AdaptiveBoxLayout | 106
2.3 常用组件 | 109
2.3.1 Component | 109
2.3.2 Text 和 TextField | 112
2.3.3 Button | 118
2.3.4 RadioButton 和 RadioContainer | 121
2.3.5 Checkbox | 129
2.3.6 Image | 131
2.3.7 ProgressBar 和 RoundProgressBar | 135
2.3.8 ToastDialog | 140
2.4 常用的资源类型 | 143
2.4.1 资源目录 | 143
2.4.2 资源文件的使用 | 144
2.4.3 限定词目录 | 153
2.4.4 样式与样式选择 | 155
2.5 动画开发 | 160
2.5.1 帧动画 | 160
2.5.2 数值动画 | 163
2.5.3 属性动画 | 168
2.6 组件的事件监听 | 171
2.6.1 事件类别 | 171
2.6.2 事件监听的五种写法 | 174
2.7 本章小结 | 180

第 3 章 Ability 开发 | 181

3.1 Ability 概述 | 181

3.2 Page Ability ｜ 182
  3.2.1 Page Ability 的创建 ｜ 183
  3.2.2 Page Ability 的生命周期 ｜ 188
  3.2.3 Page Ability 的导航 ｜ 191

3.3 Service Ability ｜ 203
  3.3.1 Service Ability 的创建 ｜ 203
  3.3.2 Service Ability 的生命周期 ｜ 206

3.4 Ability 属性配置 ｜ 215
  3.4.1 Ability 的配置文件 ｜ 215
  3.4.2 Ability 的启动模式 ｜ 218

3.5 Intent ｜ 220
  3.5.1 Intent 对象的结构 ｜ 220
  3.5.2 Intent 对象的操作 ｜ 221

3.6 本章小结 ｜ 222

第 4 章 分布式通信 ｜ 224

4.1 远程启动 FA ｜ 224
  4.1.1 获取远程设备的信息 ｜ 225
  4.1.2 启动 FA ｜ 231

4.2 应用迁移 ｜ 236
  4.2.1 IAbilityContinuation 接口 ｜ 236
  4.2.2 应用迁移案例 ｜ 239
  4.2.3 IAbilityContinuation 接口的其他回调方法 ｜ 243

4.3 应用回迁 ｜ 246

4.4 跨设备启动服务 ｜ 248

4.5 跨设备连接服务 ｜ 252

4.6 跨设备服务调用 ｜ 256

4.7 本章小结 ｜ 264

第 5 章 数据管理 ｜ 265

5.1 本地数据管理 ｜ 265
  5.1.1 关系型数据库与 SQLite ｜ 265
  5.1.2 关系型数据库的操作 ｜ 268
  5.1.3 对象关系映射数据库 ｜ 282
  5.1.4 Preferences ｜ 298

5.2 分布式数据管理 | 309
  5.2.1 分布式数据服务 | 309
  5.2.2 分布式数据服务开发 | 311
5.3 分布式文件服务 | 325
  5.3.1 分布式文件服务概述 | 325
  5.3.2 分布式文件服务开发 | 326
5.4 Data Ability | 333
  5.4.1 Data Ability 概述 | 333
  5.4.2 Data Ability 的创建 | 334
  5.4.3 Data Ability 的文件访问 | 338
  5.4.4 Data Ability 的数据库访问 | 345
5.5 本章小节 | 355

第 6 章 公共事件和通知 | 356

6.1 公共事件 | 357
  6.1.1 公共事件发布 | 357
  6.1.2 事件订阅 | 364
  6.1.3 公共事件退订 | 369
6.2 通知 | 370
6.3 IntentAgent | 382
  6.3.1 IntentAgent 概述 | 382
  6.3.2 IntentAgent 开发 | 383
6.4 本章小结 | 390

第 7 章 服务卡片与原子化服务 | 391

7.1 卡片 | 391
  7.1.1 创建卡片 | 394
  7.1.2 卡片的开发 | 400
7.2 原子化服务 | 417
  7.2.1 原子化服务概述 | 417
  7.2.2 原子化服务开发 | 418
7.3 本章小结 | 422

第 8 章 高级编程 | 423

8.1 ListContainer | 423

　　　　　8.1.1　ListContainer 的使用　|　423

　　　　　8.1.2　ListContainer 的事件方法　|　430

　　8.2　ScrollView　|　432

　　　　　8.2.1　ScrollView 的使用　|　432

　　　　　8.2.2　ScrollView 的事件方法　|　436

　　8.3　PageSlider 与 PageSliderIndicator　|　439

　　　　　8.3.1　PageSlider 的使用　|　439

　　　　　8.3.2　PageSlider 的方法　|　445

　　　　　8.3.3　PageSliderIndicator 的使用　|　448

　　　　　8.3.4　PageSliderIndicator 的事件方法　|　454

　　8.4　WebView　|　456

　　　　　8.4.1　WebView 的使用　|　456

　　　　　8.4.2　WebView 的事件方法　|　458

　　8.5　Fraction　|　471

　　　　　8.5.1　Fraction 概述　|　471

　　　　　8.5.2　Fraction 的使用　|　473

　　8.6　本章小结　|　482

第 9 章　线程管理　|　483

　　9.1　线程管理开发　|　483

　　　　　9.1.1　线程优先级　|　484

　　　　　9.1.2　TaskDispatcher 开发　|　484

　　9.2　线程间通信　|　497

　　　　　9.2.1　EventHandler 运行机制　|　498

　　　　　9.2.2　线程间通信相关的对象　|　499

　　　　　9.2.3　线程间通信开发　|　502

　　9.3　本章小结　|　510

读者服务

微信扫码回复：42868

- 加入本书读者交流群，与作者互动交流
- 获取【百场业界大咖直播合集】（持续更新），仅需1元

第 1 章 HarmonyOS 开篇

1.1 HarmonyOS概述

HarmonyOS 是华为在 2019 年 8 月发布的面向全场景的分布式操作系统，是基于开源项目 OpenHarmony 开发的面向全场景智能设备的商用版本。

定位于全场景的智能操作系统会在手机、智慧屏、车机等领域广泛应用。在此基础上，HarmonyOS 定义了全新的智能硬件、设备交互和用户体验，在超级终端的概念下，通过分布式数据管理、跨设备通信等分布式能力，打通了设备和设备之间的隔离，建立了物联网设备之间新的沟通方式，获得了新的万物互联全新场景体验。

根据知名物联网研究机构 IoT Analytics 的分析，截至 2025 年，人均持有的具有联网功能的设备将达到 9.27 部。随着当前物联网技术的快速发展，未来具备智能联网能力的设备数量会逐年增加，用户体验将会从单一设备向多设备方向转变。为此，华为提出了"1+8+N"战略：1 代表手机，作为全场景生态的入口；8 代表 8 种智能设备，包括平板电脑、PC、智慧屏、手表、音箱、耳机、眼镜、车机；N 代表泛 IoT 设备。通过 HarmonyOS 将不同的设备进行整合，在系统层面进行协议统一，有助于实现丰富的智能互联体验，为开发丰富的多设备应用奠定系统基础，在 HarmonyOS 上可以非常轻松地开发面向多种设备的应用，给未来带来无限机遇。

HarmonyOS 提供了非常丰富的应用开发能力，拥有多种新系统特性。本书旨在系统讲解 HarmonyOS 的各种技术能力，较为完整地囊括了 HarmonyOS 的特性。HarmonyOS 支持多种编程语言开发，包括 Java、JavaScript（简称 JS）、C/C++等。本书使用 Java 语言作为主要编程语言进行介绍。在本书的讲解过程中，专注于理论与应用结合，尽量完整地表现 HarmonyOS 中的技术特点和应用实战能力，相信读者在读完本书后，可以具备 HarmonyOS 开发的实战能力。

1.1.1 HarmonyOS 技术特性

智能终端产业飞速发展，带来了新的机遇，设备数量越来越多，人们的生活越来越便捷。但是，设备间的不同操作体验开始带来新的矛盾，设备和设备之间不互通，导致需要设备间联动来完成工作时，非常不方便。HarmonyOS 作为全场景的分布式操作系统，拥有众多新特性能解决设备之间的互联互通问题，下面来看 HarmonyOS 都有哪些新的特性。

1. 分布式软总线

分布式软总线是 HarmonyOS 实现分布式通信的基础。总线其实是一个硬件上的结构，计算机中的 CPU、内存、输入输出设备都通过总线进行连接，而提出软总线的概念是为了区别于硬件总线。它并不是刻在电路板上的电路，而是基于华为在通信领域多年的技术积累，通过多种网络通信方式，在网络环境下提供高带宽、低延时、高可靠的信息传输，其工作示意图如图 1-1 所示。

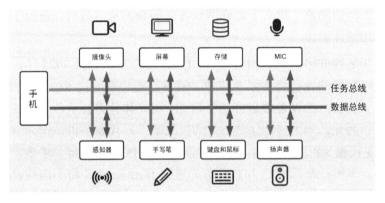

图 1-1 分布式软总线工作示意图

HarmonyOS 的分布式软总线技术使搭载 HarmonyOS 的设备可以互认互联，不再需要传统复杂的配网操作，在操作系统层面解决了设备配网和设备间发现的问题，形成了多设备融合通信的超级终端。开发者只需要聚焦于业务逻辑的实现，而无须关注组网方式与底层协议。分布式软总线结构示意图如图 1-2 所示。

HarmonyOS 的分布式软总线技术使得设备之间天生具备跨设备通信能力。基于分布式软总线技术，HarmonyOS 实现了分布式通信、分布式数据库等关键系统特性，应用可以在多设备场景中无缝流转，设备间可以相互调用，塑造了全新的应用开发和使用体验。

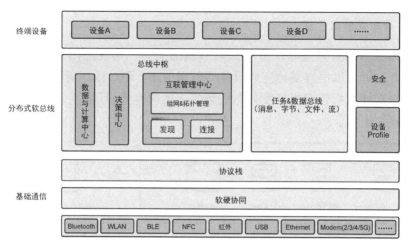

图 1-2　分布式软总线结构示意图

2. 分布式设备虚拟化

HarmonyOS 提出了超级终端的设想，使传统设备在硬件上处于相对隔离的状态，通过 Wi-Fi、蓝牙异构组网的方式在逻辑上组成一个整体。这时，人、设备、场景不再相对孤立地存在，HarmonyOS 让不同设备融为一体、适应不同场景以带来最优的使用体验。

分布式设备虚拟化可以实现不同设备的能力整合，让多种设备共同形成一个超级虚拟终端。针对不同的使用场景来调用最优设备的能力，让任务在设备间无缝衔接。分布式设备虚拟化示意图如图 1-3 所示。

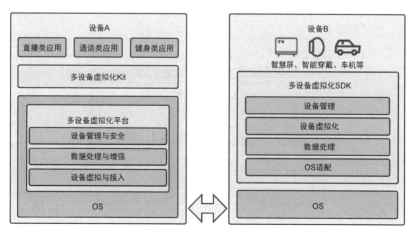

图 1-3　分布式设备虚拟化示意图

3. 分布式数据管理

分布式数据管理是基于分布式软总线的能力，实现应用数据的分布式管理，让开发者可以很容易地完成设备间数据的增、删、改、查管理。开发者可以基于分布式数据管理来开发分布式场景下的内容类应用。分布式数据管理示意图如图1-4所示。

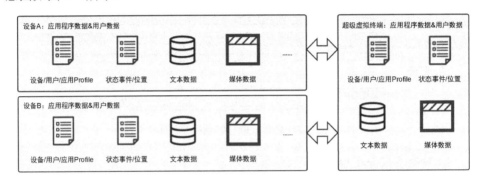

图1-4　分布式数据管理示意图

4. 分布式任务调度

在HarmonyOS中，分布式任务调度基于分布式软总线技术，结合分布式数据管理，在多设备间实现应用流转和数据协同。在处理多设备联动任务时，可以将应用从一台HarmonyOS设备迁移到另一台HarmonyOS设备，当任务完成后，再将应用进行回迁。基于分布式任务调度，开发者可以开发具备跨设备能力的应用。分布式任务调度示意图如图1-5所示。

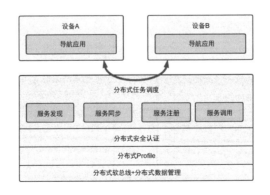

图1-5　分布式任务调度示意图

5. 原子化服务

为了适应各种不同设备的应用体验，HarmonyOS 提供了免安装的原子化服务，支持跨设备运行、服务流转等，让不同设备都可以方便地使用应用和服务。

6. 一次开发、多端部署

开发者使用 HarmonyOS 官方开发工具 DevEco Studio，可以开发手机、手表、车机、智慧屏等多种设备上的应用，实现了一次开发、多端部署的能力。开发者只需要通过 DevEco Studio 就可以轻松地完成不同设备上的应用开发。以前，开发者如果想要开发多设备应用，就需要为每种设备重新适配、打包、裁剪。一次开发、多端部署示意图如图 1-6 所示。

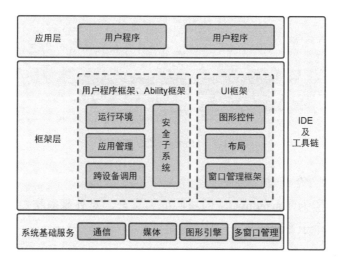

图 1-6　一次开发、多端部署示意图

1.1.2　HarmonyOS 架构

HarmonyOS 架构的基本结构包括内核层、系统服务层、框架层和应用层，如图 1-7 所示。

1. 内核层

HarmonyOS 内核层包括内核子系统和驱动子系统。其中，内核子系统中包含 Linux Kernel、LiteOS 等内核，可以按照所运行设备的能力选择合适的内核。

LiteOS 为华为发布的轻量级物联网操作系统。在内核上层设计了内核抽象层（Kernel Abstract Layer，KAL），可以屏蔽多内核之间的差异，对上层架构提供基础的内核能力，包括进程/线程管理、内存管理、文件系统、网络管理和外设管理等。

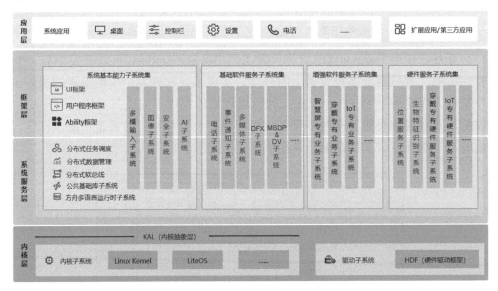

图 1-7　HarmonyOS 架构图

2. 系统服务层

系统服务层为 HarmonyOS 的核心能力集合，对外暴露接口提供服务。该层包括以下 4 个子系统集。

（1）系统基本能力子系统集：该子系统集为应用提供分布式任务调度、分布式数据管理、分布式软总线、公共基础库子系统、方舟多语言运行时子系统、多模输入子系统、图像子系统、安全子系统、AI 子系统。

（2）基础软件服务子系统集：该子系统集为系统提供电话子系统、事件通知子系统、多媒体子系统、DFX（Design for X）子系统、MSDP&DV 子系统等。

（3）增强软件服务子系统集：该子系统集为不同设备提供差异化的系统服务，包括智慧屏专有业务子系统、穿戴专有业务子系统、IoT 专有业务子系统等。

（4）硬件服务子系统集：该子系统集包括位置服务子系统、生物特征识别子系统、穿戴专有硬件服务子系统、IoT 专有硬件服务子系统等。

3. 框架层

框架层提供了多语言（包括 Java、JS、C/C++等）开发框架和 Ability 框架，提供了 Java UI 框架和 JS UI 框架，以及各种软硬件服务对外开放的多语言框架 API。框架层也提供了多模输入、图像、安全、AI 服务。HarmonyOS 支持系统裁剪，根据系统的组件化裁剪程度，HarmonyOS 设备支持的 API 也会有所不同。

4. 应用层

应用层包括系统应用和扩展应用/第三方应用。

1.2 HarmonyOS环境搭建

1.2.1 DevEco Studio 安装

DevEco Studio 是一款面向华为终端全场景多设备的一站式集成化开发环境，基于开源版 IntelliJ IDEA Community 开发，提供了工程创建、开发、编译、调试、发布等全流程 HarmonyOS 应用开发能力，使开发者可以高效地开发具备 HarmonyOS 分布式能力的应用。

DevEco Studio 具备以下特点。

（1）多设备统一开发环境：支持多种 HarmonyOS 设备的应用开发，包括手机（Phone）、平板电脑（Tablet）、车机（Car）、智慧屏（TV）、智能穿戴（Wearable）、轻量级智能穿戴（LiteWearable）和智慧视觉（Smart Vision）设备。

（2）支持多语言的代码开发和调试：包括 Java、XML（Extensible Markup Language）、C/C++、JS（JavaScript）、CSS（Cascading Style Sheets）和 HML（HarmonyOS Markup Language）。

（3）支持多模板开发：包括 FA（Feature Ability）和 PA（Particle Ability）模板，可以通过工程向导快速创建 FA/PA 工程，支持一键式打包成 HAP（HarmonyOS Ability Package）进行部署。

（4）支持分布式多端应用开发：可跨设备运行一个工程项目，支持不同设备页面的实时预览和差异化开发，实现一次开发、多端部署。

（5）支持多设备模拟器：提供多种设备的模拟器和远程真机资源，包括手机、平板电脑、车机、智慧屏、智能穿戴设备等，方便开发者高效调试应用。

（6）支持多设备预览器：提供 JS 和 Java 预览器功能，可以实时查看应用的布局页面效果，支持实时预览和动态预览，同时还支持多设备同时预览，可以查看同一个布局页面在不同设备上的呈现效果。

目前，DevEco Studio 支持 Windows 和 Mac 两种版本，本书以 Windows 版本为例。

DevEco Studio 的编译构建依赖 JDK。DevEco Studio 预置了 Open JDK，版本为 1.8，在安装过程中会自动安装 JDK。

电脑最低配置要求如下。

（1）操作系统：Windows10 64 位。

（2）内存：8GB 及以上。

（3）硬盘：100GB 及以上。

（4）分辨率：1280 像素×800 像素及以上。

安装 DevEco Studio 需要以下几个步骤。

1. 下载 DevEco Studio

在华为开发者官方网站下载 DevEco Studio。目前，下载 Release 版本不需要登录华为账号，而下载最新的 Beta 版本则需要登录华为账号。本书以 DevEco Studio 2.2 版本作为开发环境进行介绍。

2. 解压缩

下载完成后得到一个 zip 类型的压缩包，将其解压缩，得到 exe 格式的运行文件。我们可以直接运行 exe 程序来安装。

3. 安装

进入安装引导页面，点击"Next"按钮，如图 1-8 所示。

图 1-8　DevEco Studio 安装示意图（1）

设置程序安装的路径，如图 1-9 所示。

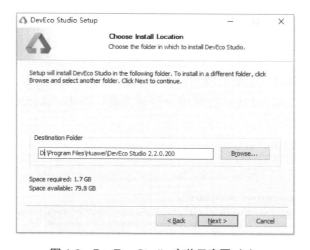

图 1-9　DevEco Studio 安装示意图（2）

设置安装选项，如图 1-10 所示。其中，"Create Desktop Shortcut"为创建桌面快捷方式，这里只有一个 64 位的启动器。"Update PATH variable（restart needed）"为更新环境变量，可以选择将 DevEco Studio 启动器目录添加到环境变量中。"Update context menu"为更新上下文菜单，若勾选"Add 'Open Folder as Project'"复选框，则在文件夹上点击鼠标右键，会出现"Open Folder as Project"选项。这里可以只勾选"64-bit launcher"复选框，点击"Next"按钮，直至安装完成。

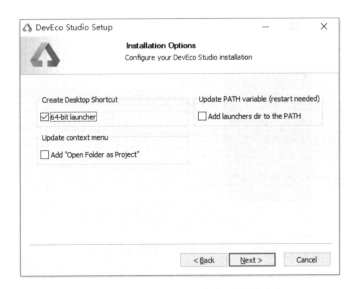

图 1-10　DevEco Studio 安装示意图（3）

1.2.2　SDK 安装

在 DevEco Studio 安装完成后，在首次打开时会提示需要下载 HarmonyOS SDK 及对应的工具。首先，打开用户协议页面，点击"Agree"按钮即可，如图 1-11 所示。

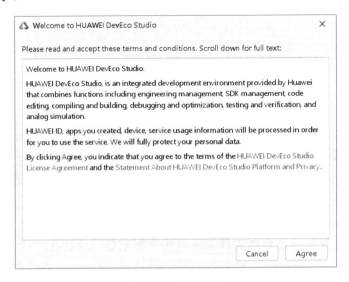

图 1-11　协议页面

然后，进入 HarmonyOS SDK 的安装过程，通过 DevEco Studio 向导下载 HarmonyOS SDK。在默认情况下，HarmonyOS SDK 会下载到计算机 C 盘的 Users 目录下，也可以指定对应的存储路径。需要注意的是，HarmonyOS SDK 的存储路径不支持中文字符，如图 1-12 所示，点击"Next"按钮。

图 1-12 HarmonyOS SDK 安装目录选择

在安装过程中，默认会下载最新版本的 Java SDK、JS SDK、Previewer 和 Toolchains。在弹出的 License Agreement 窗口中，点击"Accept"按钮开始下载 SDK。

在 HarmonyOS SDK 及对应的工具下载完成后，点击"Finish"按钮，会打开 DevEco Studio 欢迎页，如图 1-13 所示。

如果遇到 HarmonyOS SDK 安装失败、需要安装其他版本的 HarmonyOS SDK 或 HarmonyOS SDK 版本更新后安装新版本的 HarmonyOS SDK 的情况，那么可以打开 HarmonyOS SDK 页面来手动更新 HarmonyOS SDK。有以下三种方式可以打开 HarmonyOS SDK 页面。

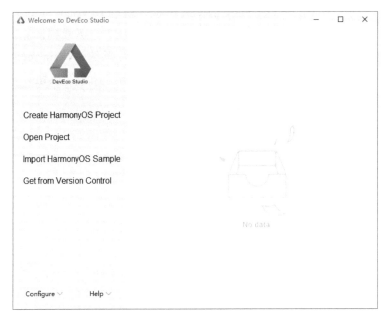

图 1-13　DevEco Studio 欢迎页

（1）打开 DevEco Studio，在欢迎页点击"Configure"→"Settings"→"HarmonyOS SDK"选项，打开 HarmonyOS SDK 页面，如图 1-14 所示。

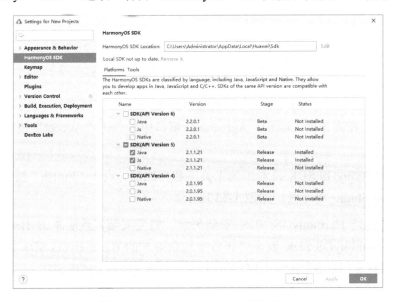

图 1-14　HarmonyOS SDK 页面（1）

（2）打开 DevEco Studio，在菜单栏中点击"File"→"Settings"选项。在弹出的窗口的左侧菜单中，点击"Appearance & Behavior"→"System Settings"→"HarmonyOS SDK"选项打开 HarmonyOS SDK 页面，如图 1-15 和图 1-16 所示。

（3）点击 DevEco Studio 菜单栏的"Tools"→"SDK Manager"选项，打开 HarmonyOS SDK 页面。

采用这三种方式打开的 HarmonyOS SDK 页面是一样的。在这个页面中，可以手动选择要安装的 SDK 和工具链。其中，"Platforms"选项卡中的 SDK 包含三种编程语言，如图 1-17 所示。

Java：这是 Java 开发需要的 API 和工具链，以及与 Java 相关的编译构建工具。

Js：这是 JavaScript 开发需要的 API 和工具链。

Native：这是 C/C++开发需要的 API 和工具链，包括 Native API、编译工具链等。

图 1-15　System Settings 页面

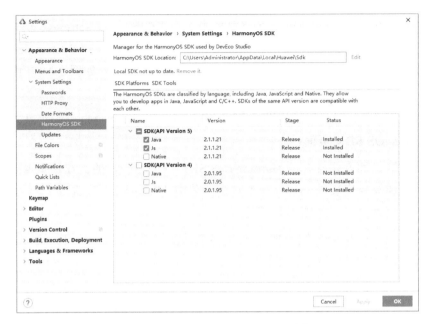

图 1-16　HarmonyOS SDK 页面（2）

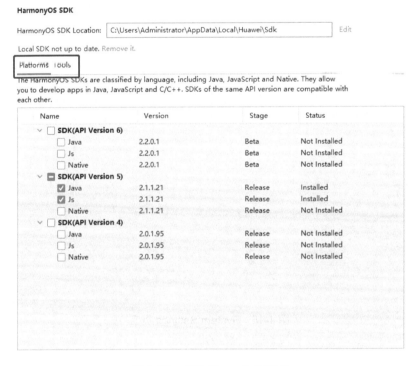

图 1-17　"Platforms"选项卡

在图 1-17 中，可以看到目前可以下载的 SDK。如果已经下载了对应的 SDK，则表格后面"Status"一栏会变为"Installed"，如果没有安装，则会提示"Not Installed"。我们选择 SDK(API Version 6)，如图 1-18 所示。

Name	Version	Stage	Status
SDK(API Version 6)			
Java	2.2.0.1	Beta	Not Installed
Js	2.2.0.1	Beta	Not Installed
Native	2.2.0.1	Beta	Not Installed
SDK(API Version 5)			
Java	2.1.1.21	Release	Installed
Js	2.1.1.21	Release	Installed
Native	2.1.1.21	Release	Not Installed
SDK(API Version 4)			
Java	2.0.1.95	Release	Not Installed
Js	2.0.1.95	Release	Not Installed
Native	2.0.1.95	Release	Not Installed

图 1-18 SDK 下载

这时，在选中的需要下载的 SDK 前面会出现下载的小图标，代表开发者可以下载这些 SDK，点击"Apply"按钮，系统会提示有哪些 API 会被下载，提示信息中还包括版本号、占用内存和 SDK 存储路径。点击"OK"按钮开始下载，如图 1-19 所示。

图 1-19 SDK 下载确认

进入安装页面会自动完成 SDK 的下载，如图 1-20 所示。下载完成后，点击"Finish"按钮，即可完成 SDK 的安装。再回到 HarmonyOS SDK 页面，已经下载好的 SDK 的"Status"一栏提示为"Installed"，如图 1-21 所示。

在"Tools"选项卡中，可以配置各种工具。Previewer 包含打包、签名等工具，Toolchains 为打包所需的最小集工具链及 API，如图 1-22 所示。

图 1-20 SDK 安装页面

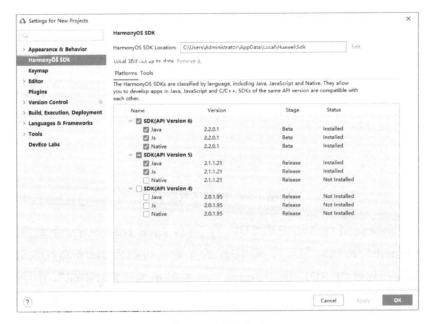

图 1-21 安装完成

图 1-22 "Tools"选项卡

1.2.3 HDC 工具配置

HDC（HarmonyOS Device Connector）是 HarmonyOS SDK 自带的命令行工具，可以与设备进行通信，是一种客户端/服务器程序。在使用 DevEco Studio 时，一些图形化的操作按钮背后，其实封装了对应的 HDC 命令，比如应用程序的编译、部署和调试等，其实都对应了 HDC。

在开发过程中，有时需要手动执行对应的 HDC 进行调试，为了保证在控制台的任意目录下都可以方便地使用 HDC，我们将 HDC 所在的目录配置到系统的环境变量中。

HDC 的本地路径在 C:\<用户>\Administrator\AppData\Local\Huawei\Sdk\toolchains，如图 1-23 所示。其中，<用户>为安装 SDK 时登录的 Windows 用户。

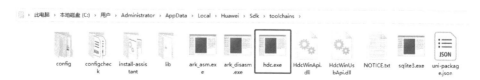

图 1-23 HDC 的本地路径

在"我的电脑"图标上点击鼠标右键,选择"属性"→"高级系统设置"→"高级"→"环境变量"选项,在系统变量中找到"Path",点击"编辑"按钮。然后,新建一条环境变量,将上面的路径配置到 Path 系统变量中。点击"确定"按钮,完成配置,如图 1-24 所示。

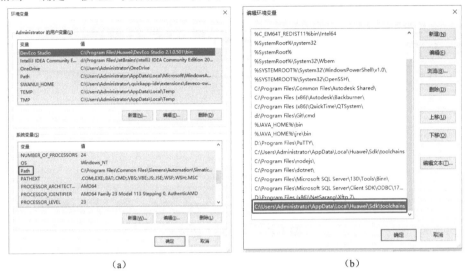

图 1-24 环境变量配置

打开"运行"窗口,在窗口中输入 hdc help 命令,如果可以正常输出信息,那么说明 HDC 的环境配置完成,如图 1-25 所示。

图 1-25 HDC 测试

下面来看 HDC 的常用命令,掌握这些命令后,可以提高调试应用的效率。

(1) hdc help:查看帮助,可以查看 HDC 的命令参数。

(2) hdc list targets:列出已连接的设备。该命令的运行结果如图 1-26 所示。

（3）hdc version：查看当前的 HDC 版本号。该命令的运行结果如图 1-27 所示。

图 1-26　hdc list targets 命令的运行结果　　图 1-27　hdc version 命令的运行结果

（4）hdc tconn HOST[:PORT]：连接在 TCP 端口模式下的设备。

（5）hdc file send LOCAL REMOTE：发送文件。其中，LOCAL 为本地文件的全路径，REMOTE 为文件名的全路径。例如，我们在电脑的 D 盘上新建一个文件 test.txt，输入 hdc file send D:\test.txt /sdcard/test.txt 命令将其发送到手机 SD 卡的根目录。该命令的运行结果如图 1-28 所示。

图 1-28　hdc file send 命令的运行结果

出现"1 file pushed"，说明文件已经被复制到了设备的指定位置，如图 1-29 所示。

（6）hdc file recv REMOTE LOCAL：接收文件。它的使用方式和发送文件是一样的，用来从设备上读取文件到本地。

（7）hdc shell：打开一个 shell 会话。进入会话后，可以在设备上执行 shell 命令。该命令的运行结果如图 1-30 所示。

打开 shell 会话后，出现了 HWLYA:/$，说明已经进入 shell 环境，在这里可以执行 Linux 命令。例如，执行 cd sdcard 和 ls -l test.txt 命令，运行结果分别如图 1-31 和图 1-32 所示。

图 1-29　发送到手机中的文件

```
C:\Users\Administrator>hdc shell
HWLYA:/ $
```

图 1-30　hdc shell 命令的运行结果

```
1|HWLYA:/ $ cd sdcard
HWLYA:/sdcard $
```

图 1-31　shell cd sdcard 命令的运行结果

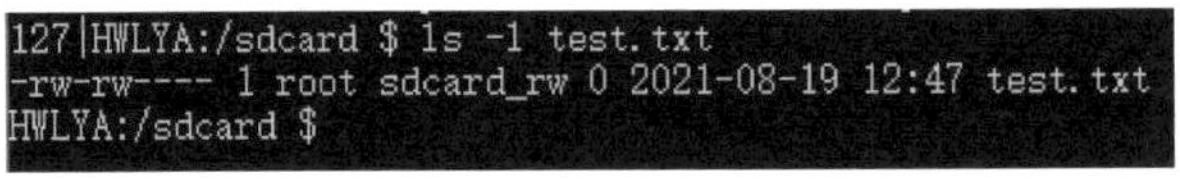

```
127|HWLYA:/sdcard $ ls -1 test.txt
-rw-rw---- 1 root sdcard_rw 0 2021-08-19 12:47 test.txt
HWLYA:/sdcard $
```

图 1-32　shell ls -1 test.txt 命令的运行结果

在 shell 命令中，am（Ability Manager）命令可以模拟各种系统的行为，比如启动 Ability、强制停止进程、发送广播、修改设备属性等。

例如：启动 Ability 的命令为

am start -n com.example.demo/.MainAbility

在 shell 命令中，pm（Package Manager）命令可以查询设备上的应用信息（比如查询应用的安装路径、包信息）、安装应用、卸载应用等。

例如：列出所有已安装的包的命令为

pm list packages

例如：安装应用的命令为

hdc app install [-rdg] PACKAGE

该命令可以通过包名将程序安装到设备上，其中包含三个参数，各参数的含义如下：

- r: 更换现有应用程序。

- d: 允许版本降级（只兼容调试模式）。

- g: 授予所有权限。

由于一个 App 包含多个 HAP，还可以一次安装多个 HAP，命令为

hdc app install-multiple --hap HAP-PATH

例如：卸载应用的命令为

app uninstall [-k] PACKAGE

其中，-k 参数表示不移除用户数据。

（8）hdc listpid：显示可调试的应用程序进程列表。

（9）hdc hilog：跟踪日志。该命令会跟踪系统的 HiLog 日志，直至取消。

（10）hdc reset：重置 HDC 连接。该命令会重新连接设备。

1.2.4　账号注册与实名认证

在下载最新版 DevEco Studio、使用远程模拟器调试应用程序、在华为应用市场发布应用时，需要登录经过开发者实名认证后的华为账号。下面注册华为账号，并进行开发者实名认证。目前有两种注册方式：手机号注册和邮箱注册。这里以手机号注册为例进行介绍。

在填写完手机号、验证码、密码、出生日期后，就可以完成账号的注册，如图 1-33 所示。

图 1-33　华为账号注册[①]

---

① 本书图中"帐号"的正确写法应为"账号"。

图 1-34 实名认证

在完成账号注册后，还需要完成实名认证才能享受联盟开放的各类能力和服务，下面进行开发者实名认证。目前，华为账号支持个人开发者和企业开发者两种开发者类型。这里以个人开发者为例进行认证。

你还可以登录华为开发者官网，在右上角找到个人头像，选择实名认证，如图 1-34 所示。

打开实名认证页面后，首先需要选择认证方式，个人开发者只需要选择个人开发者认证即可，如图 1-35 所示。

在打开的页面中会询问你是否有敏感应用上架到应用市场，按照个人的需求来选择即可，如图 1-36 所示。

图 1-35 实名认证方式选择

第 1 章 HarmonyOS 开篇

图 1-36 实名认证选项

进入个人银行卡实名认证页面，你需要输入真实姓名、身份证号码、银行卡号和该卡号在银行预留的手机号，如图 1-37 所示。在输入手机号后，会提示获取验证码。在验证完成后，进入下一个页面，完善资料，如图 1-38 所示。

图 1-37 银行卡实名认证

图 1-38 实名认证完善资料

将前面标红色星号的内容补充完整,包括联系人邮箱、所在地区、地址、获知渠道,最后勾选同意相关的条款,点击"下一步"按钮,会提示实名认证成功,如图 1-39 所示。

图 1-39 实名认证成功

1.3 HarmonyOS应用程序知识

1.3.1 App 与 HAP

HarmonyOS 应用程序是指运行在 HarmonyOS 上的应用,包括系统应用和第三方应用。一个完整的应用程序包含程序代码、应用内的图片资源、视频资源、组件的样式资源等。这些资源按照一定的文件格式存储,最终被打包成一个压缩包来发布。HarmonyOS 应用程序包以 App Pack(Application Package)的形式发布,其中包含若干 HAP(HarmonyOS Ability Package)和描述 HAP 属性的 pack.info,它们之间的结构如图 1-40 所示。

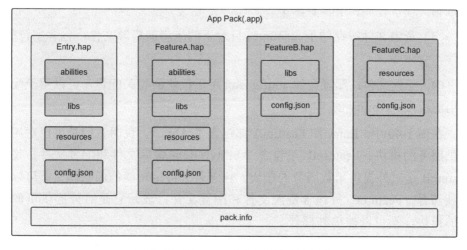

图 1-40 HarmonyOS 应用程序包结构

在图 1-40 中,App Pack 中包含了若干 HAP 格式的程序包,这些程序包可以分为 Entry 包和 Feature 包两类。

(1) Entry:应用的主模块。在一个 App 中,对于同一设备类型必须有且只有一个 Entry 类型的 HAP,可独立安装运行。

(2) Feature:应用的动态特性模块。一个 App 可以包含一个或多个 Feature 类型的 HAP,也可以不包含。只有包含 Ability 的 HAP 才能够独立运行。

这种模块化的应用程序的组织形式比较常见,不把所有程序都装载到一个程序内,而是按模块划分来开发,不仅有利于应用程序的组织开发,还可以将公用模块进行抽离，以便复用或单独部署，是一种高内聚、低耦合的开发思想。同时，HarmonyOS 的 Feature 模块还被设计成可以单独部署，只要 Feature 中包含 Ability。

在 HAP 内部可能包含 Ability（图 1-40 中的 abilities）、库文件（libs）、资源文件（resources）、配置文件（config.json），其含义如下。

（1）Ability：Ability 是应用所具备的能力的抽象，一个应用可以包含一个或多个 Ability。Ability 分为两种类型：FA（Feature Ability）和 PA（Particle Ability）。FA/PA 是应用的基本组成单元，能够实现特定的业务功能。FA 有 UI 页面，而 PA 无 UI 页面。

（2）库文件：库文件是应用依赖的第三方代码，包含 so、jar、bin、har 等二进制文件，存储在 libs 目录下。

（3）资源文件：存储于 resources 目录下的应用的资源文件，包含字符串、图片、音频等。

（4）配置文件：配置文件 config.json 用于模块的相关配置，可以用于配置应用的权限、Ability 的声明等。

在图 1-40 中，Entry 和 FeatureA 都包含了 Ability，说明它们是可以对用户提供服务的模块。FeatureB 不包含 Ability，只包含库文件和配置文件，说明 FeatureB 是对外提供函数服务的模块，包含若干特定功能的函数库，不可以被单独部署。FeatureC 只包含资源文件和配置文件，表示它是对外提供资源服务的模块，不可以被单独部署。

与 HAP 处于同级的还有 pack.info 文件，它是用来描述 HAP 信息的描述文件，由 DevEco Studio 编译生成，应用市场根据该文件进行拆包和 HAP 的分类存储。pack.info 文件中描述 HAP 的属性包括以下几个。

（1）name：HAP 文件名。

（2）moduleType：表示当前 HAP 的类型，包括 entry 和 feature 两种类型。

（3）deviceType：表示当前 HAP 支持运行的设备类型，包括 phone、wearable、tablet 等。

（4）delivery-with-install：表示该 HAP 是否支持随应用安装。"true"表示支持随应用安装，"false"表示不支持随应用安装。

1.3.2 Ability 概述

Ability 框架是在 HarmonyOS 的系统框架层提供的,它是应用能力的抽象,每一个功能都可以被抽象为一个 Ability。HarmonyOS 应用程序开发的最小粒度为 Ability,在程序中的表现形式为 Ability 类。页面显示、音乐播放、拨打电话、拍照等都可以被看作不同功能的 Ability。

在 Ability 的分类中,以有无用户页面为划分依据,将 Ability 分为两种类型:FA(Feature Ability)和 PA(Particle Ability)。这两类 Ability 都是 Ability 的子集,换句话说,Feature Ability 和 Particle Ability 所包含的方法都在 Ability 类中进行声明,它们之间以不同的模板来区分。

FA 只包含一个 Page 模板,所以也将其称为 Page Ability,为了和 PA 区分,Page Ability 不能简称为 PA。

PA 包含两个模板:Service 模板和 Data 模板,分别将这两种 Ability 称为 Service Ability 和 Data Ability。

综合这两类 Ability 来看,HarmonyOS 包含以下三种 Ability。

(1) Page Ability:提供用户页面,用于开发与用户交互的 UI 页面。

(2) Service Ability:无用户页面,用于提供后台服务。

(3) Data Ability:无用户页面,用于提供统一数据访问接口,包括数据库、文件等的访问。

关于 Page Ability 和 Service Ability 的内容,本书将在第 3 章进行详细讲解。关于 Data Ability 的内容,本书将在第 5 章进行讲解。

1.4 第一个程序:Hello World!

在上述内容中,详细介绍了开发工具的下载安装、HarmonyOS 程序的基本知识,下面将完成 HarmonyOS 的 "Hello World!" 案例。伴随着这个案例的学习,本书还会介绍 HarmonyOS 项目的目录结构、配置文件、在模拟器和真机上的运行与调试,以及常用的 HiLog 日志打印功能。下面来创建第一个 HarmonyOS 项目。

1.4.1 创建项目

打开 DevEco Studio 开发工具,在页面左侧有四种创建项目的方式,如图 1-41 所示。

图 1-41　DevEco Studio 欢迎页

(1) Create HarmonyOS Project:创建一个新的 HarmonyOS 项目。

(2) Open Project:打开一个本地的 HarmonyOS 项目。该方式用于打开已有的项目。

(3) Import HarmonyOS Sample:导入 HarmonyOS 的案例项目。你可以选择自己感兴趣的案例项目,DevEco Studio 会自动从官方案例库中下载并打开这个案例项目,如图 1-42 所示。

图 1-42　Import HarmonyOS Sample

（4）Get from Version Control：使用版本控制工具导入项目。该方式支持 Git、Subversion、Mercurial 三种版本管理工具，如图 1-43 所示。

图 1-43　Get from Version Control

在 DevEco Studio 欢迎页中选择"Create HarmonyOS Project"选项，创建新的 HarmonyOS 项目，之后便进入模板选择页面，如图 1-44 所示。DevEco Studio 开发工具为开发者准备了非常丰富的模板，在这些模板中，针对不同语言也进行了区分（包括 Java 模板、JS 模板、C/C++模板），针对不同场景也进行了区分（包括闪屏模板、设置模板、关于模板、视频播放模板、卡片模板、登录模板等）。开发者可以根据不同的项目业务来选择不同的模板。当鼠标指针指在模板上时，还可以看到该模板支持的设备，如图 1-45 所示。这里选择 Empty Ability（Java）模板。

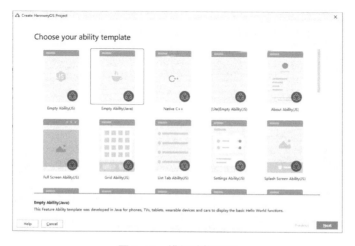

图 1-44　模板选择页面

图 1-45 模板支持的设备

该模板支持的设备为手机、平板电脑、智慧屏、手表、车机。

点击"Next"按钮后，进入项目的配置页面，如图 1-46 所示。其中，"Project Name"为项目名称，该名称为应用安装好后，在设备上显示的名称。"Project Type"表明应用是 Service 还是 Application。"Package Name"为程序的包名，这里要求应用发布时是唯一的，在进行真机调试申请签名时，也需要配置 Package Name。接下来，设置项目的保存路径和 SDK 版本，在"Device Type"选区中可以选择运行项目的设备，这里是多选的。如果你没在这里配置 Device Type，那么可以手动在配置文件 config.json 中添加。"Show in Service Center"表示是否在服务中心显示，这个选项用来创建在服务中心展示的原子化服务。

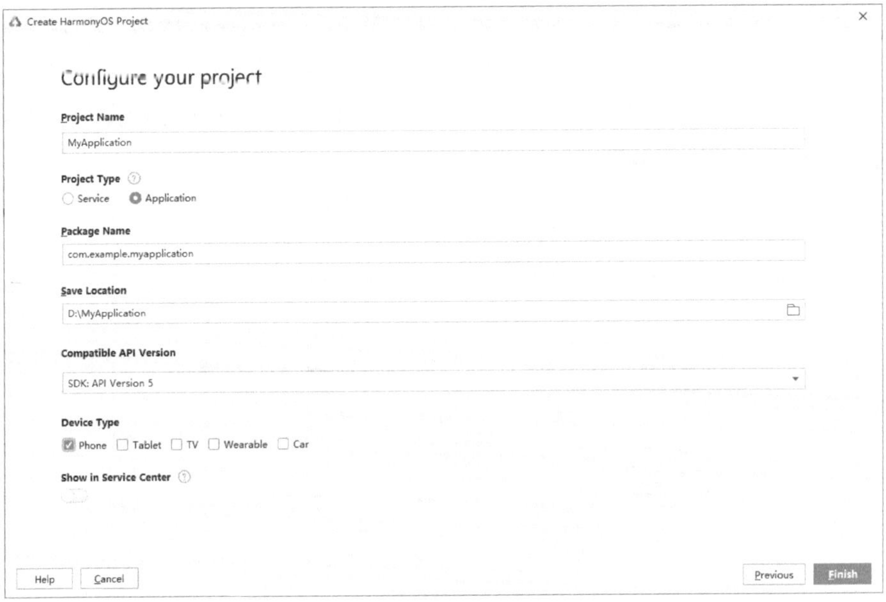

图 1-46 项目的配置页面

点击 "Finish" 按钮后，DevEco Studio 会自动开始创建项目，项目创建成功后如图 1-47 所示。

图 1-47　项目创建完成

1.4.2　项目目录

在运行项目前，先来介绍 HarmonyOS 的项目目录，也就是开发工具左侧有层级的目录结构，如图 1-48 所示。项目目录包含了程序的代码、资源等应用开发必要的内容，这些内容按照一定的规则来组织，每个文件夹都有其特定含义，下面按照从上到下的顺序介绍各个目录的含义。

1. .gradle

这个目录是 Gradle 的配置文件，由开发工具自动生成，一般情况下不需要进行修改。Gradle 是一个自动化构建项目的工具，HarmonyOS 项目使用 Gradle 来完成构建。Gradle 帮助开发者轻松地完成项目的依赖管理、打包部署、应用签名等操作。

2. .idea

这个目录用于存储项目的配置信息，包括历史记录、版本控制信息等，由开发工具自动生成，一般情况下不需要进行修改。

图 1-48 项目目录

3. entry

这个目录是程序中最重要的目录，是应用的主模块，一个应用程序只有一个 Entry 模块。应用程序的代码和资源文件都保存在这个目录下。entry 目录还包括若干子目录，我们稍后详细介绍 entry 目录的子目录。

4. gradle

这个目录由系统自动生成，包含 gradle-wrapper.jar 和配置文件。gradle-wrapper.jar 是对 Gradle 的封装，可以用来简化 Gradle 的构建操作。

5. .gitignore

该文件用于在 git 版本控制中选择将哪些文件或目录忽略，使其不用被 git 管理，比如 IDE 自身的配置信息等。

6. build.gradle

该文件是 Gradle 的构建脚本，这个文件在 entry 目录下也存在。这里的 build.gradle 是全局构建脚本，在子模块中的 build.gradle 是针对各个模块的构建脚本。其中指定了项目所依赖的库文件、仓库地址等信息。可以把需要引入的外部程序包在 build.gradle 中进行声明。

7. gradle.properties

该文件是 Gradle 的配置文件，以 Key-Value 格式进行声明，可用于保存项目的全局变量。

8. gradlew 和 gradlew.bat

这两个文件用于在命令行中执行 gradle 命令，其中 gradlew 用于 Linux 或 Mac 系统，gradlew.bat 用于 Windows 系统。

9. local.properties

这个文件是 DevEco Studio 自动生成的，保存了 SDK 路径，不需要修改这个文件。

10. settings.gradle

该文件表示项目引入的模块，当在项目中创建新的模块后，会自动在这里加入相应的配置，你也可以手动添加要引入的模块名称。

以上为项目的外层目录，需要开发者关注的通常为 entry 目录和 build.gradle 文件，其他的大部分文件不需要进行修改。下面来看 entry 目录下的内容。

（1）build。项目编译后生成的一些文件保存在这里，一般不需要修改。

（2）libs。libs 用于存储 Entry 模块的依赖库文件。

（3）src。src 保存了项目的源码。

（4）.gitignore。该文件用于在 git 版本控制中选择将哪些文件或目录忽略，使其不用被 git 管理。

（5）build.gradle。该文件是本模块的 Gradle 构建脚本。

（6）proguard-rules.pro。该文件是配置代码混淆模板。

以上为 entry 目录下的文件和文件夹。下面重点来看 src 的文件结构，在 src 中包括 main、ohosTest、test 目录。其中：main 目录为程序源码位置；ohosTest 目录为测试框架的目录，开发者可以利用测试框架编写测试代码；test 目录为编写单元测试代码的目录，运行在本地 Java 虚拟机（JVM）上。src 目录及其含义如表 1-1 所示。

表 1-1 src 目录及其含义

目录	含义
src/java/包名	Java 程序代码
src/java/包名/slice	AbilitySlice 目录，默认生成的此目录是系统创建 Page Ability 时，自动创建 Ability 中包含的 AbilitySlice：MainAbilitySlice
src/resources	资源文件存储目录
src/resources/base/element	表示元素资源，包括字符串、整数、颜色、样式等资源的 JSON 文件。每种资源文件均由 JSON 格式进行定义
src/resources/base/graphic	表示可绘制资源，采用 XML 文件格式

续表

目录	含义
src/resources/base/layout	表示 XML 文件格式的页面布局文件
src/resources/base/media	包含多媒体文件，如图形、视频、音频等文件
src/resources/base/profile	表示其他类型文件，以原始文件形式保存
src/resources/en.element	英文语言元素资源文件存储目录，属于限定词目录，用于国际化配置
src/resources/zh.element	中文语言元素资源文件存储目录，属于限定词目录，用于国际化配置
src/resources/rawfile	保存资源原始文件，此目录下的文件不会根据设备状态去匹配不同的资源
src/resources/config.json	模块的配置文件

以上为 HarmonyOS 项目默认的配置文件介绍。有些文件夹在创建默认项目时没有用到，在后面具体应用时再继续进行介绍。

1.4.3 配置文件

在目录下，config.json 是程序的配置文件，包含很多重要的信息，如图 1-49 所示。config.json 以 JSON 格式来组织数据，其中包括 Ability 的配置、权限配置、程序可运行的设备、横竖屏配置等。config.json 中包含的配置信息较多，下面来看常用的应用配置项。

```
{
  "app": {"bundleName": "com.example.myapplication"...},
  "deviceConfig": {},
  "module": {
    "package": "com.example.myapplication",
    "name": ".MyApplication",
    "mainAbility": "com.example.myapplication.MainAbility",
    "deviceType": [...],
    "distro": {"deliveryWithInstall": true...},
    "abilities": [...]
  }
}
```

图 1-49 配置文件 config.json

最外层包含三个配置项，如表 1-2 所示。

表 1-2 配置文件根元素

配置项	含义
app	表示应用的全局配置信息
deviceConfig	表示应用在具体设备上的配置信息
module	表示 HAP 的配置信息。该标签下的配置只对当前 HAP 生效

deviceConfig 表示应用在具体设备上的配置信息，标签内的配置适用于所有设备。可以为某一具体设备单独进行配置，包含 default、phone、tablet、tv、car、wearable、liteWearable 和 smartVision 等属性值。

app 节点配置项如表 1-3 所示。

表 1-3　app 节点配置项

配置项	含义
bundleName	应用的包名，用于标识应用的唯一性
vendor	应用开发厂商的描述
version	应用的版本信息

module 节点配置项包含 HAP 的配置信息，如表 1-4 所示。

表 1-4　module 节点配置项

配置项	含义
mainAbility	HAP 的入口 Ability 名称
package	HAP 的结构名称，在应用内应该保证唯一性
name	HAP 的类名
description	HAP 的描述信息
deviceType	允许 Ability 运行的设备类型，包括 tv、wearable、liteWearable、smartVision、phone、car、tablet、route，或这些设备的组合
distro	HAP 发布的具体描述信息
abilities	HAP 内 Ability 的配置信息
defPermissions	应用定义的权限
reqPermissions	应用运行时向系统申请的权限

其中，Ability 的配置项比较重要，对于 Ability 的配置项我们在第 3 章进行详细介绍。

config.json 除了使用 JSON 格式进行配置，DevEco Studio 还支持图形化配置方式，如图 1-50 所示。在 DevEco Studio 中，打开 config.json 文件，右上角有 JSON 格式和图形显示的切换按钮，如图 1-51 所示，如果对 JSON 格式的配置方式不熟练，那么可以切换到图形页面来配置 config.json。

036　Hello HarmonyOS!——鸿蒙应用开发从入门到精通

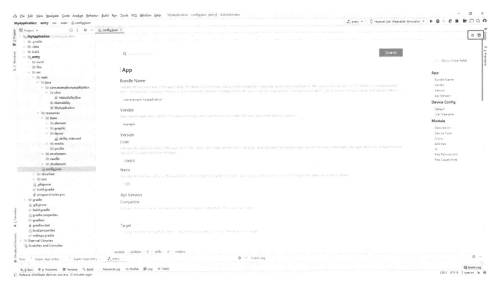

图 1-50　图形化配置 config.json

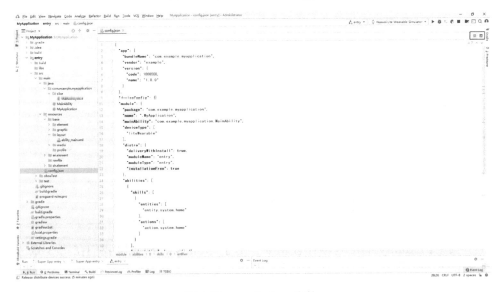

图 1-51　config.json 文件

1.4.4　模拟器运行

本节介绍如何将 HarmonyOS 程序运行到模拟器上。目前，华为为开发者提供了远程模拟器，可以供开发者在线调试运行程序。远程模拟器为华为后台服务器使用虚拟化技术运行的 HarmonyOS。应用在模拟器中运行不需要签名，可直接运行。

在 1.4.1 节中，已经新建好了项目。在 DevEco Studio 的菜单栏中选择"Tools"→"Device Manager"选项（如图 1-52 所示），之后弹出 HarmonyOS Device Manager 页面，在这里可以选择要启动的模拟器。目前包含两类设备：远程模拟器和远程真机。不论用哪种设备，都需要登录华为账号。

在首次打开 HarmonyOS Device Manager 时，会提示下载模拟器所需要的资源文件。

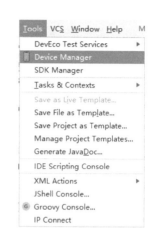

图 1-52 "Device Manager"选项

打开 HarmonyOS Device Manager，点击"Login"后（如图 1-53 所示），页面会自动跳转到华为账号登录页面，输入账号和密码，进行登录，会提示是否允许 HUAWEI DevEco Studio 访问你的账号，点击"允许"按钮，如图 1-54 所示。之后，DevEco Studio 中的 HarmonyOS Device Manager 会接收到授权，可以开始选择相应的设备模拟器。这里选择远程模拟器，模拟器不需要签名就可以直接运行程序。

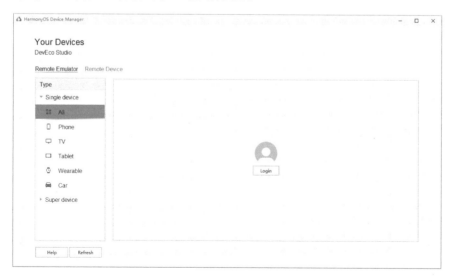

图 1-53 HarmonyOS Device Manager 页面

图 1-54　授权 DevEco Studio

1. 单设备运行

选择 Remote Emulator（远程模拟器）中的 P40。点击后面的绿色三角按钮运行模拟器。模拟器运行后，按钮会变为红色矩形按钮，点击该按钮可以停止模拟器，如图 1-55 所示。

图 1-55　模拟器选择

在屏幕右侧会出现运行起来的模拟器,如图 1-56 所示。如果没出现,那么点击右侧边栏的"Remote Emulator"选项,如图 1-57 所示。侧边栏有三个选项。最上面的是"Gradle",它包含了很多 Gradle 命令。中间的选项是"Previewer",用于预览 UI 页面,在编写页面时,可以实时看到页面的设计效果。最下面的选项是"Remote Emulator",它是远程模拟器。

图 1-56 模拟器运行

模拟器的使用有时间限制,每次申请的模拟器可以使用 1 小时,超出时间后,模拟器会自动关闭,开发者可以再次申请,但再次申请启动的模拟器不会保留上一次模拟器中的数据。

模拟器提供了和真机一样的点击、滑动等手势操作,可以像使用手机一样来使用模拟器。模拟器启动后,下方按钮提供了设置模拟器分辨率、翻转手机、Back 键、Home 键等功能按钮,如图 1-58 所示。

在模拟器启动后,可以直接运行刚才创建的 HarmonyOS 项目到模拟器上。在 DevEco Studio 页面的右上方位置有与运行程序相关的操作区域,如图 1-59 所示。最左侧的模块为要运行的模块,新创建的项目中默认生成了 Entry 模块,目录名称为 entry,所以这里暂时只有这一个模块可选,如果项目中新建了其他 module,这里就可以选择运行对应的模块。

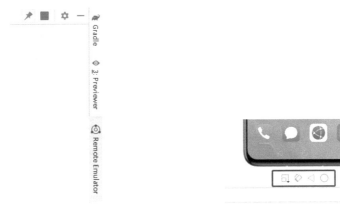

图 1-57 右侧边栏选项　　　　图 1-58 模拟器控制键

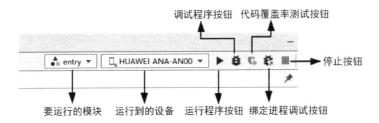

图 1-59 与运行程序相关的操作区域

当模拟器启动后,在设备列表位置就会出现名为"HUAWEI ANA-AN00"的设备,如果有多个设备,比如用手机连接了电脑、启动了多设备模拟器,就可以在这里选择不同的设备来运行程序。

运行程序按钮可以将指定的模块运行到指定的设备上。在运行程序按钮右侧的是调试程序按钮,以调试模式启动程序后,可以在代码中打断点来调试程序。代码覆盖率测试按钮与测试相关。另外,当程序运行后,如果你想调试程序,那么不用重新以调试模式启动程序,只需要点击绑定进程调试按钮,绑定调试进程,就可以调试程序了。最右侧的按钮是停止按钮,可以将程序停止。

点击运行程序按钮,或使用默认快捷键 Shift+F10,将应用部署到远程模拟器上,安装完成后,程序会自动打开,如图 1-60 所示。

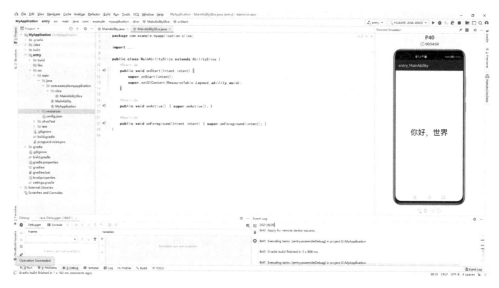

图 1-60　模拟器部署应用

我们在创建项目时，选择的运行设备是 Phone 类型的，所以应用可以运行在手机模拟器上。如果项目运行失败，那么需要检查 config.json 中的 deviceType 属性是否与要运行到的模拟器类型相匹配。deviceType 字段支持 tv、wearable、liteWearable、smartVision、phone、car、tablet、route 类型的设备或它们的组合，配置方式如下。

```
"deviceType": [
    "phone","tv"
]
```

2. 多设备运行

HarmonyOS 天生具备分布式能力，在模拟器中，也提供了多设备模拟器，可以同时启动两个设备。这两个设备在华为后台已经完成了组网，所以开发者不用关心设备组网情况，如果需要调试应用的分布式能力，只要正常调用相关 API 即可。下面来看在分布式设备上如何运行程序。

打开 HarmonyOS Device Manager，在左侧设备列表中选择"Super device"选项，当前提供了两种设备组合，一种是两部 P40 手机的组合，另一种是 P40 手机和 MatePad Pro 平板电脑的组合，如图 1-61 所示。开发者可以根据自己的需要，在两者之间进行选择。这里选择两部 P40 手机的组合。

图 1-61　Super device

模拟器启动后，DevEco Studio 页面的右侧出现了两部 P40 手机。这两部是模拟器，而不是真机，如图 1-62 所示。我们可以直接将程序运行到这两部手机上。

图 1-62　多设备模拟器

模拟器启动后，在设备列表里，正在运行的设备有两部手机。这两部手机的区别在于后面的端口号，一部手机的端口号为 8888，另一部手机的端口号为 8889。我们可以按照端口号对两部手机进行区分，如图 1-63 所示。

图 1-63　设备列表

我们还可以在模块选择下拉菜单中选择"Super App"选项（如图 1-64 所示），这时设备选择的菜单隐藏了，这里可以直接运行程序。

图 1-64　Super App

点击程序运行按钮后，会出现如图 1-65 所示的提示菜单，第一列"Module"为项目中的模块，第二列"Device ID"是当前可以使用的设备，第三列"Device Type"是设备类型，此处的 phone 表示手机。我们可以在这里完成对模块和运行模块的设备的配置。

图 1-65　提示菜单

程序运行到模拟器后的效果如图 1-66 所示。

图 1-66　多设备模拟器程序运行

3. Previewer

如果只是对布局页面进行调试，则不必将程序运行，可以点击 DevEco Studio 右侧菜单栏中的"Previewer"选项，如图 1-67 所示，可以直接渲染 resources\base\layout 目录下的布局文件，右侧会出现布局页面的预览页面。

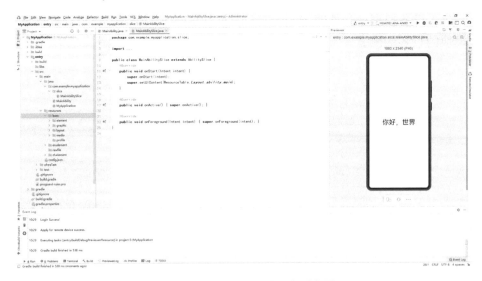

图 1-67　用"Previewer"选项查看布局页面

开发者在编写页面时，在 XML 文件中修改、增加或减少页面的组件，预览页面都可以实时响应布局页面代码的变化。在 Previewer 窗口中，还有横竖屏切换、颜色模式切换、语言选择等功能，方便调试页面的显示效果，如图 1-68 所示。

图 1-68　Previewer 窗口

1.4.5　应用签名与真机运行

上面的运行方式是在模拟器中的，程序可以直接打包运行。但是，如果想在真机上进行运行调试，或将应用发布到华为应用商店，就需要向华为官方申请证书，对应用进行签名。HarmonyOS 应用通过数字证书（.cer 文件）和 Profile 文件（.p7b 文件）来保证应用的完整性。在获得上述两个文件前，需要在 DevEco Studio 中生成密钥文件（.p12 文件）和证书请求文件（.csr 文件），通过华为 AppGallery Connect 平台来签发与设备绑定的证书和授权文件。证书中包含了程序包名称、运行设备的 UDID，以保证应用可运行在指定的设备上。

应用的密钥文件的格式为.p12，密钥文件用于数字签名和验证。证书请求文件的格式为.csr（Certificate Signing Request），证书请求文件包含密钥对中的公钥和公共名称、组织名称、组织单位等信息，用于向 AppGallery Connect 平台申请数字证书。数字证书的格式为.cer。它是由开发者使用.csr 文件向华为 AppGallery Connect 平台申请的。Profile 文件的格式为.p7b，Profile 文件包含 HarmonyOS 应用的包名、数字证书信息、描述应用允许申请的证书权限列表，以及允许应用调试的设备列表。

签名的流程如下：首先，由 DevEco Studio 生成.csr 文件和.p12 文件，然后登录 AppGallery Connect 后台，上传.csr 文件，换取.cer 文件。接着，再登录 AppGallery Connect 后台配置应用的包名、要安装到的设备 UDID，下载.p7b 文件。最终需要配置到项目中的三个文件为.p12、.p7b、.cer。证书获取流程如图 1-69 所示。

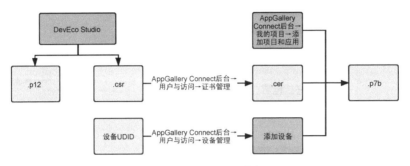

图 1-69　证书获取流程

下面详细介绍各个步骤的实现方式。

1. 配置.p12 与.csr 文件

新建 HarmonyOS 项目，在项目菜单栏中点击"Build"→"Generate Key and CSR"选项，在弹出的对话框中，首先新建.p12 文件，在"Key Store File(*.p12)"选项中点击"New"按钮，创建新的.p12 文件，弹出的对话框中第一项为.p12 文件的存储路径和文件名，第二项和第三项为.p12 文件的密码。密码至少为 8 位，且包含小写字母、大写字母、数字和特殊符号中的两种，如图 1-70 所示。

图 1-70　生成.p12 文件

然后，将其他信息补全，用于生成.csr 文件，包括数字证书别名（Alias）、有效期（Validity）。在"Certificate"选区中至少需要填一项，其中包括作者姓名（First and Last Name）、单位名称（Organizational Unit 和 Organization）、所在城市（City Or Locality）、所在省份（State Or Province）、国家码（Country

Code），如图 1-71 所示。

图 1-71　Generate Key

（1）Alias：密钥的别名信息。Alias 用于标识密钥名称。需要记住该别名信息，在后续签名配置时需要使用。

（2）Password：密钥对应的密码。此处与密钥库密码保持一致，无须手动输入。

（3）Validity：证书有效期。建议设置为 25 年及以上，覆盖应用的完整生命周期。

（4）Certificate：输入证书的基本信息，如组织、城市、地区、国家码等。

在填写完成后，点击"Next"按钮，生成.csr 文件，需要为.csr 文件指定别名和存储路径。填写完成后，点击"Finish"按钮，如果给出如图 1-72 所示的提示，说明.csr 文件生成成功了。

2. 获取.cer 文件

登录 AppGallery Connect 后台，在 AppGallery Connect 首页找到"用户与访问"选项，在左侧列表中选择"证书管理"选项，在这里完成证书配置，如图 1-73 所示。

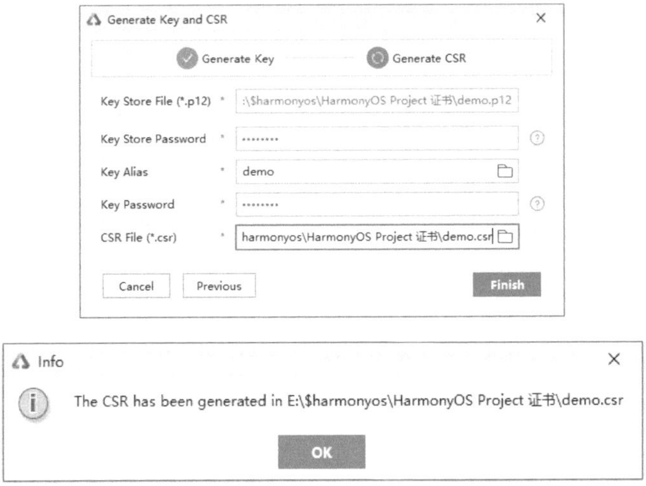

图 1-72　生成.csr 文件

图 1-73　AppGallery Connect 的证书管理

点击"新增证书"按钮，会出现如图 1-74 所示的页面，在这里需要将上面生成的.csr 文件上传。

图 1-74　AppGallery Connect 的新增证书

点击"提交"按钮后，在页面中就可以看到刚才生成的证书。点击"下载"按钮，就获得了.cer文件，需要保存好该文件，最终要将其配置到应用中，如图1-75所示。

图 1-75　下载.cer 文件

目前，AppGallery Connect 最多仅支持两个调试证书，如果已达到上限，那么需要在 AppGallery Connect 后台的"用户与访问"→"证书管理"页面中废除多余的调试证书。

3. 配置设备

需要将要运行应用的设备配置到 AppGallery Connect 后台并获得设备的 UDID。UDID 是一串 64 位的 16 进制字符串，可以唯一标识一台设备。下面来看如何获取设备的 UDID。

在之前的内容中，已经将 SDK 中的 HDC 命令添加到环境变量中，如果这一步没有完成，请参考 1.2.3 节。

将手机通过 USB 接口连接电脑，点击"设置"→"系统和更新"→"开发人员选项"，打开 USB 调试。如果没有"开发人员选项"，那么可以在"设置"→"关于手机"里找到版本号，如图 1-76 所示，连续点击 7 次即可进入开发者模式。

图 1-76　版本号

进入开发者模式，将 USB 调试打开，如图 1-77 所示。

打开命令行窗口，输入 hdc shell bm get -udid 命令，就可以获取设备的 UDID，如图 1-78 所示。

然后，回到"用户与访问"页面，在左侧列表中点击"设备管理"选项，如图 1-79 所示。

图 1-77　打开 USB 调试

图 1-78　获取设备的 UDID

图 1-79　设备管理

图 1-80　添加设备

这里最多允许管理 100 个设备，点击右上角"添加设备"按钮，在弹出的页面中添加设备名称、类型、UDID，设备名称不得超过 100 个字符，UDID 是 64 位长度的，如图 1-80 所示。点击"提交"按钮，就把设备添加到了设备列表中。

4．获取.p7b 文件

进入 AppGallery Connect 后台，

在菜单栏中选择"我的项目"选项，如图 1-81 所示。点击"添加项目"按钮。

图 1-81 我的项目

输入项目名称，最长不超过 64 个字符，点击"确认"按钮，如图 1-82 所示。

图 1-82 创建项目

页面自动跳转到项目管理后台，在这个页面中，可以继续添加应用，如图 1-83 所示。

图 1-83 项目设置

在图 1-84 所示的添加应用页面中，在"选择平台"选区中点击"APP（HarmonyOS 应用）"单选按钮，在"支持设备"选区中勾选"手机"复选框，这里支持多选，可以选择支持不同的设备类型。然后，输入应用名称，配置应用包名，应用包名的配置需要和项目中 config.json 的 bundleName 保持一致。应用分类可以选择应用或游戏，这里选择应用。默认语言选择中文即可。这里输入的应用包名不能和已有的项目重复，如果重复就不被允许创建该应用。

052　Hello HarmonyOS!——鸿蒙应用开发从入门到精通

图 1-84　添加应用

点击"确认"按钮后，应用创建成功，会跳转到管理 HAP Provision Profile 页面，它的具体位置在"我的项目"→"HarmonyOS 应用"→"HAP Provision Profile"，在这里添加 HarmonyAppProvision 信息，用来生成 .p7b 文件，如图 1-85 所示。

图 1-85　管理 HAP Provision Profile 页面

在页面右上角点击"添加"按钮，弹出配置 HarmonyAppProvision 信息的窗口，填写名称，在"类型"选区中选择"调试"单选按钮，要和配置的证书保持一致，如图 1-86 所示。选择调试证书，在这里可以看到之前创建的证书文件。然后，选择设备，在这里也可以看到之前添加到后台的设备，如图 1-87 所示。

在完成选择证书和选择设备操作后，会回到图 1-86 所示的页面，点击图中的"提交"按钮，列表中就会出现证书文件，如图 1-88 所示。

图 1-86 添加 HarmonyAppProvision 信息

(a)

(b)

图 1-87 添加证书和设备

图 1-88 添加成功

点击图 1-88 中的"下载"按钮,就可以将.p7b 文件下载到本地。

至此,我们已经获取到需要用的所有证书,如图 1-89 所示。接下来将证书配置到项目中。

图 1-89 证书

5. 将证书配置到项目中

在 DevEco Studio 菜单栏中,选择"File"→"Project Structure"→"Modules"→"entry"→"Signing Configs"选项,选择 Debug 模式,取消勾选"Automatically generate signing"复选框。证书配置包含以下配置项。

(1)Store File(*.p12):选择密钥库文件,文件后缀为.p12。

(2)Store Password:输入密钥库密码。

(3)Key Alias:输入密钥的别名信息。

(4)Key Password:输入密钥的密码。

(5)Sign Alg:签名算法,固定为 SHA256withECDSA。

(6)Profile File(*.p7b):选择申请的 Profile 文件,文件后缀为.p7b。

(7)Certpath File(*.cer):选择申请的数字证书文件,文件后缀为.cer。

除了 Sign Alg 不用填写,其他信息都要配置正确,如图 1-90 所示。

点击"OK"按钮,就完成了应用的证书配置。签名信息会自动写入程序 entry 目录下的 build.gradle 文件中,配置的签名信息如图 1-91 所示。

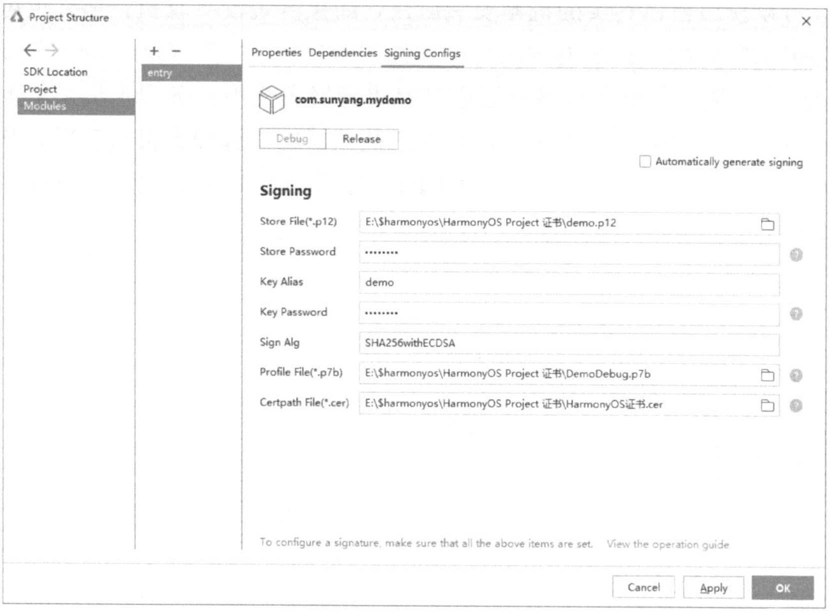

图 1-90 证书配置

```
signingConfigs {NamedDomainObjectContainer<SigningConfigOptions> it ->
    debug {
        storeFile file('E:\\$harmonyos\\HarmonyOS Project 证书\\demo.p12')
        storePassword '
        keyAlias = 'demo'
        keyPassword '
        signAlg = 'SHA256withECDSA'
        profile file('E:\\$harmonyos\\HarmonyOS Project 证书\\DemoDebug.p7b')
        certpath file('E:\\$harmonyos\\HarmonyOS Project 证书\\HarmonyOS证书.cer')
    }
}
```

图 1-91 配置的签名信息

现在应用程序便可以使用指定的真机来测试了。将真机通过 USB 接口连接电脑，DevEco Studio 会自动识别连接的设备，如图 1-92 所示。如果 DevEco Studio 没有识别，那么重新进入开发者模式，确认是否已经打开了 USB 调试。

然后就可以将应用程序在真机上运行了。

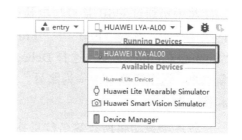

图 1-92 设备列表

你可以使用自己真实的机器安装应用,如果身边没有真机,那么也可以使用华为提供的远程真机来调试应用,如图 1-93 所示。在 HarmonyOS Device Manager 中,提供了很多型号的远程真机供开发者使用。远程真机是华为提供的真实设备。其 UDID 的获取方式和本地是一样的。远程真机启动后,开发者可以通过 HDC 来获取远程真机的 UDID。然后,将 UDID 配置到 AppGallery Connect 后台,这里不再赘述。

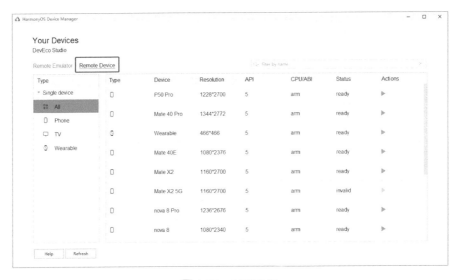

图 1-93　远程真机

1.4.6　自动签名

在 1.4.5 节中,手动完成了应用的签名,流程比较长。在 DevEco Studio 中,还提供了自动签名的功能,可以一键签名。

将手机通过 USB 接口与电脑连接,并打开 USB 调试。在 DevEco Studio 的菜单栏中,选择 "File" → "Project Structure" → "Modules" → "entry" → "Signing Configs" 选项,选择 Debug 模式,勾选 "Automatically generate signing" 复选框。这里需要登录华为账号,登录完成后便可以进行自动签名,如图 1-94 和图 1-95 所示。

程序会自动将所有签名信息补全,不用开发者做任何操作。点击 "OK" 按钮,便可将签名信息写入 build.gradle 文件中,然后就可以直接运行程序到你连接的设备上。

第 1 章　HarmonyOS 开篇　057

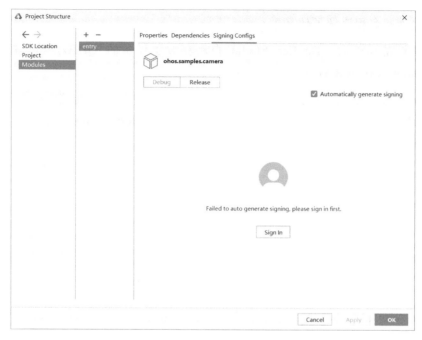

图 1-94　自动签名登录页面

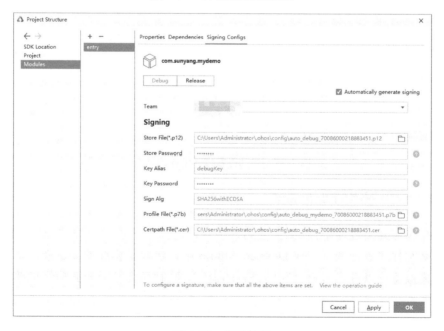

图 1-95　自动签名

自动签名程序做了什么事？

在设备连接后，DevEco Studio 自动获取了设备的 UDID，将其配置到 AppGallery Connect 后台。

DevEco Studio 自动完成了.p12 和.csr 文件的创建，并通过自动化流程去 AppGallery Connect 后台换取了.cer 文件，在 AppGallery Connect 后台可以看到自动签名程序创建的证书，如图 1-96 所示。

图 1-96　自动签名程序创建的证书

在 AppGallery Connect 后台，点击"我的项目"→"HarmonyOS 应用"→"HAP Provision Profile"选项，也可以看到自动签名程序创建的证书，如图 1-97 所示。

图 1-97　自动签名程序创建的证书

1.4.7　应用程序的断点调试

在应用开发过程中，难免会遇到各种各样的程序问题，经常需要使用 Debug 工具来对程序进行调试。在 DevEco Studio 中，包含了程序的调试能力，使用远程模拟器可以进行多语言和跨语言的调试，同时还支持分布式应用的跨设备调试。

断点调试就是在程序的某一处设置一个断点，当程序运行到此处时会暂时停止，此时，可以通过 DevEco Studio 提供的工具来对这一时刻的内存变量值和状态进行分析,从而对程序的运行情况进行判断。打断点的方式是在要中断的程序行的行号后点击鼠标左键,如果出现红色圆形标志,就意味着断点已经设置成功,此时整行代码也被标记为红色背景。程序断点如图 1-98 所示。

```
 7      public class MainAbility extends Ability {
 8          @Override
 9          public void onStart(Intent intent) {
10              super.onStart(intent);
11 ●            super.setMainRoute(MainAbilitySlice.class.getName());
12          }
```

图 1-98　程序断点

有两种方式可以使断点生效。第一种方式为使用调试模式运行程序。在 DevEco Studio 窗体的右上角有一个"🐞"按钮,它的作用是将应用部署到设备上,并调试程序,如图 1-99 所示。

图 1-99　Debug 模式启动

点击"🐞"按钮,程序便会部署到设备上运行。与直接运行程序不同,用调试模式运行程序后,应用会弹出如图 1-100 所示的窗口,此窗口稍后会自动消失。

稍做等待,程序运行到打断点的地方后,会停止运行,断点由"●"变为"✓"。断

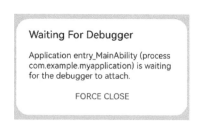

图 1-100　设备提示进入 Debug 模式

点前面的程序的变量值和变量状态可以显式地观察到，如图 1-101 所示。

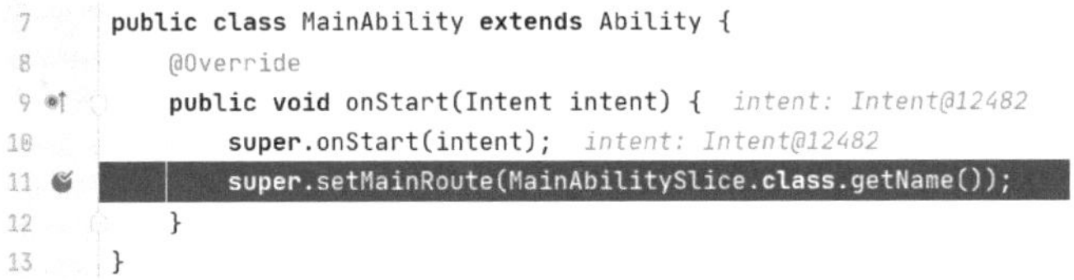

```
 7     public class MainAbility extends Ability {
 8         @Override
 9         public void onStart(Intent intent) {    intent: Intent@12482
10             super.onStart(intent);    intent: Intent@12482
11             super.setMainRoute(MainAbilitySlice.class.getName());
12         }
13     }
```

图 1-101　程序进入断点

在 DevEco Studio 窗体下方会弹出 Debug 控制台，如图 1-102 所示，先来看控制台左侧图标的含义。

图 1-102　Debug 控制台

▶Resume Program(F9)：恢复程序，让程序继续运行。

‖Pause Program：暂停程序。

■Stop 'entry' Ctrl+F2：停止程序。

●View Breakpoints(Ctrl+Shift+F8)：查看所有程序断点。

▨Mute Breakpoints：使断点失效。

▣Get Thread Dump：获取线程堆栈信息。

✿Settings：Debug 设置选项。

📌Pin Tab：固定 Tab 页签。

在 Debug 控制台中，还提供了打断点方式运行程序，提供了单步调试、多步调试等功能，控制台中按钮的功能如下：

≡Show Execution Point(Alt + F10)：显示程序断点的位置。

⌒Step Over(F8)：单步执行，当遇到子函数时不会进入子函数内，把子函数整体作为单步调试程序时的一步来运行。

☰Step Into(F7)：单步执行，当遇到子函数时进入子函数内，继续单步执行。

⤓Force Step Into(Alt+Shift+F7)：单步执行，在调试的时候能进入任何方法。

⤒Step Out(Shift+F8)：跳出当前方法。

⤺Drop Frame：回退应用程序的执行，以达到先前的状态。

⤼Run to Cursor(Alt+F9)：执行到光标所在的代码行。

▤Evaluate Expression(Alt+F8)：动态执行代码工具。

⇉Trace Current Stream Chain：流式编程调试插件。

在程序运行到断点停止后，在 Debug 控制台的 Variables 窗口中可以看到当前程序的变量值和变量状态。比如，如图 1-103 所示，当程序运行到断点时，有 intent 和 this 两个变量可以查看，变量内包含的信息也可以通过层级展开。intent 变量的 parameters 的值为 null，说明 intent 变量中没有包含其他参数。

图 1-103　调试模式下的变量查看

在代码窗口中，将光标指向已经运行过的程序中的变量，也可以看到变量值，我们可以通过排查这些变量值是否和预期的相同来判断程序是否执行正确，如图 1-104 所示。

第二种方式为通过"▶"按钮运行程序，然后通过"🐞"按钮来调试已经运行的程序。

首先，将程序运行起来，再点击"🐞"按钮，在弹出的对话框中选择要调试的程序。这时，可以选择要调试的语言，进行多语言调试配置。最后，点击"OK"按钮，便可以对程序进行断点调试了，如图 1-105 所示。这种方式使开发者不必再重新部署应用，可以在已运行的应用上，直接进行调试。

图 1-104　在代码窗口中查看变量值

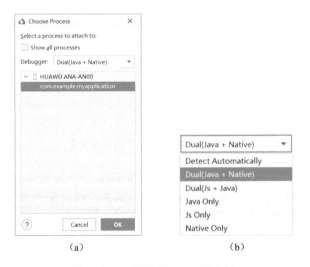

图 1-105　将调试器附加到进程

值得注意的是，如果调试的是 Feature 模块，那么需要检查 Feature 模块下的 config.json 文件的 abilities 数组是否存在 visible 属性。如果不存在，那么手动添加 visible 属性且取值为 true，表示该模块可以被其他的应用调用；否则 Feature 模块的调试无法进入断点。如果不希望该模块被其他应用调用，那么需要在调试完成后删除 visible 属性。Entry 模块的调试则不需要做该检查。

1.4.8 HiLog 日志

HiLog 是 HarmonyOS 提供的日志系统。在程序开发时，开发者不仅可以通过打断点的方式来调试程序，还可以在关键位置输出信息来判断程序的执行情况。这种方式不会打断程序的正常运行，对用户是无感的，开发者可以通过记录报错的日志，来判断应用程序的运行情况，从而完成对程序的错误排除和优化。记录程序的执行情况，可以为开发者判断程序运行情况提供最直接的信息。在 HarmonyOS 中，输出日志需要用到 HiLog 对象和 HiLogLabel 对象。

1. HiLog

在 HarmonyOS 开发过程中，会多次使用 HiLog 对象来输出程序的执行信息。HiLog 日志由 HiLog 对象来输出，并且为了方便日志的查看，HiLog 对象可以根据日志的类别来设置多种日志级别，表 1-5 是 HiLog 对象中的方法。

表 1-5 HiLog 对象中的方法

方法	含义
debug(HiLogLabel label, String format, Object... args)	输出 Debug 调试日志，打开 USB 调试后才会显示
info(HiLogLabel label, String format, Object... args)	输出 info 日志，表示普通信息
warn(HiLogLabel label, String format, Object... args)	输出 warn 日志，表示警告信息
error(HiLogLabel label, String format, Object... args)	输出 error 日志，表示错误信息
fatal(HiLogLabel label, String format, Object... args)	输出 fatal 日志，表示严重错误信息

在打印日志时，为了方便对信息进行分类，不可以随意使用这些方法，否则会带来日志阅读上的困难，影响对程序运行状况的判断。应该先对日志进行分类，然后使用对应的打印方法进行输出。HiLog 对象的方法中包含以下三个参数。

（1）label：HiLogLabel 标签，用于设置日志的筛选条件。

（2）format：格式字符串，用于日志的格式化输出。

（3）args：可以为 0 个或多个参数，是格式字符串中参数类型对应的参数列表。参数的数量、类型必须与格式字符串中的标识一一对应。

2. HiLogLabel

系统在正常运行时会打印很多日志，如果要在众多的日志中找到要调试的应用程序的日志，就需要对日志进行筛选。HiLogLabel 对象用于日志的筛选。它只有以下一个构造方法。

```
HiLogLabel(int type, int domain, String tag)
```

HiLogLabel 对象的构造方法包括三个参数。

（1）type：用于指定输出日志的类型。HiLog 对象中当前只提供了一种日志类型，即应用日志类型 LOG_APP。

（2）domain：用于指定输出日志所对应的业务领域，取值范围为 0x0～0xFFFFF。开发者可以根据需要进行自定义。

（3）tag：用于指定日志标识，可以为任意字符串，建议标识为所在的类或者业务名称。

这些参数可作为筛选日志的条件使用。在一个应用或者某个类内，日志的标签通常不会变，可以将 HiLogLabel 对象作为成员变量来使用，按照以下方式进行声明。

```
static final HiLogLabel LABEL_LOG= new HiLogLabel(HiLog.LOG_APP, 0xD001100, "MY_TAG");
```

HiLogLabel 对象包括以下几种枚举值。

（1）HiLog.LOG_APP：应用日志。

（2）HiLog.INFO：普通日志。

（3）HiLog.DEBUG：调试日志。

（4）HiLog.WARN：警告日志。

（5）HiLog.ERROR：错误日志。

（6）HiLog.FATAL：严重错误日志。

3. HiLog 日志控制台

DevEco Studio 提供了 HiLog 日志控制台来查看日志。开发者可以通过设置多种过滤条件来筛选日志，如图 1-106 所示。

图 1-106　HiLog 日志控制台

HiLog 日志控制台的左侧菜单中的各项含义如下。

↑Up the stack trace(Alt+Ctrl+向上箭头)：向上查看日志。

↓Down the stack trace(Alt+Ctrl+向下箭头)：向下查看日志。

Soft-Wrap：启用日志换行并防止水平滚动。

Scroll to End：时刻滚动到底部，查看最新日志。

Print：调用打印机打印日志。

Clear HiLog：清理设备的日志缓存，并清除当前控制台的日志。建议每次调试应用前，点击该按钮清除日志。

Screen Capture：对当前运行的设备截屏，并将其保存在本地。

HiLog Console Setting：HiLog 日志控制台设置，可修改日志颜色、缓冲区大小。

Split Horizontally：将 HiLog 日志控制台分屏，可以设置不同的筛选条件。

×Close：关闭当前的 HiLog 日志控制台，分屏后可用。

4. 日志输出示例

新建 Empty Ability（Java）模板项目，在"Project Type"选区中选择"Application"单选按钮（项目创建方法见 1.4.1 节，下同），在 MainAbilitySlice 中编写代码：

```
public class MainAbilitySlice extends AbilitySlice {
    static final HiLogLabel LABEL_LOG = new HiLogLabel(HiLog.LOG_APP, 0x10086, "MY_TAG");
    @Override
    public void onStart(Intent intent) {
        super.onStart(intent);
```

```
        super.setUIContent(ResourceTable.Layout_ability_main);
        HiLog.info(LABEL_LOG,"HiLog--info 日志");
        HiLog.warn(LABEL_LOG,"HiLog--warn 日志");
        HiLog.error(LABEL_LOG,"HiLog--error 日志");
        HiLog.fatal(LABEL_LOG,"HiLog--fatal 日志");
        HiLog.debug(LABEL_LOG,"HiLog--debug 日志");
    }
}
```

启动模拟器，将程序运行起来，在 DevEco Studio 下方的 HiLog 日志控制台中，点击"Log"选项，可以看到当前系统打印的 HiLog 日志，如图 1-107 所示。随着系统的运行，日志也在不断地输出，我们无法很快地定位到上述程序中打印的日志。

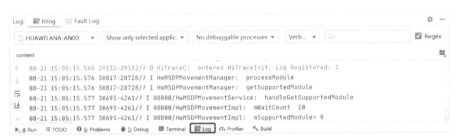

图 1-107　HiLog 日志

在筛选框中，输入构造 HiLogLabel 对象时设置的 tag 参数"MY_TAG"，可以对日志进行筛选，如图 1-108 所示。

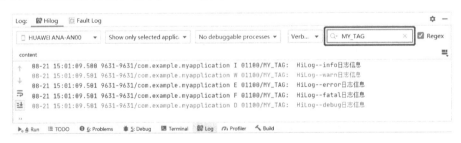

图 1-108　使用 tag 参数筛选日志

可以看到，程序中的日志被打印出来，同时使用颜色对日志级别进行了分类，方便对日志类别进行筛查。同样，使用 domain 参数也可以筛选出相应的日志，如图 1-109 所示。

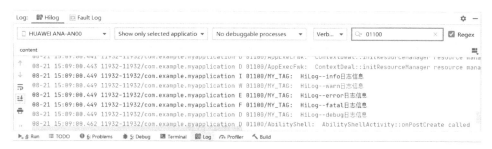

图 1-109　使用 domain 参数筛选日志

也可以用 domain 参数和 tag 参数的组合来筛选日志，如图 1-110 所示。

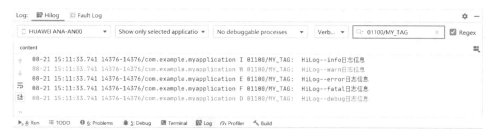

图 1-110　使用 domain 参数和 tag 参数的组合筛选日志

HiLog 日志还支持格式化日志输出，格式字符串中可以设置多个参数，例如格式字符串为"Load %s failed."，"%s"是参数类型为 String 的变参标识，具体取值在 args 中指定。

每个参数都可以添加隐私标识 {public} 或 {private}，默认为 {private}。{public} 表示日志打印结果可见，{private} 表示日志打印结果不可见，此时输出的日志为 <private>，比如 "Load {private}%s failed."。

在 MainAbilitySlice 中打印下面的日志：

```
HiLog.warn(LABEL_LOG, "Load %{private}s failed, reason:%{public}d.", "www.harmonyos.com", 503);
```

输出的日志如图 1-111 所示。

可以看到，被 {private} 修饰的变量在日志中显示为 <private>。

图 1-111 <private>日志

1.5 本章小结

本章首先介绍了 HarmonyOS 的系统特点和能力，重点提到了其分布式特性及广泛的万物互联应用场景。

然后，本章介绍了 HarmonyOS 应用开发的相关知识，包括 Ability、开发工具 DevEco Studio。通过"Hello World！"案例介绍了应用的目录结构、模拟器与真机调试、应用签名等应用部署的知识。

此外，本章还讲到了应用调试的相关知识，包括 HDC、Debug 和 HiLog 日志。这些开发基础知识为后面的学习打下基础。

第 2 章　HarmonyOS 页面开发

2.1　组件与组件容器

HarmonyOS 应用是运行在多种终端上的应用程序，包括手机、手表、平板电脑、车机、智慧屏等。用户通过运行在这些设备上的应用与 HarmonyOS 进行交互。页面设计又叫 UI（User Interface）设计，它是应用开发过程中非常重要的一个概念。本节主要介绍 HarmonyOS 页面开发的知识。页面开发实际上是对组件的属性进行控制，包括形状、样式、交互方式等。

组件根据功能的不同，可以分为按钮、文本框、输入框、单选框、多选框、列表、进度条等。在讲解常用组件之前，要掌握两个最基础的概念，分别为 Component 和 ComponentContainer。

2.1.1　Component

Component 在 HarmonyOS 中的含义是组件，是 HarmonyOS 页面中所有其他组件的基类。页面中的按钮、图片、列表等组件派生自 Component。每个组件在屏幕上都占据一个矩形区域，组件中不仅包括绘制组件的方法，还包括一系列事件处理的方法，使得用户可以与组件进行交互。

例如，图 2-1 所示的页面中包含了多个 Component，最上面的"首页"、图片、按钮等都属于 Component。这些 Component 既有相同的地方，也有不同的地方。相同的地方在于它们都需要被绘制在屏幕上，那么就需要有宽度、高度、背景等属性。不同的地方在于有些 Component 显示的是图片，有些 Component 显示的是文字，有些 Component

图 2-1　应用的页面设计图

显示的是列表，所以不同的组件也包含一些各自特有的属性。

在绘制组件时，既可以通过 Java 代码进行动态设置，也可以在相应的 XML 布局文件中进行声明。

在绘制一个 Component 时，开发者通常需要设置以下常用的属性和事件。

（1）形状属性：Component 的长度、宽度、位置、排列方式、背景颜色、样式等。

（2）监听事件：点击事件、长按事件等事件监听行为。

（3）焦点：Component 是否可以获得焦点，以及获得焦点后需要进行什么样的样式改变或操作。

（4）组件的可见性：包括可见（visible）、不可见（invisible）、隐藏（hide）三种属性。可见的意思是组件可以被用户看到，不可见与隐藏都可以使组件不被用户看到，区别在于不可见只是隐藏了组件，但组件所占的屏幕空间仍在，而隐藏则是将组件所占的屏幕空间也进行隐藏。

2.1.2 ComponentContainer

在 HarmonyOS 中，还有另外一种组件，这种组件被称作 ComponentContainer，也叫组件容器。顾名思义，ComponentContainer 是盛放组件的容器，可以管理组件占用的空间大小、排列方式等。ComponentContainer 继承自 Component 类。由于 ComponentContainer 是一个抽象类，我们通常使用的是它的子类，它的具体的子类实现也就是不同的布局。

HarmonyOS 中所有的页面都建立在 Component 和 ComponentContainer 的基础上，ComponentContainer 除了可以盛放 Component，还可以再次包含 ComponentContainer。这可以很方便地让开发者实现非常灵活的页面布局。通常一个页面的层次结构如图 2-2 所示。

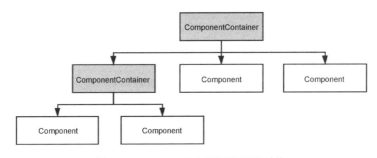

图 2-2　HarmonyOS 页面的层次结构

2.1.3 开发用户页面的方式

HarmonyOS 支持以下两种方式定义用户页面。

（1）通过 XML 文件来显示声明布局页面。目前，DevEco Studio 提供了预览功能，使用 XML 文件来编写 UI 页面可以实现所见即所得，如图 2-3 所示，预览器的屏幕尺寸为 1080px×2340px。

使用 XML 文件编写布局页面可以使页面的结构更加清晰，具有更低的代码耦合性，符合 MVC 设计模式。在一般情况下，推荐使用这种方式来进行 UI 设计。

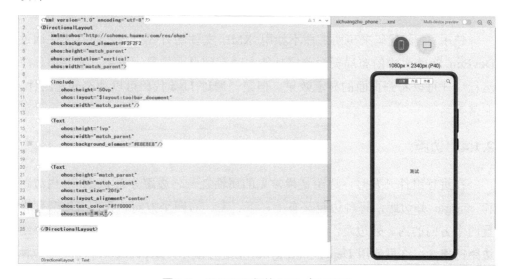

图 2-3 所见即所得的 XML 布局页面

（2）使用 Java 代码动态生成页面。页面是由组件构成的，组件在系统中也是对象，可以通过 Java 代码进行声明，并使用代码来控制组件的尺寸、位置等属性。这种方式可以达到和 XML 布局页面一样的效果，但是，使用 Java 代码来生成页面不易直观感受，不能做到所见即所得。比如：

```
Button button = new Button(this);
//设置宽度和高度
button.setHeight(MATCH_CONTENT);
button.setWidth(MATCH_PARENT);
```

```
//设置字体
button.setTextSize(50);
//设置显示内容
button.setText("按钮");
//设置文字样式
button.setTextAlignment(TextAlignment.CENTER);
//设置边距
ComponentContainer.LayoutConfig layoutConfig = new ComponentContainer.LayoutConfig();
layoutConfig.setMarginTop(30);
layoutConfig.setMarginLeft(20);
button.setLayoutConfig(layoutConfig);
```

使用 Java 代码来声明组件不如用 XML 文件的方式直观，而且无法通过 DevEco Studio 中的布局页面预览功能实时看到页面的显示效果，需要将程序运行后才可以看到页面的显示效果。但是，通过 Java 代码可以动态创建组件，非常灵活。

2.1.4 边距

在进行组件开发时，边距是最常见的属性之一。边距分为 padding 内边距和 margin 外边距，每种边距又有上、下、左、右四个方向。我们可以分别设置四个方向的内、外边距，也可以通过 padding 或 margin 一起设定。为了介绍边距的概念，这里使用 DependentLayout 来进行演示，DependentLayout 是一种布局，我们会在 2.2.2 节中介绍。下面来看具体的例子。

1. 外边距

```
<?xml version="1.0" encoding="utf-8"?>
<DependentLayout
    ohos:id="$+id:adaptiveBoxLayout"
    xmlns:ohos="http://schemas.huawei.com/res/ohos"
    ohos:height="match_parent"
    ohos:width="match_parent">
    <DependentLayout
        ohos:height="match_parent"
```

```xml
        ohos:width="match_parent"
        ohos:margin="50vp"
        ohos:background_element="#E1E1E1"/>
</DependentLayout>
```

在这个例子中,外层布局是 DependentLayout,在内层也放置了一个 DependentLayout,内层 DependentLayout 是浅灰色的,通过 ohos:margin 属性设置了外边距为 50vp。页面的预览效果如图 2-4 所示,上、下、左、右的白色区域边距均为 50vp。

虽然设置的内层 DependentLayout 的宽度和高度都为 match_parent,也就是宽度和高度都与其父布局一致。但是由于有外边距存在,并没有撑满整个屏幕,剩余的白色区域属于外层 DependentLayout。

还可以分别对各个方向设置外边距,代码如下。

```xml
<?xml version="1.0" encoding="utf-8"?>
<DependentLayout
    ohos:id="$+id:adaptiveBoxLayout"
    xmlns:ohos="http://schemas.huawei.com/res/ohos"
    ohos:height="match_parent"
    ohos:width="match_parent">

    <DependentLayout
        ohos:height="match_parent"
        ohos:width="match_parent"
        ohos:left_margin="50vp"
        ohos:top_margin="50vp"
        ohos:background_element="#E1E1E1"/>

</DependentLayout>
```

上述代码通过 ohos:left_margin 和 ohos:top_ margin 为组件设置了左侧和上侧外边距,而右侧和下侧没有外边距,页面的预览效果如图 2-5 所示。设置了外边距的方向并没有撑满屏幕,而没有设置外边距的方向撑满了屏幕。

图 2-4　外边距　　　　　图 2-5　设置左侧和上侧外边距

2. 内边距

在上面的内层 DependentLayout 中添加第三个 DependentLayout，它的颜色为深灰色，设置内层 DependentLayout 的内边距属性。

```xml
<?xml version="1.0" encoding="utf-8"?>
<DependentLayout
    ohos:id="$+id:adaptiveBoxLayout"
    xmlns:ohos="http://schemas.huawei.com/res/ohos"
    ohos:height="match_parent"
    ohos:width="match_parent">

    <DependentLayout
        ohos:height="match_parent"
        ohos:width="match_parent"
        ohos:margin="50vp"
        ohos:padding="50vp"
        ohos:background_element="#E1E1E1">
        <DependentLayout
```

```xml
        ohos:height="match_parent"
        ohos:width="match_parent"
        ohos:background_element="#A1A1A1"/>
    </DependentLayout>

</DependentLayout>
```

当为第二层布局设置内边距后，影响的是其内部的内容，而对外部没有影响，页面的预览效果如图2-6所示。内边距指的是组件内部的内容距离组件边界的距离。这里通过ohos:padding属性直接为四个方向设置了内边距，也可以对各个方向分别设置内边距。

```xml
<?xml version="1.0" encoding="utf-8"?>
<DependentLayout
    ohos:id="$+id:adaptiveBoxLayout"
    xmlns:ohos="http://schemas.huawei.com/res/ohos"
    ohos:height="match_parent"
    ohos:width="match_parent">

    <DependentLayout
        ohos:height="match_parent"
        ohos:width="match_parent"
        ohos:margin="50vp"
        ohos:left_padding="50vp"
        ohos:top_padding="50vp"
        ohos:background_element="#E1E1E1">
        <DependentLayout
            ohos:height="match_parent"
            ohos:width="match_parent"
            ohos:background_element="#A1A1A1"/>
    </DependentLayout>

</DependentLayout>
```

页面的预览效果如图2-7所示。通过ohos:left_padding和ohos:top_padding设置了布局的左侧和上侧内边距。剩下两个方向由于没有设置内边距，撑满了该方向上的父布局。

图 2-6 内边距

图 2-7 设置左侧和上侧内边距

2.2 常用布局

在 HarmonyOS 应用页面开发中,盛放组件的容器也叫布局,也就是上面讲到的 ComponentContainer。它是一个非常重要的概念,不同的布局会给页面带来不同的排列效果,在进行页面设计时,要结合不同的应用场景,使用不同的页面布局。本节将介绍一些常用的布局方式。下面讲到的布局均继承自 ComponentContainer 抽象类。

2.2.1 DirectionalLayout

DirectionalLayout 是一种可以声明子组件排列方向的布局,既是最基础,也是最重要的一种布局,应用场景很广泛,用于将组件按照水平[如图 2-8(a)所示]或垂直[如图 2-8(b)所示]两种方向排列。

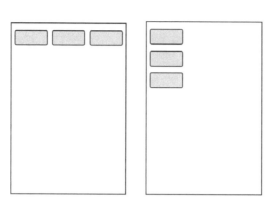

（a） （b）

图 2-8 DirectionalLayout 示意图

DirectionalLayout 通过 ohos:orientation 属性控制组件的排列方向。ohos:orientation 有两个属性值，分别是 horizontal 和 vertical。其中，horizontal 表示水平显示，vertical 表示垂直显示，而且 DirectionalLayout 默认采用垂直的方式进行排列。接下来，通过配置 ohos:orientation 属性来实现三个按钮的垂直排列。

```xml
<?xml version="1.0" encoding="utf-8"?>
<DirectionalLayout
    xmlns:ohos="http://schemas.huawei.com/res/ohos"
    ohos:height="match_parent"
    ohos:width="match_parent"
    ohos:orientation="vertical">

    <Button
        ohos:height="match_content"
        ohos:width="match_content"
        ohos:text_size="30vp"
        ohos:text="按钮1"/>

    <Button
        ohos:height="match_content"
        ohos:width="match_content"
```

```xml
        ohos:text_size="30vp"
        ohos:text="按钮2"/>

    <Button
        ohos:height="match_content"
        ohos:width="match_content"
        ohos:text_size="30vp"
        ohos:text="按钮3"/>

</DirectionalLayout>
```

在上述代码中，顶部的<?xml version="1.0" encoding="utf-8"?>声明了 XML 文件的版本和字符集。

最外层标签为<DirectionalLayout>，表示这里使用的布局是 DirectionalLayout。布局的 ohos:orientation 属性的取值设置为 vertical，在布局中包含了三个按钮，这三个按钮会按照垂直方向排列，页面的预览效果如图 2-9 所示。

在按钮中，通过 ohos:text 属性设置了按钮显示的内容，通过 ohos:text_size 指定了显示内容的字号。在 HarmonyOS 中，字号可以使用三种单位设置，分别为 px（像素）、vp（虚拟像素）、fp（字体像素）。其中：px 为屏幕像素；vp 为虚拟像素，它的大小和屏幕密度有关，它使组件尺寸在不同像素密度的设备上具有一致的视觉感受；fp 默认大小和 vp 相同，只是在设置字号后，会乘以对应的系数来计算实际显示大小。

若将 ohos:orientation 的属性值设置为 horizontal，则三个按钮会按照水平方向进行排列，页面的预览效果如图 2-10 所示。

这里的按钮设置的宽度 ohos:width 和高度 ohos:height 都是 match_content，意味着组件的宽度和高度会正好包裹其所包含的内容。宽度和高度都还有另一个属性值，叫 match_parent，意思是与父级容器的长度或宽度保持一致。当 ohos:orientation 的属性值为 horizontal 时，如果将上面"按钮 1"的宽度设置为 match_parent，那么"按钮 1"的宽度就将整个屏幕占满，由于屏幕已经没有剩余空间，其余按钮就会从屏幕右侧被挤出。

图 2-9　垂直排列　　　　　　　　　图 2-10　水平排列

例如，将"按钮 1"的 ohos:width 属性值设置为 match_parent，其他按钮便没有空间显示。

```xml
<?xml version="1.0" encoding="utf-8"?>
<DirectionalLayout
    xmlns:ohos="http://schemas.huawei.com/res/ohos"
    ohos:height="match_parent"
    ohos:width="match_parent"
    ohos:orientation="horizontal">

    <Button
        ohos:height="match_content"
        ohos:width="match_parent"
        ohos:text_size="30vp"
        ohos:text="按钮1"/>

    <Button
        ohos:height="match_content"
        ohos:width="match_content"
        ohos:text_size="30vp"
```

```xml
        ohos:left_margin="10vp"
        ohos:text="按钮2"/>

    <Button
        ohos:height="match_content"
        ohos:width="match_content"
        ohos:text_size="30vp"
        ohos:left_margin="10vp"
        ohos:text="按钮3"/>

</DirectionalLayout>
```

在上面的代码中，DirectionalLayout 的排列方式设置为水平，这时将"按钮1"的 ohos:width 属性值设置为 match_parent，则屏幕上只会显示"按钮1"，其余两个按钮均从屏幕右侧被挤出，从而无法显示，页面的预览效果如图 2-11 所示。

同理，如果 ohos:orientation 的属性值为 vertical，那么组件的高度就不能设置为 match_parent，否则会影响其他组件的显示效果。

DirectionalLayout 是按照布局中组件摆放的顺序依次分配空间的，先给"按钮1"设置宽度为 match_content，这时系统已经为"按钮1"分配了空间，然后将"按钮2"的宽度设置为 match_parent，最后"按钮3"的宽度依然为 match_content，代码如下。

```xml
<?xml version="1.0" encoding="utf-8"?>
<DirectionalLayout
    xmlns:ohos="http://schemas.huawei.com/res/ohos"
    ohos:height="match_parent"
    ohos:width="match_parent"
    ohos:orientation="horizontal">

    <Button
        ohos:height="match_content"
        ohos:width="match_content"
        ohos:text_size="30vp"
        ohos:text="按钮1"/>

    <Button
        ohos:height="match_content"
        ohos:width="match_parent"
```

```
        ohos:text_size="30vp"
        ohos:left_margin="10vp"
        ohos:text="按钮 2"/>

    <Button
        ohos:height="match_content"
        ohos:width="match_content"
        ohos:text_size="30vp"
        ohos:left_margin="10vp"
        ohos:text="按钮 3"/>

</DirectionalLayout>
```

如图 2-12 所示，屏幕上只显示了"按钮 1"和"按钮 2"，且"按钮 2"的宽度为 match_parent，它占据了除去"按钮 1"以外的所有右侧的水平空间，"按钮 3"就没有多余的位置可以摆放，被挤出屏幕。在本例中，DirectionalLayout 被设置为水平方向，那么，match_parent 属性计算的是水平方向剩余可用空间的大小，而非使用水平方向的所有空间来计算组件尺寸。

图 2-11　无剩余空间的显示效果

图 2-12　"按钮 2"挤占剩余空间

如果都使用 match_content 来指定组件的宽度，那么在排列完三个按钮后，屏幕右侧还有大片的空白位置，UI 显得不美观。DirectionalLayout 除了可以规定组件的排列方向，还可以通过 ohos:weight 空间权重属性来设置组件所占据的空间大小。这个属性是按比例计算组件在布局中所占空间的，可以用作对不同分辨率屏幕的适配。下面通过给 Button 设置 weight 值来设置三个按钮的大小，以水平排列布局为例编写代码。

```xml
<?xml version="1.0" encoding="utf-8"?>
<DirectionalLayout
    xmlns:ohos="http://schemas.huawei.com/res/ohos"
    ohos:height="match_parent"
    ohos:width="match_parent"
    ohos:orientation="horizontal">
    <Button
        ohos:height="match_content"
        ohos:width="match_content"
        ohos:text_size="30vp"
        ohos:weight="1"
        ohos:text="按钮1"/>

    <Button
        ohos:height="match_content"
        ohos:width="match_parent"
        ohos:text_size="30vp"
        ohos:left_margin="10vp"
        ohos:weight="1"
        ohos:text="按钮2"/>

    <Button
        ohos:height="match_content"
        ohos:width="match_content"
        ohos:text_size="30vp"
        ohos:left_margin="10vp"
        ohos:weight="1"
        ohos:text="按钮3"/>
```

```
</DirectionalLayout>
```

设置布局的 ohos:orientation 属性值为 horizontal，三个按钮的 ohos:weight 属性值都为 1，则按钮会把屏幕空间三等分进行排列。此时，组件的宽度不再由 ohos:width 来决定，这个时候可以将组件的 ohos:width 属性值设置为 0。

在计算组件宽度时，系统会把所有组件指定的 ohos:weight 相加得到总的权重值，然后计算每个组件的 weight 占总权重值的比例，按照比例去分配组件在 DirectionalLayout 中的可用空间。上面三个按钮的 weight 都为 1，总权重值为 3，所以每个组件的宽度都是 1/3 屏幕宽度。页面的预览效果如图 2-13 所示。

如果为"按钮 3"设置了具体的宽度，那么"按钮 1"和"按钮 2"使用 ohos:weight 来设置宽度又会如何呢？我们看一下下面的例子。

```
<?xml version="1.0" encoding="utf-8"?>
<DirectionalLayout
    xmlns:ohos="http://schemas.huawei.com/res/ohos"
    ohos:height="match_parent"
    ohos:width="match_parent"
    ohos:orientation="horizontal">
    <Button
        ohos:height="match_content"
        ohos:width="0px"
        ohos:text_size="30vp"
        ohos:weight="1"
        ohos:text="按钮1"/>

    <Button
        ohos:height="match_content"
        ohos:width="0px"
        ohos:text_size="30vp"
        ohos:left_margin="10vp"
        ohos:weight="1"
        ohos:text="按钮2"/>

    <Button
```

```
        ohos:height="match_content"
        ohos:width="200dp"
        ohos:text_size="30vp"
        ohos:left_margin="10vp"
        ohos:text="按钮 3"/>

</DirectionalLayout>
```

图 2-14 为页面的预览效果图。从图 2-14 中可以看到,"按钮 3"占据了右侧的空间,而"按钮 1"和"按钮 2"平分了左侧的剩余空间。

图 2-13 使用 weight 属性设置宽度

图 2-14 weight 与指定宽度混用

DirectionalLayout 还有一个特有属性,叫 ohos:total_weight。它可以指定布局的总权重值 totalWeight。这时,用于计算 DirectionalLayout 中组件尺寸的权重值不再由所有子组件的 weight 加和得到。每个组件所占用的空间都由 $\dfrac{weight \times 屏幕可用宽(高)度}{totalWeight}$ 计算得到。其中,式子的分子中使用的是屏幕可用宽(高)度,也就是说,在使用 weight 按比例来计算组件宽(高)度时,使用的不是屏幕在宽或高方向的总尺寸，而是使用减去已被其他组件占用后的屏幕剩余空间。我们看一下下面的例子。

```xml
<?xml version="1.0" encoding="utf-8"?>
<DirectionalLayout
    xmlns:ohos="http://schemas.huawei.com/res/ohos"
    ohos:height="match_parent"
    ohos:width="match_parent"
    ohos:total_weight="5"
    ohos:orientation="horizontal">

    <Button
        ohos:height="200vp"
        ohos:weight="2"
        ohos:text_size="30vp"
        ohos:background_element="#D1D1D1"
        ohos:text="A"/>

    <Button
        ohos:height="200vp"
        ohos:weight="2"
        ohos:text_size="30vp"
        ohos:background_element="#BCBCBC"
        ohos:text="B"/>

    <Button
        ohos:height="200vp"
        ohos:width="150vp"
        ohos:text_size="30vp"
        ohos:background_element="#939393"
        ohos:text="C"/>

</DirectionalLayout>
```

在上述代码中，外层的 DirectionalLayout 增加了 ohos:total_weight 属性，取值为 5。布局中包含"按钮 1""按钮 2""按钮 3"三个按钮，其中"按钮 1"

"按钮 2"的 ohos:weight 设置为 2,"按钮 3"指定具体的宽度为 150vp。页面的预览效果如图 2-15 所示。

系统首先为"按钮 3"分配空间,"按钮 1"和"按钮 2"的宽度各为剩余空间的 2/5,在"按钮 3"右侧有剩余的空白区域,空白区域为剩余空间的 1/5。

在 DirectionalLayout 中,组件的位置还可以通过 ohos:layout_alignment 属性来指定。组件可以通过这个属性来决定自己在 DirectionalLayout 中的对齐方式。layout_alignment 属性值见表 2-1。

图 2-15 使用 total_weight 和 weight 设置组件宽度

表 2-1 layout_alignment 属性值

属性值	含义
left	左对齐
top	顶部对齐
right	右对齐
bottom	底部对齐
horizontal_center	水平居中对齐
vertical_center	垂直居中对齐
center	居中

但是当 DirectionalLayout 的对齐方式与通过 ohos:layout_alignment 属性配置的组件的排列方式一致时,对齐方式不会生效。我们看一下下面的例子。

```
<?xml version="1.0" encoding="utf-8"?>
<DirectionalLayout
    xmlns:ohos="http://schemas.huawei.com/res/ohos"
    ohos:height="match_parent"
```

```xml
    ohos:width="match_parent"
    ohos:orientation="horizontal">

    <Button
        ohos:height="match_content"
        ohos:width="match_content"
        ohos:text_size="30vp"
        ohos:background_element="#D1D1D1"
        ohos:layout_alignment="vertical_center"
        ohos:text="按钮1"/>

    <Button
        ohos:height="match_content"
        ohos:width="match_content"
        ohos:text_size="30vp"
        ohos:background_element="#D1D1D1"
        ohos:layout_alignment="top"
        ohos:text="按钮2"/>

    <Button
        ohos:height="match_content"
        ohos:width="match_content"
        ohos:text_size="30vp"
        ohos:background_element="#D1D1D1"
        ohos:layout_alignment="bottom"
        ohos:text="按钮3"/>

</DirectionalLayout>
```

可以看到，当 DirectionalLayout 的方向设置为水平时，"按钮 1"的位置可以通过 layout_alignment 属性设置为垂直居中，"按钮 2"的位置为"top"，在屏幕顶部，"按钮 3"的位置为"bottom"，在屏幕底部，页面的预览效果如图 2-16 所示。

但如果设置 ohos:layout_alignment 为 "horizontal_center"，由于 ohos:orientation 的属性值为 horizontal，而 ohos:layout_alignment 的对齐方式也指定的是水平方向，那么这个属性不会起作用，因为下一个组件要水平排列，水平方向就不再允许组件通过 layout_alignment 调整位置。

```xml
<?xml version="1.0" encoding="utf-8"?>
<DirectionalLayout
    xmlns:ohos="http://schemas.huawei.com/res/ohos"
    ohos:height="match_parent"
    ohos:width="match_parent"
    ohos:orientation="horizontal">

    <Button
        ohos:height="match_content"
        ohos:width="match_content"
        ohos:text_size="30vp"
        ohos:background_element="#D1D1D1"
        ohos:layout_alignment="horizontal_center"
        ohos:text="按钮1"/>
</DirectionalLayout>
```

图 2-17 为页面的预览效果图。从图 2-17 中可以看到,"按钮 1"回到了左上角的位置。ohos:layout_alignment 的值并未起作用。

图 2-16 垂直居中　　　　　　　　图 2-17 垂直居中不起作用

除了用 XML 文件的方式声明 DirectionalLayout，还可以通过 Java 代码创建 DirectionalLayout。下面这段代码的效果和在<DirectionalLayout>中用 XML 属性声明的效果是一样的。

```
//创建 DirectionalLayout 对象
DirectionalLayout directionalLayout = new DirectionalLayout(this);
//设置 DirectionalLayout 的方向为垂直
directionalLayout.setOrientation(Component.VERTICAL);
//设置布局的总权重值
directionalLayout.setTotalWeight(3);
//布局配置
DirectionalLayout.LayoutConfig config = new DirectionalLayout.LayoutConfig();
//设置布局的宽度和高度为 MATCH_PARENT，这是一个系统的枚举值。
config.height=MATCH_PARENT;
config.width=MATCH_PARENT;
directionalLayout.setLayoutConfig(config);
```

2.2.2 DependentLayout

DependentLayout 在开发过程中也很常用，之前介绍的 DirectionalLayout 通过方向、权重来控制内部组件的位置，而 DependentLayout 更为灵活，拥有更多的排列方式，它通过相对的方式来对组件进行定位，组件通过指定相对于其他组件的位置，可以出现在布局中的任何地方。

图 2-18 就是一个相对布局完成的页面，在页面中先摆放一个组件 A，然后摆放组件 B，让其位置在组件 A 下面。最后，摆放组件 C，让组件 C 在组件 A 的下面，且在组件 B 的右侧。这样就通过相对位置的方式，完成了这个布局设计。

下面用 XML 布局文件的代码将其实现。

```
<?xml version="1.0" encoding="utf-8"?>
<DependentLayout
    xmlns:ohos="http://schemas.huawei.com/res/ohos"
    ohos:height="match_parent"
    ohos:width="match_parent"
    ohos:orientation="horizontal">
```

```xml
<Button
    ohos:id="$+id:A"
    ohos:height="200vp"
    ohos:width="match_parent"
    ohos:text_size="30vp"
    ohos:background_element="#D1D1D1"
    ohos:text="A"/>

<Button
    ohos:id="$+id:B"
    ohos:height="match_content"
    ohos:width="100vp"
    ohos:text_size="30vp"
    ohos:background_element="#A1A1A1"
    ohos:below="$id:A"
    ohos:text="B"/>

<Button
    ohos:height="match_content"
    ohos:width="match_parent"
    ohos:text_size="30vp"
    ohos:background_element="#E0E0E0"
    ohos:below="$id:A"
    ohos:right_of="$id:B"
    ohos:text="C"/>
</DependentLayout>
```

首先，为"按钮 A"和"按钮 B"增加一个 ID，然后在设置"按钮 B"的位置时，用了 ohos:below 属性，通过 $id:A 值告诉系统，"按钮 B"的位置在"按钮 A"的下面。

然后，在设置"按钮 C"的位置时，用了两个相对位置的描述，通过 ohos:below="$id:A" 指定"按钮 C"的位置在"按钮 A"的下面，通过 ohos:right_of="$id:B" 指定"按钮 C"的位置在"按钮 B"的右侧。这样就达到了指定"按钮 C"的位置在"按钮 A"的下面，同时又在"按钮 B"的右侧的效果。页面的预览效果如图 2-19 所示。

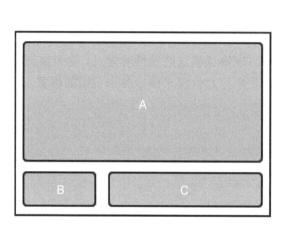
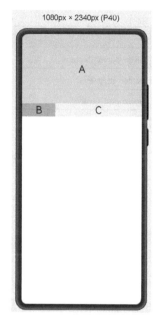

图 2-18　相对布局　　　　　　　　图 2-19　相对布局的例子

关于相对位置的属性有很多，表 2-2 列出了几个常用的属性和其对应的含义。

表 2-2　关于相对位置的属性及含义

属性	含义
left_of	在指定组件的左侧（组件的右边缘与右侧组件的左边缘对齐）
right_of	在指定组件的右侧
above	在指定组件的上面
below	在指定组件的下面
align_baseline	将子组件的中线与另一个子组件的中线对齐
align_left	将组件的左边缘与另一个组件的左边缘对齐
align_top	将组件的上边缘与另一个组件的上边缘对齐
align_right	将组件的右边缘与另一个组件的右边缘对齐
align_bottom	将组件的底边缘与另一个组件的底边缘对齐
align_parent_left	将左边缘与父组件的左边缘对齐
align_parent_top	将上边缘与父组件的上边缘对齐
align_parent_right	将右边缘与父组件的右边缘对齐

续表

属性	含义
align_parent_bottom	将底边与父组件的底边对齐
center_in_parent	组件在父组件的中心
horizontal_center	组件在父组件水平方向的中心
vertical_center	组件在父组件垂直方向的中心

下面通过一个小例子来更加清晰地认识这些属性的含义。这个案例是仿遥控器，在屏幕中摆放五个按钮，使用相对位置来确定各个按钮的位置。

```xml
<?xml version="1.0" encoding="utf-8"?>
<DependentLayout
    xmlns:ohos="http://schemas.huawei.com/res/ohos"
    ohos:height="match_parent"
    ohos:width="match_parent"
    ohos:orientation="horizontal">

    <Button
        ohos:id="$+id:A"
        ohos:height="match_content"
        ohos:width="match_content"
        ohos:text_size="30vp"
        ohos:center_in_parent="true"
        ohos:background_element="#E8E8E8"
        ohos:text="中间"/>

    <Button
        ohos:id="$+id:B"
        ohos:height="match_content"
        ohos:width="match_content"
        ohos:bottom_margin="20vp"
        ohos:text_size="30vp"
        ohos:background_element="#E8E8E8"
        ohos:horizontal_center="true"
        ohos:above="$id:A"
        ohos:text="上面"/>

    <Button
```

```xml
        ohos:id="$+id:C"
        ohos:height="match_content"
        ohos:width="match_content"
        ohos:text_size="30vp"
        ohos:background_element="#E8E8E8"
        ohos:below="$id:A"
        ohos:top_margin="20vp"
        ohos:horizontal_center="true"
        ohos:text="下面"/>

    <Button
        ohos:id="$+id:D"
        ohos:height="match_content"
        ohos:width="match_content"
        ohos:text_size="30vp"
        ohos:background_element="#E8E8E8"
        ohos:left_of="$id:A"
        ohos:right_margin="20vp"
        ohos:vertical_center="true"
        ohos:top_margin="20vp"
        ohos:text="左侧"/>

    <Button
        ohos:id="$+id:E"
        ohos:height="match_content"
        ohos:width="match_content"
        ohos:text_size="30vp"
        ohos:background_element="#E8E8E8"
        ohos:right_of="$id:A"
        ohos:left_margin="20vp"
        ohos:vertical_center="true"
        ohos:top_margin="20vp"
        ohos:text="右侧"/>

</DependentLayout>
```

在这个例子中，在 DependentLayout 中创建了五个按钮，首先来看"中间"按钮，它的位置用 ohos:center_in_parent="true"来确定，表明它在父布局的中心。

名称为"上面"的按钮在"中间"按钮的上面，并且在屏幕中水平居中，所以这里用到了两个定位方式：水平居中（ohos:horizontal_center="true"）和在"中间"按钮上面（ohos:above="$id:A"），它的位置是依赖于"中间"按钮的。

"下面"按钮也需要依赖"中间"按钮来确定位置，通过 ohos:below="$id:A" 来确定在"中间"按钮下面，并通过水平居中（ohos:horizontal_center="true"），让其位于"中间"按钮的正下面。

"左侧"按钮在"中间"按钮的左侧，依赖于"中间"按钮的位置，通过 ohos:left_of="$id:A" 固定在"中间"按钮左侧，并通过垂直居中（ohos:vertical_center="true"）固定在"中间"按钮的正左侧。

"右侧"按钮在"中间"按钮的右侧，依赖于"中间"按钮的位置，通过 ohos:right_of="$id:A" 和垂直居中（ohos:vertical_center="true"）固定在"中间"按钮的正右侧。页面的预览效果如图 2-20 所示。

图 2-20　仿遥控器例子

"中间"按钮位于屏幕的中心，其他四个按钮依赖于"中间"按钮摆放。因此在使用 DependentLayout 时，要首先明确组件之间的依赖关系，后面加入的组件依赖于前面组件的位置，这样可以实现丰富的布局设计。

虽然 DependentLayout 中关于位置的属性值很多，但是大部分都可以通过属性名得知，这是有一定规律的。

下面来看如何用 Java 代码实现相对布局。

```java
//创建 DependentLayout
DependentLayout dependentLayout = new DependentLayout(this);
DependentLayout.LayoutConfig layoutConfig = new DependentLayout.LayoutConfig();
//设置布局的宽度和高度
layoutConfig.width=MATCH_PARENT;
layoutConfig.height=MATCH_PARENT;
dependentLayout.setLayoutConfig(layoutConfig);
```

```
//创建DependentLayout中的组件,并设置其位置属性
Button btn = new Button(this);
DependentLayout.LayoutConfig btnConfig = new DependentLayout.
LayoutConfig();
    btnConfig.width=MATCH_CONTENT;
    btnConfig.height=MATCH_CONTENT;
    btnConfig.addRule(DependentLayout.LayoutConfig.CENTER_IN_PARENT);
    btnConfig.addRule(DependentLayout.LayoutConfig.LEFT_OF,ResourceT
able.Id_text_helloworld);
    btn.setLayoutConfig(btnConfig);
```

在上述代码中,也使用了 LayoutConfig 对象来设置组件的属性,但此 LayoutConfig 对象和 DirectionalLayout 中使用的 LayoutConfig 对象不同,这一点要稍加注意。在 DependentLayout 中,可以通过 LayoutConfig 对象的 addRule() 方法来控制组件的位置和相对位置。

2.2.3　StackLayout

与前两种布局方式相比,StackLayout(层叠布局)相对简单一些。它会为每一个放进去的组件创建一个空白区域,通常称为一层。这些层默认会从屏幕左上角开始绘制,即 StackLayout 默认从左上角的(0,0)坐标开始绘制组件,最先放入的组件位于底层,最后放入的组件在最上层,这些组件看起来好像层叠在一起,这就是 StackLayout 的效果。层叠布局在开发过程中可以用于地图设计、游戏页面等场景,如图 2-21 所示。

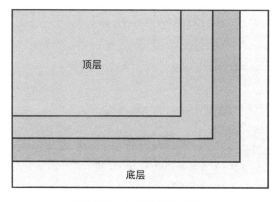

图 2-21　层叠布局示意图

下面通过实践来加深对层叠布局的理解。创建一个最外层为 StackLayout 的父布局，并在其中添加相应的组件。

```xml
<?xml version="1.0" encoding="utf-8"?>
<StackLayout
    xmlns:ohos="http://schemas.huawei.com/res/ohos"
    ohos:height="match_parent"
    ohos:width="match_parent">

    <Text
        ohos:id="$+id:A"
        ohos:text_alignment="top|horizontal_center"
        ohos:text_size="24fp"
        ohos:text="第一层"
        ohos:layout_alignment="center"
        ohos:height="360vp"
        ohos:width="360vp"
        ohos:background_element="#828282"/>

    <Text
        ohos:id="$+id:D"
        ohos:text_alignment="top|horizontal_center"
        ohos:layout_alignment="center"
        ohos:text_size="24fp"
        ohos:text="第二层"
        ohos:height="250vp"
        ohos:width="250vp"
        ohos:background_element="#A5A5A5"/>

    <Text
        ohos:id="$+id:C"
        ohos:text_alignment="top|horizontal_center"
        ohos:layout_alignment="center"
        ohos:text_size="24fp"
        ohos:text="第三层"
        ohos:height="80vp"
```

```
            ohos:width="80vp"
            ohos:background_element="#E2E2E2"/>

</StackLayout>
```

在上述布局文件中添加了三个 Text 组件，其属性在后面章节中再详细介绍。这三个组件从上到下依次变小，颜色逐渐变浅，层次堆叠摆放，最后添加的"第三层"在顶部，"第一层"在底部，重叠部分会被顶部的盖住。页面的预览效果如图 2-22 所示。

其实也可以看到，StackLayout 中的组件位置也是可以改变的，只是默认从左上角开始绘制。在上述案例中，通过 ohos:layout_alignment 属性改变了组件在 StackLayout 中的位置。除了 center，StackLayout 还支持以下位置属性值，见表 2-3。

图 2-22　层叠布局的显示效果

表 2-3　StackLayout 中的位置属性值

属性值	含义
left	在父布局中左对齐
top	在父布局中顶部对齐
right	在父布局中右对齐
bottom	在父布局中底部对齐
horizontal_center	在父布局中水平居中
vertical_center	在父布局中垂直居中
center	在父布局中居中

ohos:layout_alignment 还支持这些属性值的组合使用。比如，想让组件在底部右对齐，这个时候可以使用"|"作为连接符来组合多个属性值，只需要使用 ohos:layout_alignment="bottom|right"就可以实现组件在底部右对齐。

2.2.4 TableLayout

TableLayout 是一种表格布局,将页面分为多个单元格,以行、列单元格的形式来管理子组件,其最基本的两个属性是 ohos:row_count 和 ohos:column_count,分别代表行数和列数。图 2-23 所示为 ohos:row_count=3, ohos:column_count=3 的表格布局。在 TableLayout 中,组件的排列方向 ohos:orientation 属性指定了组件在排列时,是按垂直方向排列还是按水平方向排列。

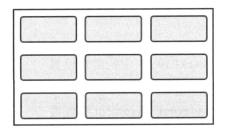

图 2-23 表格布局示意图

TableLayout 有以下特有的属性,见表 2-4。

表 2-4 TableLayout 的属性

属性	含义
alignment_type	对齐方式
column_count	列数
row_count	行数
orientation	排列方向

下面来看一些具体问题,首先设置表格的属性。

```xml
<?xml version="1.0" encoding="utf-8"?>
<TableLayout
    xmlns:ohos="http://schemas.huawei.com/res/ohos"
    ohos:height="match_parent"
    ohos:width="match_parent"
    ohos:column_count="1"
    ohos:orientation="horizontal">
</TableLayout>
```

在上述代码中，表格设置的是水平排列，column_count 设置为 1，表示 TableLayout 只有一列，然后在 TableLayout 中添加 3 个组件。

```xml
<?xml version="1.0" encoding="utf-8"?>
<TableLayout
    xmlns:ohos="http://schemas.huawei.com/res/ohos"
    ohos:height="match_parent"
    ohos:width="match_parent"
    ohos:column_count="1"
    ohos:orientation="horizontal">
    <Text
        ohos:height="match_content"
        ohos:width="match_content"
        ohos:text="A"
        ohos:margin="10vp"
        ohos:background_element="#A5A5A5"
        ohos:text_size="24fp"/>
    <Text
        ohos:height="match_content"
        ohos:width="match_content"
        ohos:text="B"
        ohos:margin="10vp"
        ohos:background_element="#A5A5A5"
        ohos:text_size="24fp"/>
    <Text
        ohos:height="match_content"
        ohos:width="match_content"
        ohos:text="C"
        ohos:margin="10vp"
        ohos:background_element="#A5A5A5"
        ohos:text_size="24fp"/>
</TableLayout>
```

页面的预览效果如图 2-24 所示。

虽然 TableLayout 的排列方向设置为水平，但实际效果是组件排成一列。虽然设置了水平排列，B 组件的位置应该在 A 组件的右侧，但由于 TableLayout 设置的列数为 1，意思是每一行只有

图 2-24 表格布局的单列演示

一列。所以，A 组件的右侧已经没有位置了，B 组件只能被绘制到第二行。同理，C 组件的位置也是这样确定的。

现在把列数设置为 2，在 TableLayout 中放入 5 个组件。

```xml
<?xml version="1.0" encoding="utf-8"?>
<TableLayout
    xmlns:ohos="http://schemas.huawei.com/res/ohos"
    ohos:height="match_parent"
    ohos:width="match_parent"
    ohos:colum_count="2"
    ohos:row_count="2">
    <Text
        ohos:height="match_content"
        ohos:width="match_content"
        ohos:text="A"
        ohos:margin="10vp"
        ohos:background_element="#A5A5A5"
        ohos:text_size="24fp"/>
    <Text
        ohos:height="match_content"
        ohos:width="match_content"
        ohos:text="B"
        ohos:margin="10vp"
        ohos:background_element="#A5A5A5"
        ohos:text_size="24fp"/>
    <Text
        ohos:height="match_content"
        ohos:width="match_content"
        ohos:text="C"
        ohos:margin="10vp"
        ohos:background_element="#A5A5A5"
        ohos:text_size="24fp"/>
    <Text
        ohos:height="match_content"
        ohos:width="match_content"
        ohos:text="D"
        ohos:margin="10vp"
```

```
        ohos:background_element="#A5A5A5"
        ohos:text_size="24fp"/>
    <Text
        ohos:height="match_content"
        ohos:width="match_content"
        ohos:text="E"
        ohos:margin="10vp"
        ohos:background_element="#A5A5A5"
        ohos:text_size="24fp"/>
</TableLayout>
```

页面的预览效果如图 2-25 所示。

设置 ohos:column_count="2"的含义是，每一行最多可以放两个组件，多的组件只能放到下一行，比如在上述例子中，组件的第一行分别是 A、B 组件，C 组件排到了第二行。

细心的读者可能发现，在 TableLayout 的属性中，还加入了 ohos:row_count="2"，声明了 TableLayout 有两行，但很明显，这个属性值并未起作用，因为第五个组件 E 被放到了第三行，可以理解为，当表格的方向设置为水平时，它的 ohos:row_count 属性不起作用。根据对偶性，当表格的方向设置为垂直时，ohos:column_count 属性不起作用。TableLayout 的排列方向默认为水平。

图 2-25　表格布局的多列演示

TableLayout 还有另一个属性 alignment_type，它有两个子属性：边距对齐"align_contents"、边界对齐"align_edges"，默认为"align_contents"。下面来测试这两个属性的效果。

```
<?xml version="1.0" encoding="utf-8"?>
<TableLayout
    xmlns:ohos="http://schemas.huawei.com/res/ohos"
    ohos:height="match_parent"
    ohos:width="match_parent"
    ohos:alignment_type="align_contents"
    ohos:column_count="2"
    ohos:orientation="horizontal">
    <Text
```

```xml
        ohos:height="match_content"
        ohos:width="match_content"
        ohos:text="A"
        ohos:margin="20vp"
        ohos:padding="10vp"
        ohos:background_element="#A5A5A5"
        ohos:text_size="24fp"/>
    <Text
        ohos:height="match_content"
        ohos:width="match_content"
        ohos:text="B"
        ohos:padding="10vp"
        ohos:background_element="#A5A5A5"
        ohos:text_size="24fp"/>
    <Text
        ohos:height="match_content"
        ohos:width="match_content"
        ohos:text="C"
        ohos:padding="10vp"
        ohos:background_element="#A5A5A5"
        ohos:text_size="24fp"/>
</TableLayout>
```

在 TableLayout 中摆放三个组件，对齐方式为边距对齐 "align_contents"。其中，A 组件加了外边距 20vp，B 组件和 C 组件都没有加外边距。页面的预览效果如图 2-26 所示。

我们可以很清晰地看到 A 组件四周的外边距。B 组件由于没有外边距，紧贴着 A 组件右侧外边距的位置和屏幕顶部来绘制。C 组件紧贴屏幕左侧和 A 组件下侧外边距来绘制。但是当给 C 组件一个比 A 组件大的外边距时，B 组件左侧的参考位置就发生了变化。我们看一下下面的例子。

```xml
<?xml version="1.0" encoding="utf-8"?>
<TableLayout
    xmlns:ohos="http://schemas.huawei.com/res/ohos"
    ohos:height="match_parent"
    ohos:width="match_parent"
    ohos:alignment_type="align_contents"
    ohos:column_count="2"
```

```
    ohos:orientation="horizontal">
...
    <Text
        ...
        ohos:text="C"
        ohos:margin="50vp"
        .../>
</TableLayout>
```

这个案例和上面案例的不同点在于，C 组件的外边距被设置为 50vp，明显比 A 组件的外边距 20vp 要大。那么在绘制 B 组件时，B 组件左侧紧贴的不再是 A 组件右侧的外边距，而是边距更大的 C 组件右侧的外边距，页面的预览效果如图 2-27 所示，这就是边距对齐的含义。在这种方式下，组件的边距值确定了组件所占的矩形区域大小。对于表格布局，上下排列的表格大小是一样的，如果下方表格比上方表格大，那么自然就会把上方的表格撑开，在垂直方向上也是一样的。

图 2-26　表格布局的边距对齐"align_contents"的效果

图 2-27　表格布局的修改组件的边距效果

把 TableLayout 的对齐方式改为 align_edges，其他都不做改动。

```
<?xml version="1.0" encoding="utf-8"?>
<TableLayout
    ...
    ohos:alignment_type="align_edges">
    ...
</TableLayout>
```

页面的预览效果如图 2-28 所示。

在边界对齐的方式下，B 组件虽然没有边距，但 B 组件的上边界和 A 组件的上边界对齐了，A 组件的左边界也和 C 组件的左边界对齐了，在行和列两个方向上取外边距最大的组件的外边距作为其他组件绘制时的外边距，从而将边界进行"对齐"。

图 2-28 表格布局的边界对齐"align_edges"的效果

实现 TableLayout 的 Java 代码如下。

```
//创建 Button,用于在 TableLayout 中显示
Button button = new Button(this);
//创建 TableLayoutConfig
TableLayout.LayoutConfig config = new TableLayout.LayoutConfig();
//设置列规范
config.columnSpec=TableLayout.specification(0,1);
//设置行规范
config.rowSpec=TableLayout.specification(0,2);
button.setWidth(MATCH_CONTENT);
button.setHeight(MATCH_CONTENT);
button.setLayoutConfig(config);
```

Button 通过 TableLayout.LayoutConfig 的 Specification 对象来为行和列进行设置，其中 TableLayout.specification 包含多个重载方法。

```
TableLayout.Specification specification(int start, float weight)
TableLayout.Specification specification(int start, int size)
```

```
    TableLayout.Specification specification(int start, int size, float
weight)
    TableLayout.Specification specification(int start, int size, int
alignment)
    TableLayout.Specification specification(int start, int size, int
alignment, float weight)
```

其中,start 为起始行(列)的索引,从 0 开始计数。size 是跨行(列)的数量,如果为 1,那么代表不跨行(列)。weight 为组件所在位置的权重值。alignment 是组件的对齐方式。

2.2.5 PositionLayout

这种布局文件相对比较简单。在这种布局中,组件通过(x, y)坐标来确定具体的位置。左上角坐标为$(0, 0)$,横向为 x 轴,竖向为 y 轴,坐标数值沿各自方向逐渐增大。可以通过 PositionLayout 的 ohos:position_x 和 ohos:position_y 属性来确定组件绘制的起始坐标。

下面实现一个 PositionLayout,在其中添加三个组件。

```
<?xml version="1.0" encoding="utf-8"?>
<PositionLayout
    xmlns:ohos="http://schemas.huawei.com/res/ohos"
    ohos:height="match_parent"
    ohos:width="match_parent">
    <Text
        ohos:height="200vp"
        ohos:width="200vp"
        ohos:background_element="#E5E5E5"
        ohos:text="A"
        ohos:position_x="10vp"
        ohos:position_y="10vp"
        ohos:text_alignment="top|horizontal_center"
        ohos:text_size="24fp"/>
    <Text
        ohos:height="100vp"
        ohos:width="100vp"
        ohos:position_x="50vp"
        ohos:position_y="50vp"
```

```
            ohos:text="B"
            ohos:text_alignment="top|horizontal_center"
            ohos:background_element="#A5A5A5"
            ohos:text_size="24fp"/>
    <Text
            ohos:height="100vp"
            ohos:width="100vp"
            ohos:position_x="30vp"
            ohos:position_y="300vp"
            ohos:text="C"
            ohos:text_alignment="top|horizontal_center"
            ohos:background_element="#C9C9C9"
            ohos:text_size="24fp"/>
</PositionLayout>
```

页面的预览效果如图 2-29 所示。

这张图有 A、B、C 三个组件依次摆放,这三个组件都由 ohos:position_x 和 ohos:position_y 属性来指定组件开始绘制的坐标点,且后摆放的 B 组件遮挡住了先摆放的 A 组件,如果组件之间重叠,那么后摆放的组件会在先摆放的组件的上层。C 组件没有和 A、B 组件重叠,这不影响它根据具体的坐标点确定起始位置。

2.2.6 AdaptiveBoxLayout

AdaptiveBoxLayout 是自适应盒子布局,可以根据所盛放的组件大小进行自适应,使用起来非常灵活,在一定程度上可以用于解决不同尺寸、不同分辨率设备上的页面适配问题。不同的设备由于尺寸、分辨率不同,如果使用同一套布局往往会产生意想不到的效果。

下面实现一个 AdaptiveBoxLayout,分别在电视和手机上进行显示。

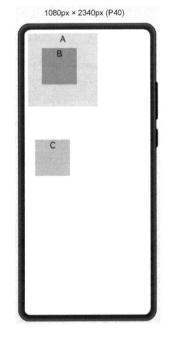

图 2-29 PositionLayout 的示例

```
<?xml version="1.0" encoding="utf-8"?>
```

```xml
<AdaptiveBoxLayout
    xmlns:ohos="http://schemas.huawei.com/res/ohos"
    ohos:id="$+id:adaptiveBoxLayout"
    ohos:width="match_parent">
    <Text
        ohos:height="match_parent"
        ohos:width="match_content"
        ohos:background_element="#E1E1DD"
        ohos:padding="8vp"
        ohos:text="A"
        ohos:margin="10vp"
        ohos:text_size="50"/>
    <Text
        ohos:height="match_parent"
        ohos:width="match_content"
        ohos:background_element="#E1E1DD"
        ohos:padding="8vp"
        ohos:text="B"
        ohos:margin="10vp"
        ohos:text_size="50"/>
    <Text
        ohos:height="match_parent"
        ohos:width="match_content"
        ohos:background_element="#E1E1DD"
        ohos:padding="8vp"
        ohos:text="C---这是一串非常长的字符串,用来测试自适应盒子布局的高度对其他盒子的影响。"
        ohos:margin="10vp"
        ohos:multiple_lines="true"
        ohos:text_size="50"/>
    <Text
        ohos:height="match_parent"
        ohos:width="match_content"
        ohos:padding="8vp"
        ohos:background_element="#E1E1DD"
        ohos:text="D"
        ohos:margin="10vp"
        ohos:text_size="50"/>
    <Text
```

```
        ohos:height="match_parent"
        ohos:width="match_content"
        ohos:padding="8vp"
        ohos:background_element="#E1E1DD"
        ohos:text="E"
        ohos:margin="10vp"
        ohos:text_size="50"/>
    <Text
        ohos:height="match_parent"
        ohos:width="match_content"
        ohos:padding="8vp"
        ohos:background_element="#E1E1DD"
        ohos:text="F"
        ohos:margin="10vp"
        ohos:text_size="50"/>
</AdaptiveBoxLayout>
```

在电视和手机上的预览效果如图 2-30 所示。

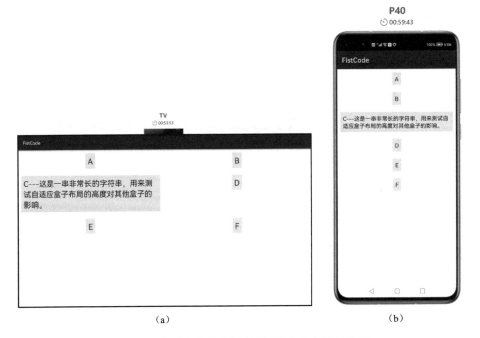

图 2-30　自适应盒子布局在不同设备上的显示效果

从图 2-30 中可以看到,对于不同尺寸的屏幕,AdaptiveBoxLayout 在水平方向上的显示变得不同,在水平方向屏幕比较宽的电视上,自适应盒子布局变成了两列,而在水平方向屏幕比较窄的手机上,则显示为 1 列。

在不同尺寸的屏幕上,水平方向有多少个盒子是由 AdaptiveBoxLayout 自动计算得到的。在布局中,每个盒子的宽度固定由布局总宽度除以列数得到。因为盒子的宽度是自动计算得到的,所以组件的宽度不支持 match_content,但支持 match_parent,即计算出来的盒子的宽度。计算规则可以自己来设定。

实现自适应盒子布局的 Java 代码如下。

```
AdaptiveBoxLayout adaptiveBoxLayout = (AdaptiveBoxLayout)
findComponentById(ResourceTable.Id_adaptiveBoxLayout);
//清除已有规则
adaptiveBoxLayout.clearAdaptiveRules();
//当屏幕宽度为 0~1080px 时,显示 1 列
adaptiveBoxLayout.addAdaptiveRule(0,1080,1);
//当屏幕宽度为 1081~2000px 时,显示 2 列
adaptiveBoxLayout.addAdaptiveRule(1081,2000,2);
//当屏幕宽度为 2001px 以上时,显示 3 列
adaptiveBoxLayout.addAdaptiveRule(2001,Integer.MAX_VALUE,3);
```

2.3 常用组件

在 2.1 节中介绍过 Component 的概念,它是组成 HarmonyOS 应用页面的基本元素,包括常用的按钮、文本框、输入框、列表等。这些组件都继承自 Component 类。开发者可以使用这些组件组成各种各样的页面,不论多么复杂的页面,都可以用其来实现。本节将介绍 HarmonyOS 应用的常用组件。

2.3.1 Component

因为所有组件都继承自 Component 类,所以对于 Component 支持的 XML 属性,其他组件都支持。表 2-5 为 Component 的常用属性及含义。

表 2-5　Component 的常用属性及含义

类别	属性	Java 方法	含义
ID	ohos:id	setId(int id)	设置组件的唯一 ID
尺寸类	ohos:width	setWidth(int width)	组件宽度，默认单位为 px，包括两个枚举值：match_content 和 match_parent。match_content 表示组件的宽度为其所包含的内容的宽度及内边距之和。match_parent 表示组件的宽度与其所在的父布局的宽度相同
	ohos:height	setHeight(int height)	组件高度，默认单位为 px，包括两个枚举值：match_content 和 match_parent。match_content 表示组件的高度为其所包含的内容的高度及内边距之和。match_parent 表示组件的高度与其所在的父布局的高度相同
	ohos:min_width	setMinWidth(int minWidth)	组件的最小宽度，默认单位为 px
	ohos:min_height	setMinHeight(int minHeight)	组件的最小高度，默认单位为 px
样式类	ohos:background_element	setBackground(Element element)	背景样式，可以使用色值、media 图片、graphic 样式等
	ohos:foreground_element	setForeground(Element element)	前景样式，可以使用色值、media 图片、graphic 样式等
	ohos:theme	—	组件样式
	ohos:alpha	setAlpha(float alpha)	透明度，取值范围在 0~1
	ohos:visibility	setVisibility(int visibility)	组件是否可见，包括 visible、invisible、hide 三个属性值。invisible 和 hide 都可以使组件不可见，但 invisible 仍然占用布局空间，hide 不占用布局空间
	ohos:layout_direction	setLayoutDirection(Component.LayoutDirection layoutDirection)	布局方向，有四个枚举值：ltr 表示水平方向从左至右；rtl 表示水平方向从右至左；inherit 表示继承水平布局方向；locale 表示跟随系统设置
边距类	ohos:padding	setPadding(int left, int top, int right, int bottom)	内间距（等于同时设置四个方向的内间距）
	ohos:left_padding	setPaddingLeft(int left)	左内间距
	ohos:right_padding	setPaddingRight(int right)	右内间距
	ohos:top_padding	setPaddingTop(int top)	上内间距

续表

类别	属性	Java 方法	含义
边距类	ohos:bottom_padding	setPaddingBottom(int bottom)	下内间距
	ohos:margin	—	外边距（等于同时设置四个方向的外边距）
	ohos:left_margin	setMarginLeft(int left)	左外边距
	ohos:right_margin	setMarginRight(int right)	右外边距
	ohos:top_margin	setMarginTop(int top)	上外边距
	ohos:bottom_margin	setMarginBottom(int bottom)	下外边距
滚动条类	ohos:scrollbar_thickness	setScrollbarThickness(int thickness)	滚动条的厚度
	ohos:scrollbar_background_color	setScrollbarBackgroundColor(Color color)	滚动条的背景颜色
	ohos:scrollbar_color	setScrollbarColor(Color color)	滚动条的颜色
	ohos:scrollbar_fading_enabled	setScrollbarFadingEnabled(boolean enabled)	滚动条是否会渐隐
缩放类	ohos:pivot_x	setPivotX(float pivotX)	旋转点的 x 坐标
	ohos:pivot_y	setPivotY(float pivotY)	旋转点的 y 坐标
	ohos:rotate	setRotation(float degree)	旋转角度
	ohos:scale_x	setScaleX(float scaleX)	x 轴方向的缩放比例
	ohos:scale_y	setScaleY(float scaleY)	y 轴方向的缩放比例
	ohos:translation_x	setTranslationX(float translationX)	x 轴方向的移动距离
	ohos:translation_y	setTranslationY(float translationY)	y 轴方向的移动距离
焦点类	ohos:focusable	setFocusable(int focusable)	是否可以获得焦点
	ohos:focus_border_enable	setFocusBorderEnable(boolean enabled)	是否有焦点边框
	ohos:focus_border_radius	setFocusBorderRadius(float radius)	焦点边框的圆角半径
	ohos:focus_border_width	setFocusBorderWidth(int width)	焦点边框的宽度
	ohos:focus_border_padding	setFocusBorderPadding(int padding)	焦点边框的内边距
	ohos:focusable_in_touch	—	获得焦点情况下的样式

这些属性为组件的通用属性，可以用来控制组件的形状、样式、行为等。

通过表 2-5 中 Component 的常用属性和其对应的 Java 方法可以观察到，两者在命名上是有一定规律的，这也可以帮助我们理解和使用 Java 代码设置组件的属性。在实际开发过程中，可以通过在 XML 布局文件中使用 XML 标签来声明组件，也可以用 Java 代码来创建组件，并设置其属性。两种方式达到的效果是一样的，可以根据具体的应用场景来决定使用哪种方式声明组件，一般在需要动态声明组件的场景中可以使用 Java 代码声明组件，在静态页面中可以使用 XML 标签声明组件。

在实际使用时，通常使用的是 Component 的子类组件，接下来介绍具体的组件使用方法。

2.3.2　Text 和 TextField

文本框通过 Text 组件来实现，用来显示文本字符信息，是 HarmonyOS 中最常用的一个组件。编辑框通过 TextField 组件来实现，它继承自 Text 类，与 Text 组件的属性和用法一样，只不过它允许改变其中的内容，所以这里把 Text 组件和 TextField 组件放到一起来讲解。Text 组件的属性较多，开发者可以通过设置这些属性来改变文本内容、字号、颜色、样式等。下面介绍 Text 组件的具体用法。

Text 组件和 TextField 组件除了有 Component 的通用属性，还有一些自有属性，常用的自有属性见表 2-6。

表 2-6　Text 组件与 TextField 组件的自有属性

属性	含义
ohos:text	要显示的文本内容
ohos:text_size	文本字号
text_font	字体
text_color	字体颜色
ohos:hint	提示文本
ohos:hint_color	提示文本的颜色
text_alignment	文本的对齐方式，包括以下属性值： left：文本左对齐。 top：文本顶部对齐。 right：文本右对齐。 bottom：文本底部对齐。

续表

属性	含义
text_alignment	horizontal_center：文本水平居中对齐。 vertical_center：文本垂直居中对齐。 center：文本居中对齐。 start：文本靠起始端对齐。 end：文本靠结尾端对齐。 以上的属性值可以组合使用，使用"|"符号连接。例如，ohos:text_alignment="right|top" 表示文本的位置在 Text 组件的右上角
ohos:text_input_type	文本输入类型，包括以下几类： pattern_null：内容模式。 pattern_text：普通文本。 pattern_number：数字。 pattern_password 密码
ohos:multiple_lines	是否允许多行显示
ohos:max_text_lines	文本的最大行数
ohos:additional_line_spacing	设置行间距
ohos:line_height_num	设置行间距的倍数
ohos:auto_font_size	是否可以根据 Text 组件的大小自动调节字号
ohos:truncation_mode	文本信息超过 Text 组件宽度后的截断方式： none：无截断。 ellipsis_at_start：在文本起始处用省略号截断。 ellipsis_at_middle：在文本中间处用省略号截断。 ellipsis_at_end：在文本结尾处用省略号截断。 auto_scrolling：滚动显示
ohos:scrollable	文本是否可以滚动
ohos:text_cursor_visible	编辑时，光标是否可见
ohos:text_weight	字体粗细

Text 组件的自有属性非常多，表 2-6 只列出了一些常用的属性，下面创建一个 Text 组件。

1. 指定具体尺寸的 Text 组件

```
<Text
    ohos:height="80vp"
    ohos:width="300vp"
    ohos:background_element="#E7E7E7"
```

```
    ohos:text_size="30vp"
    ohos:bottom_margin="12vp"
    ohos:text="1.hello world!"/>
```

页面预览效果如图 2-31 所示。

这里为 Text 组件添加了背景颜色以方便观察，在其中写入了一行文本信息："1.hello world!"，字号设置为 12vp，并且设置了底部外边距 bottom_margin 为 12vp。

2. 指定文本位置

```
<Text
    ohos:height="80vp"
    ohos:width="300vp"
    ohos:background_element="#E7E7E7"
    ohos:text_size="30vp"
    ohos:text_alignment="center"
    ohos:bottom_margin="12vp"
    ohos:text="2.hello world!"/>
```

页面的预览效果如图 2-32 所示。

图 2-31　指定具体尺寸的 Text 组件

图 2-32　指定文本位置的 Text 组件

3. 一段超长文本的显示

```
<Text
    ohos:height="match_content"
    ohos:width="match_parent"
```

```
    ohos:background_element="#E7E7E7"
    ohos:text_size="30vp"
    ohos:bottom_margin="12vp"
    ohos:text="3.这是一段很长的文本,已经超过了屏幕的宽度! "/>
```

页面的预览效果如图 2-33 所示,由于文本太长,超过屏幕的部分无法显示。

4. 超长文本的多行显示

```
<Text
    ohos:height="match_content"
    ohos:width="match_parent"
    ohos:background_element="#E7E7E7"
    ohos:text_size="30vp"
    ohos:bottom_margin="12vp"
    ohos:multiple_lines="true"
    ohos:text="4.这是一段很长的文本,已经超过了屏幕的宽度! "/>
```

页面的预览效果如图 2-34 所示,Text 组件通过设置 ohos:multiple_lines="true",可以将超出部分的文本另起一行显示。

图 2-33 超长文本的显示

图 2-34 超长文本的多行显示

5. 超长文本的单行省略显示

```
<Text
    ohos:height="match_content"
    ohos:width="match_parent"
    ohos:background_element="#E7E7E7"
    ohos:text_size="30vp"
```

```
    ohos:truncation_mode="ellipsis_at_end"
    ohos:text="5.这是一段很长的文本,已经超过了屏幕的宽度! "/>
```

页面的预览效果如图 2-35 所示。

6. 改变字体样式

```
<Text
    ohos:height="100vp"
    ohos:width="match_parent"
    ohos:text_alignment="center"
    ohos:background_element="#FE4365"
    ohos:text_size="30vp"
    ohos:text_color="#FFFFFF"
    ohos:italic="true"
    ohos:text_weight="700"
    ohos:text="6.改变字体样式"/>
```

页面的预览效果如图 2-36 所示。

图 2-35　超长文本的单行省略显示　　　　图 2-36　改变字体样式

Text 组件的属性非常多，由于篇幅有限，只能列举这些常用的属性。在上面的案例中，涉及文本框大小、字号、文本位置和长文本处理。在实际应用中，为了避免出现文本长度超过 Text 组件宽度而导致信息被截断的情况,在对 Text 组件进行处理时都要考虑这些情况，可以多行显示，那么需要限制最大行数，也可以单行显示，则需要考虑在末尾处用省略号给出提示，以免文本显示不全。当然，具体的处理方式要根据业务特点来决定。

输入框的特点是，如果点击输入框，就会弹出输入法框，可以对其中的文本信息进行修改。

下面来介绍 TextField 组件。TextField 组件与 Text 组件的区别就在于 TextField 组件中的文本信息是可编辑的。与 Text 组件相比，TextField 组件的自有属性如表 2-7 所示。

表 2-7　TextField 组件的自有属性

属性	含义
ohos:basement	输入框基线

下面来看这个属性的效果。

```xml
<?xml version="1.0" encoding="utf-8"?>
<DirectionalLayout
    xmlns:ohos="http://schemas.huawei.com/res/ohos"
    ohos:height="match_parent"
    ohos:width="match_parent"
    ohos:orientation="vertical">
    <TextField
        ohos:layout_alignment="horizontal_center"
        ohos:height="match_content"
        ohos:width="200vp"
        ohos:text_alignment="center"
        ohos:text_size="25vp"
        ohos:italic="true"
        ohos:bottom_margin="20vp"
        ohos:text_weight="700"
        ohos:text="普通输入框"/>
    <TextField
        ohos:layout_alignment="horizontal_center"
        ohos:height="match_content"
        ohos:width="200vp"
        ohos:text_alignment="center"
        ohos:text_size="25vp"
        ohos:italic="true"
        ohos:text_weight="700"
        ohos:basement="#87CEFA"
        ohos:text="带基线的输入框"/>
</DirectionalLayout>
```

图 2-37　basement 属性演示

上面两种输入框的页面预览效果如图 2-37 所示,可以看到 basement 其实是输入框下方的一条线,这条线可以标识输入框的尺寸范围,以带来良好的用户体验。

2.3.3　Button

Button 是 UI 布局中的按钮,是最常用的组件之一。按钮最重要的作用是与用户进行交互。用户通过点击按钮来完成特定的操作。Button 组件继承自 Text 类,并没有自己特定的 XML 属性,它的属性和 Text 组件一样。

本节不再重复介绍 Text 组件的属性,主要介绍按钮的点击事件。

下面通过一个案例来介绍 Button 组件的使用。通过点击"改变颜色"按钮,改变 Text 组件的字体颜色。页面的预览效果如图 2-38 所示。

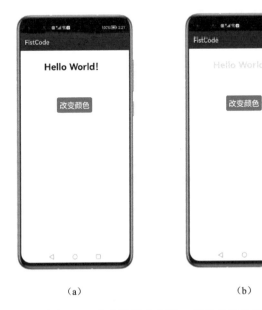

(a)　　　　　　　　　(b)

图 2-38　点击按钮改变 Text 组件的字体颜色

这个案例为按钮增加了一些样式，新增样式也会在这一节中进行介绍，下面来看布局的代码。test.xml 文件的代码如下。

```xml
<?xml version="1.0" encoding="utf-8"?>
<DirectionalLayout
    xmlns:ohos="http://schemas.huawei.com/res/ohos"
    ohos:height="match_parent"
    ohos:width="match_parent"
    ohos:orientation="vertical">
    <Text
        ohos:id="$+id:content"
        ohos:height="100vp"
        ohos:width="200vp"
        ohos:text_size="30vp"
        ohos:layout_alignment="horizontal_center"
        ohos:bottom_margin="50vp"
        ohos:text_weight="700"
        ohos:text="Hello World!"/>
    <Button
        ohos:id="$+id:btn"
        ohos:height="match_content"
        ohos:padding="8vp"
        ohos:width="match_content"
        ohos:text="改变颜色"
        ohos:background_element="$graphic:background_button"
        ohos:layout_alignment="center"
        ohos:text_color="#FFFFFF"
        ohos:text_size="25vp"/>
</DirectionalLayout>
```

首先，为 Text 组件和 Button 组件都增加了 ohos:id 属性，它的属性值写法是固定的"$+id:组件 Id"。"$+id:"是系统规定的语法，"组件 Id"由开发者自己定义，然后就可以通过组件 Id 来获得组件的实例，从而对其进行操作。

Button 组件的 ohos:background_element 属性值为$graphic:background_button。这是一个自定义的属性文件，这个文件把 Button 组件的样式变成了圆角矩形、蓝色背景。该文件在与 layout 同级的 graphic 目录下，命名为 background_button.xml，如图 2-39 所示，可以通过设置 ohos:background_element 属性的属性

值为$graphic:background_button 来引用这个文件。

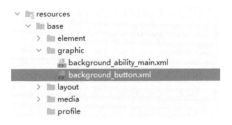

图 2-39　graphic 目录下的自定义样式

下面来看 background_button.xml 文件的内容。

```xml
<shape xmlns:ohos="http://schemas.huawei.com/res/ohos"
    ohos:shape="rectangle">
  <corners
    ohos:radius="17"/>
  <solid
    ohos:color="#007AFF"/>
</shape>
```

这是一个样式文件，最外层节点是<shape>标签，它的 ohos:shape 属性值被设置为 rectangle，表示该样式的形状为矩形。里面有两个子标签，其中<corners>指定了矩形圆角的大小，ohos:radıus 属性的含义是设置组件圆角的大小，这个数值越大，代表圆角越大。<solid>指定了矩形背景的填充颜色，通过 ohos:color 属性设置背景颜色。这两个属性把按钮变成蓝色圆角矩形的样式。下面再来看 Java 代码如何对按钮设置点击事件。

```java
public class MainAbilitySlice extends AbilitySlice {
    @Override
    public void onStart(Intent intent) {
        super.onStart(intent);
        super.setUIContent(ResourceTable.Layout_test);
        //初始化 Button 组件和 Text 组件
        Button btn =(Button)findComponentById(ResourceTable.Id_btn);
        Text text = (Text)findComponentById(ResourceTable.Id_content);
        //为按钮设置点击事件
        btn.setClickedListener(new Component.ClickedListener() {
```

```
            @Override
            public void onClick(Component component) {
                //当点击按钮时,修改 Text 组件的字体颜色
                text.setTextColor(new Color(Color.rgb(127,255,170)));
            }
        });
    }
}
```

在这段代码中,通过 findComponentById(int resID)方法来获取布局页面中的组件实例,在组件设置了 ohos:id 属性后,就可以通过 ResourceTable.type_name 来引用。在这个例子中使用 ResourceTable.Id_btn 获取 Button 组件的 Id,使用 ResourceTable.Id_content 获取 Text 组件的 Id,最后通过 findComponentById()方法获取组件实例。findComponentById()方法的返回值为 Component 对象,使用时需要将结果强制转化为对应的组件。

在获取到组件实例后,通过 btn.setClickedListener()方法为按钮增加点击事件,实现点击事件 Component.ClickedListener()方法中的 onClick()方法。在这个方法内,通过 text.setTextColor()方法来重新改变 Text 组件中字体的颜色。颜色对象直接通过 new Color(Color.rgb(127,255,170))方法得到,颜色色值传入的是 RGB 格式的十进制数。

2.3.4 RadioButton 和 RadioContainer

RadioButton 是 HarmonyOS 中的单选按钮,继承自 AbsButton 类,AbsButton 继承自 Button 类。AbsButton 是一个抽象类,以它作为父类的组件通常用来做选择按钮,比如单选按钮、多选按钮、开关按钮等。RadioButton 组件的属性从 AbsButton 类中继承,RadioButton 组件区别于一般 Button 组件的属性见表 2-8。

表 2-8 RadioButton 组件区别于一般 Button 组件的属性

属性	含义
ohos:marked	当前是否被选中
ohos:text_color_on	被选中时的样式
ohos:text_color_off	没有被选中时的样式
ohos:check_element	单选按钮前面标志的样式

单选按钮通常是需要用户在几个选项中做选择时应用的。下面来实现一个最简单的 RadioButton 组件。

```xml
<?xml version="1.0" encoding="utf-8"?>
<DirectionalLayout
    xmlns:ohos="http://schemas.huawei.com/res/ohos"
    ohos:height="match_parent"
    ohos:width="match_parent"
    ohos:background_element="#E9E9E9"
    ohos:orientation="horizontal">
    <RadioButton
        ohos:width="match_content"
        ohos:height="match_content"
        ohos:text="男"
        ohos:text_size="30vp"
        ohos:margin="150vp"/>
</DirectionalLayout>
```

在上述代码中，实现了一个 RadioButton 组件，ohos:text 属性的属性值为"男"，并且在它的前面有一个底色默认为白色的圆圈。当用户点击 RadioButton 组件时，代表这个单选按钮已经被选中，它的 ohos:marked 属性值会变为 true，并且前面圆圈的颜色会发生变化，页面的预览效果如图 2-40 所示。

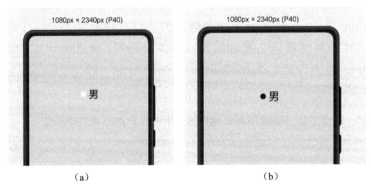

图 2-40　单个单选按钮

下面增加两个 RadioButton 组件，分别为"男"和"女"，用来做性别选择。

```xml
<?xml version="1.0" encoding="utf-8"?>
<DirectionalLayout
    xmlns:ohos="http://schemas.huawei.com/res/ohos"
    ohos:height="match_parent"
    ohos:width="match_parent"
    ohos:background_element="#E9E9E9"
    ohos:orientation="horizontal">
    <Text
        ohos:height="match_content"
        ohos:width="match_content"
        ohos:text="性别："
        ohos:left_margin="50vp"
        ohos:top_margin="150vp"
        ohos:text_size="30vp"/>
    <RadioButton
        ohos:width="match_content"
        ohos:height="match_content"
        ohos:top_margin="150vp"
        ohos:text="男"
        ohos:text_size="30vp"/>
    <RadioButton
        ohos:width="match_content"
        ohos:height="match_content"
        ohos:top_margin="150vp"
        ohos:left_margin="20vp"
        ohos:text="女"
        ohos:text_size="30vp"/>
</DirectionalLayout>
```

页面的预览效果如图 2-41 所示。

我们有惯性思维，既然是单选按钮，那么只能从男和女之间选择一个，并且在选择了一个按钮后，另一个按钮就会变成未被选中状态。但是由于每个单选按钮都有被选中状态和未被选中状态，并不能影响其他按钮的状态，所以在上面的代码作用下，我们可以同时选中"男"和"女"，页面的预览效果如图 2-42 所示。

图 2-41　多个单选按钮　　　　　　图 2-42　多个单选按钮的被选中状态

要解决这个问题，需要对按钮进行分组，保证只有同一个组内的单选按钮才是互斥的，这就需要用到 RadioContainer 组件。

RadioContainer 组件继承自 DirectionalLayout，其属性来自 DirectionalLayout。从名字上来看，它是单选按钮的容器。我们可以使用这个组件对单选按钮进行分组，代码如下。

```xml
<?xml version="1.0" encoding="utf-8"?>
<DirectionalLayout
    xmlns:ohos="http://schemas.huawei.com/res/ohos"
    ohos:height="match_parent"
    ohos:width="match_parent"
    ohos:background_element="#E9E9E9"
    ohos:orientation="horizontal">
    <RadioContainer
        ohos:height="match_content"
        ohos:width="match_content"
        ohos:orientation="horizontal">
        <Text
            ohos:height="match_content"
            ohos:width="match_content"
            ohos:text="性别："
            ohos:left_margin="50vp"
            ohos:top_margin="150vp"
            ohos:text_size="30vp"/>
        <RadioButton
            ohos:width="match_content"
```

```
            ohos:height="match_content"
            ohos:top_margin="150vp"
            ohos:text="男"
            ohos:text_size="30vp"/>
        <RadioButton
            ohos:width="match_content"
            ohos:height="match_content"
            ohos:top_margin="150vp"
            ohos:left_margin="20vp"
            ohos:text="女"
            ohos:text_size="30vp"/>
    </RadioContainer>
</DirectionalLayout>
```

在 RadioButton 组件外层包裹了一层 RadioContainer 组件来标识此 RadioContainer 组件内的 RadioButton 组件是同一组的，内部的 RadioButton 组件具有互斥性，当选中其中某一个 RadioButton 组件后，其他 RadioButton 组件的状态都会变为未被选中，页面的预览效果如图 2-43 所示。

还可以通过 ohos:text_color_on、ohos:text_color_off、ohos:check_element 属性对 RadioButton 组件进行样式上的修改。其他代码不变，对 RadioButton 组件增加上面三个属性。

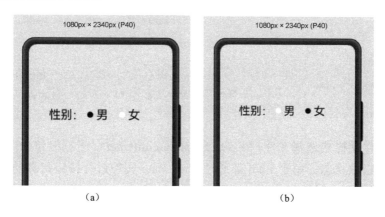

图 2-43 带组别控制的多个单选按钮

```
<RadioButton
    ohos:width="match_content"
    ohos:height="match_content"
```

```xml
    ohos:top_margin="150vp"
    ohos:text_color_on="#0099CC"
    ohos:text_color_off="#CCCCCC"
    ohos:check_element="$graphic:checkbox_check_element"
    ohos:text="男"
    ohos:text_size="30vp"/>
<RadioButton
    ohos:width="match_content"
    ohos:height="match_content"
    ohos:top_margin="150vp"
    ohos:text_color_on="#0099CC"
    ohos:text_color_off="#CCCCCC"
    ohos:check_element="$graphic:checkbox_check_element"
    ohos:text="女"
    ohos:text_size="30vp"/>
```

这里的 ohos:check_element 属性引用了一个自定义样式文件 checkbox_check_element.xml，该文件保存在 graphic 目录下，内容如下。

```xml
<?xml version="1.0" encoding="UTF-8" ?>
<state-container
    xmlns:ohos="http://schemas.huawei.com/res/ohos">
    <item
        ohos:element="$graphic:checkbox_element_checked"
        ohos:state="component_state_checked"/>
    <item
        ohos:element="$graphic:checkbox_element_unchecked"
        ohos:state="component_state_empty"/>
</state-container>
```

该文件是样式选择文件，根节点为<state-container>，子标签包含两个 item，代表两种组件状态。每个 item 都通过 ohos:state 属性进行按钮状态的选择，通过 ohos:element 属性指定该状态下的组件的样式文件。两个 item 分别针对 RadioButton 组件前面的圆形标识符被选中和未被选中进行了不同的样式选择，每种状态的样式文件都通过"$graphic"来引用。单选按钮被选中时的样式文件 checkbox_element_checked.xml 的代码如下。

```xml
<?xml version="1.0" encoding="UTF-8" ?>
<shape xmlns:ohos="http://schemas.huawei.com/res/ohos"
```

```xml
    ohos:shape="rectangle">
   <corners
      ohos:radius="5"/>
   <solid
      ohos:color="#0099CC"/>
</shape>
```

这个资源文件指定了单选按钮被选中时，前面标识符的样式为带背景颜色的圆角矩形。当按钮未被选中时，仅把背景颜色改成灰色，样式文件 checkbox_element_unchecked.xml 的代码如下。

```xml
<?xml version="1.0" encoding="UTF-8" ?>
<shape xmlns:ohos="http://schemas.huawei.com/res/ohos"
    ohos:shape="rectangle">
   <corners
      ohos:radius="5"/>
   <solid
      ohos:color="#CCCCCC"/>
</shape>
```

页面的预览效果如图 2-44 所示。

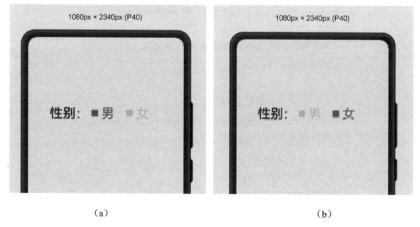

(a)　　　　　　　　　　　(b)

图 2-44　带样式的单选按钮

下面用 Java 代码对单选按钮进行操作，首先为 RadioContainer 组件添加 ohos:id 属性。

```xml
<RadioContainer
```

```xml
    ohos:id="$+id:radio_gender"
    ohos:height="match_content"
    ohos:width="match_content"
    ohos:orientation="horizontal">
    ......
</RadioContainer>
```

在 MainAbilitySlice 中编写以下代码。

```java
public class MainAbilitySlice extends AbilitySlice {
    @Override
    public void onStart(Intent intent) {
        super.onStart(intent);
        super.setUIContent(ResourceTable.Layout_text);
        //获取RadioContainer组件的实例
        RadioContainer gender = (RadioContainer)findComponentById(ResourceTable.Id_radio_gender);
        //为RadioContainer组件添加按钮选择的监听事件
        gender.setMarkChangedListener(new RadioContainer.CheckedStateChangedListener() {
            @Override
            public void onCheckedChanged(RadioContainer radioContainer, int i) {
                //根据i的值来获取被选中的按钮
                switch (i){
                    case 0:
                        //选中了"男"
                        break;
                    case 1:
                        //选中了"女"
                        break;
                }
            }
        });
    }
}
```

在上述代码中，添加了 RadioContainer.CheckedStateChangedListener() 事件监听方法，当 RadioContainer 组件内的 RadioButton 组件状态发生变化时会回

调这个方法。在 onCheckedChanged(RadioContainer radioContainer, int i)方法中，可以通过入参 i 的值来对单选按钮进行索引，按照单选按钮的摆放顺序，索引值从 0 开始递增。在这个案例中，值为"男"的单选按钮的索引值为 0，值为"女"的单选按钮的索引值为 1。在对应的 switch-case 语句分支中，可以对不同的按钮进行区分来完成不同的操作。

2.3.5 Checkbox

Checkbox 是复选框组件，继承自 AbsButton 类，AbsButton 继承自 Button 类。它和 RadioButton 组件有些类似。其特有的 XML 属性也和 RadioButton 组件的一样，不同的地方在于 Checkbox 组件是用来做"多选题"的，而 RadioButton 组件是用来做"单选题"的。Checkbox 组件的自有属性见表 2-9。

表 2-9 Checkbox 组件的自有属性

属性	含义
ohos:marked	当前是否被选中
ohos:text_color_on	被选中时的样式
ohos:text_color_off	没被选中时的样式
ohos:check_element	状态标志样式

下面创建两个 Checkbox 组件，来看 Checkbox 组件和 RadioButton 组件的区别。

```xml
<?xml version="1.0" encoding="utf-8"?>
<DirectionalLayout
    xmlns:ohos="http://schemas.huawei.com/res/ohos"
    ohos:height="match_parent"
    ohos:width="match_parent"
    ohos:background_element="#E9E9E9"
    ohos:orientation="vertical">
    <Checkbox
        ohos:id="$+id:c1"
        ohos:height="match_content"
        ohos:width="match_content"
        ohos:top_margin="30vp"
        ohos:text="自动登录"
        ohos:text_size="26vp"
```

```
            ohos:layout_alignment="horizontal_center"/>
    <Checkbox
            ohos:id="$+id:c2"
            ohos:height="match_content"
            ohos:width="match_content"
            ohos:text="记住密码"
            ohos:text_size="26vp"
            ohos:layout_alignment="horizontal_center"/>
</DirectionalLayout>
```

页面的预览效果如图 2-45 所示。

Checkbox 组件的默认样式和 RadioButton 组件的一样，前面都包含一个圆形的白色小点。但不同于 RadioButton 组件，Checkbox 组件没有外层的 RadioContainer 组件。每一个 Checkbox 组件都可以被选中或被取消选中，所以可以实现对多个 Checkbox 组件的选中，页面的预览效果如图 2-46 所示。

其他关于属性、样式的操作，可参见 2.3.4 节，它们的操作是一样的。

下面通过 Java 代码来判断 Checkbox 组件的状态。

图 2-45　Checkbox 组件的默认样式　　图 2-46　Checkbox 组件被选中时的样式

```
public class MainAbilitySlice extends AbilitySlice {
    @Override
    public void onStart(Intent intent) {
        super.onStart(intent);
        super.setUIContent(ResourceTable.Layout_ability_main);
```

```
        Checkbox cb=(Checkbox)findComponentById(ResourceTable.
Id_c1);
        cb.setCheckedStateChangedListener((absButton,flag)->{
            //当Checkbox组件被选中时，flag为true，反之为false
        });
    }
}
```

通过组件状态变化监听器 CheckedStateChangedListener 来监听 Checkbox 组件的状态，就可以获得该状态变化，从而可以进行一些事件操作。

2.3.6 Image

Image 组件用于在页面上显示图片，直接继承自 Component 类，在继承结构上与 Text 组件处于同一级。除了包含 Component 所有的 XML 属性，还包括自有的属性，见表 2-10。

表 2-10 Image 组件的自有属性

属性	含义
ohos:image_src	引用的图片或其他资源
ohos:scale_mode	图片的缩放类型，包括以下枚举值。 stretch：将原始图片拉伸到与 Image 组件一样大小。 zoom_center：将原始图片按照比例缩放到与 Image 组件的最短边一致，并居中显示。 zoom_start：将原始图片按照比例缩放到与 Image 组件的最短边一致，并靠起始端显示。 zoom_end：将原始图片按照比例缩放到与 Image 组件的最短边一致，并靠结束端显示。 center：不缩放，按 Image 组件大小显示原始图片的中间部分。 inside：将原始图片按比例缩放到与 Image 组件相同或更小的尺寸，并居中显示。 clip_center：将原始图片按比例缩放到与 Image 组件相同或更大的尺寸，并居中显示
ohos:clip_alignment	图片的裁剪方式，包括以下枚举值。 left：按左对齐裁剪。 right：按右对齐裁剪。 top：按顶部对齐裁剪。 bottom：按底部对齐裁剪。 center：按居中对齐裁剪

通过下面的例子介绍 Image 组件的用法，并直观地感受一下图片缩放属性

ohos:scale_mode 和图片裁剪属性 ohos:clip_alignment 对图片的影响。首先来看 Image 组件的基本用法。

将 Image 组件的宽度和高度设置为"match_content"来显示原始图片的尺寸。

```
<Image
    ohos:width="match_content"
    ohos:height="match_content"
    ohos:margin="10vp"
    ohos:background_element="#E3E3E3"
    ohos:image_src="$media:image"/>
```

当 Image 组件指定的尺寸小于原始图片的尺寸时：

```
<Image
    ohos:width="100vp"
    ohos:height="100vp"
    ohos:margin="10vp"
    ohos:image_src="$media:image"/>
```

当 Image 组件指定的尺寸大于原始图片的尺寸时：

```
<Image
    ohos:width="200vp"
    ohos:height="200vp"
    ohos:margin="10vp"
    ohos:background_element="#E3E3E3"
    ohos:image_src="$media:image"/>
```

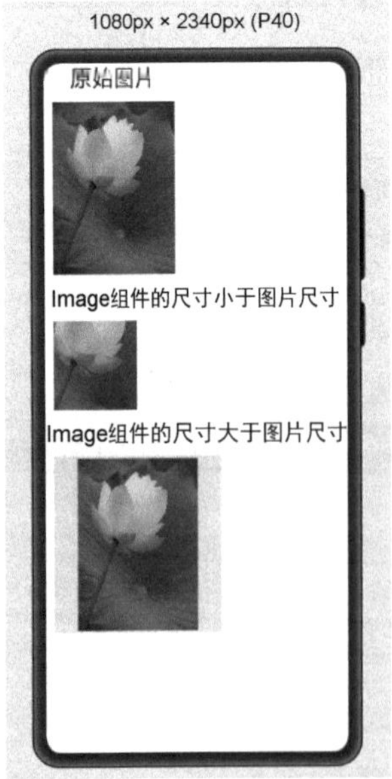

在 Image 组件的尺寸超过原始图片的尺寸后，其实图片周围是有空白的。为了看得清楚，给 Image 组件加了一个背景颜色。三种尺寸的 Image 组件的预览效果如图 2-47 所示。

接下来看图片的几种拉伸方式。

（1）把 ohos:scale_mode 属性的属性值设置为 stretch。

图 2-47 图片的三种显示效果

```
<Image
    ohos:width="200vp"
    ohos:height="200vp"
    ohos:margin="10vp"
    ohos:background_element="#E3E3E3"
    ohos:scale_mode="stretch"
    ohos:image_src="$media:image"/>
```

在正常情况下，图片尺寸小于 Image 组件的尺寸，如果设置了 ohos:scale_mode 为 stretch，即拉伸显示图片，那么页面的预览效果如图 2-48 所示。

（2）把 ohos:scale_mode 属性的属性值设置为 zoom_center、zoom_start、zoom_end 三种情况。可以从图 2-49 中看到，三者都会按比例将图片缩小，只是缩小后图片的位置不同。

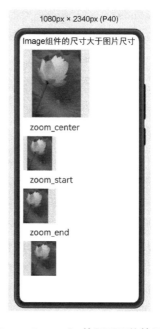

图 2-48　图片的拉伸效果　　　　图 2-49　scale_mode 的不同取值效果（1）

（3）把 ohos:scale_mode 属性的属性值设置为 center、inside、clip_center 三种情况。代码如下，注意观察 Image 组件的宽和高。

① center。

```xml
<Image
    ohos:width="100vp"
    ohos:height="100vp"
    ohos:margin="10vp"
    ohos:background_element="#E3E3E3"
    ohos:scale_mode="center"
    ohos:image_src="$media:image"/>
```

② inside。

```xml
<Image
    ohos:width="100vp"
    ohos:height="100vp"
    ohos:margin="10vp"
    ohos:background_element="#E3E3E3"
    ohos:scale_mode="inside"
    ohos:image_src="$media:image"/>
```

③ clip_center。

```xml
<Image
    ohos:width="150vp"
    ohos:height="150vp"
    ohos:margin="10vp"
    ohos:background_element="#E3E3E3"
    ohos:scale_mode="clip_center"
    ohos:image_src="$media:image"/>
```

当属性值为 center 时，并不会对图片进行缩放，只是在原始图片尺寸基础上取图片的中间区域。当属性值为 inside 时，图片缩放不会超过 Image 组件的尺寸，并且图片在 Image 组件中居中显示。当属性值为 clip_center 时，图片缩放会超过 Image 组件的尺寸，然后取图片的中间区域显示，页面的预览效果如图 2-50 所示。

Image 组件还对图片有多种裁剪方式。当 Image 组件的尺寸小于图片尺寸时，图片必然显示不全，可以根据不同的方式来对图片进行裁剪。在 HarmonyOS 应用开发中，可以通过 ohos:clip_alignment 属性来完成图片的裁剪。在图 2-51 中，最上方显示的是原来的图片，五张小图分别为对应的裁剪方式的预览效果。

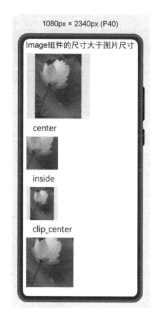

图 2-50　scale_mode 的不同取值效果（2）

图 2-51　对图片的不同剪裁方式

2.3.7　ProgressBar 和 RoundProgressBar

在 HarmonyOS 应用开发中经常用到进度条，它不仅可以用来显示进度，也可以被拖动以调节程序的进度，最常见的场景就是音乐或视频播放的进度条。ProgressBar 组件继承自 Component 类，拥有 Component 通用的 XML 属性，其他自有属性见表 2-11。

表 2-11　ProgressBar 组件的自有属性及其含义

类别	属性	含义
样式	ohos:progress_width	进度条的宽度
	ohos:progress_color	进度条的颜色
	ohos:progress_element	进度条的前景样式
	ohos:orientation	进度条的方向
	ohos:background_instruct_element	进度条的背景样式
进度	ohos:max	进度条的最大值
	ohos:min	进度条的最小值
	ohos:progress	进度条的当前进度
	ohos:step	进度条的步长值

续表

类别	属性	含义
提示文字	ohos:progress_hint_text	提示文字
	ohos:progress_hint_text_alignment	提示文字的对齐方式
	ohos:progress_hint_text_color	提示文字的颜色
	ohos:progress_hint_text_size	提示文字的字号
分割线	ohos:divider_lines_enabled	是否显示分割线
	ohos:divider_lines_number	分割线的数量
不确定进度条	ohos:infinite	是否不确定进度条
	ohos:infinite_element	不确定进度条的样式

下面通过实例来说明进度条的使用方法。

首先，在 XML 布局文件中声明一个 ProgressBar 组件，设置其宽度和高度为固定值，水平显示，进度条的最大长度为 100，步长值为 1，增加自定义的背景样式。为了能看清楚进度条的背景，给 ProgressBar 组件一个背景颜色。

```
<ProgressBar
    ohos:id="$+id:progressbar"
    ohos:width="200vp"
    ohos:height="60vp"
    ohos:background_element="#E3E3E3"
    ohos:orientation="horizontal"
    ohos:top_margin="90vp"
    ohos:horizontal_center="true"
    ohos:max="100"
    ohos:progress="30"
    ohos:progress_hint_text="30%"
    ohos:step="1"
    ohos:progress_element="#0FF00F"/>
```

图 2-52 为页面的预览效果，灰色背景区域是 ProgressBar 组件的区域，中间横线部分是进度条，绿色部分为进度条现在的位置，从图中可以看到，ProgressBar 组件并非只是标识进度的横线部分。提示文字"30%"的字体颜色默认为白色，这是一个基本的进度条样式。下面为其添加一些样式，让其变得更美观，页面的预览效果如图 2-53 所示。

图 2-52　进度条的样式

图 2-53　进度条的自定义样式

我们分析一下这个进度条的样式。它包含自定义的前景样式和背景样式，都为圆角矩形。区别是前景样式是蓝色的圆角矩形，背景样式是灰色的圆角矩形。进度条比默认样式要厚一些，提示文字的颜色为白色。

下面为该进度条的样式代码。

```
<ProgressBar
    ohos:id="$+id:progressbar"
    ohos:width="200vp"
    ohos:height="60vp"
    ohos:orientation="horizontal"
    ohos:top_margin="90vp"
    ohos:horizontal_center="true"
    ohos:max="100"
    ohos:progress_width="20vp"
    ohos:progress="80"
    ohos:background_instruct_element="$graphic:progress_background_element"
    ohos:progress_hint_text="80%"
    ohos:step="1"
    ohos:progress_hint_text_color="#FFFFFF"
    ohos:progress_element="$graphic:progress_background"/>
```

在代码中，ohos:progress_element 属性引用了 progress_background.xml 自定义属性文件，它是进度条当前进度的样式，为蓝色圆角矩形样式。该文件代码如下。

```xml
<?xml version="1.0" encoding="utf-8"?>
<shape xmlns:ohos="http://schemas.huawei.com/res/ohos"
    ohos:shape="rectangle">
    <corners
        ohos:radius="50"/>
    <solid
        ohos:color="#007AFF"/>
</shape>
```

进度条背景样式 ohos:background_instruct_element 引用了 progress_background_element.xml 自定义属性文件，为灰色背景的圆角矩形样式。该文件代码如下。

```xml
<?xml version="1.0" encoding="utf-8"?>
<shape xmlns:ohos="http://schemas.huawei.com/res/ohos"
    ohos:shape="rectangle">
    <corners
        ohos:radius="50"/>
    <solid
        ohos:color="#E1E1E1"/>
</shape>
```

下面用 Java 代码实现点击按钮使进度条的进度增加的功能。在 XML 布局文件中，增加一个按钮，按钮的样式复用进度条的前景样式。

```xml
<Button
    ohos:id="$+id:mybutton"
    ohos:height="match_content"
    ohos:width="match_content"
    ohos:padding="8vp"
    ohos:below="$id:progressbar"
    ohos:horizontal_center="true"
    ohos:text="增加进度"
    ohos:top_margin="20vp"
    ohos:text_size="26vp"
    ohos:text_color="#FFFFFF"
    ohos:background_element="$graphic:progress_background"/>
```

在 MainAbilitySlice 中添加代码控制的业务逻辑。

```java
public class MainAbilitySlice extends AbilitySlice {
    @Override
    public void onStart(Intent intent) {
        super.onStart(intent);
        super.setUIContent(ResourceTable.Layout_progressbar);
        //获取 ProgressBar 的实例
        ProgressBar pb = (ProgressBar)findComponentById(ResourceTable.Id_progressbar);
        Button btn = (Button)findComponentById(ResourceTable.Id_mybutton);
        //添加进度条的进度监听事件,当进度改变时回调该方法
        pb.addBarObserver(new ProgressBar.BarObserver() {
            @Override
            public void onBarChanged(int i, int i1, int i2) {
                pb.setProgressHintText(i+"%");
            }
        });
        //按钮的点击事件,点击按钮,为进度条进度增加 5%
        btn.setClickedListener(new Component.ClickedListener() {
            @Override
            public void onClick(Component component) {
                if(pb.getProgress()<=100){
                    if(pb.getProgress()+5>100){
                        pb.setProgressValue(100);
                    }
                    pb.setProgressValue(pb.getProgress()+5);
                }
            }
        });
    }
}
```

每次点击"增加进度"按钮,进度条的进度都会增加 5%,每次增加时,先判断是否增加到超过 100% 了,如果超过 100%,则直接取 100% 作为最终进度。页面的预览效果如图 2-54 所示。

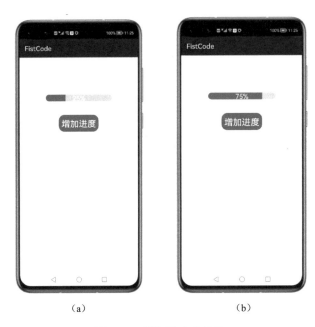

图 2-54 增加进度的效果

2.3.8 ToastDialog

ToastDialog 组件是一种消息提示对话框，是 HarmonyOS 提供的轻量级消息提醒机制，在程序中可以将一些信息提示给用户。ToastDialog 组件会在显示一段时间后自动消失，显示在应用的最上层，但不影响用户对其他组件的操作。用户在平常使用手机时，会经常看到它的身影。ToastDialog 组件的创建方式如下。

```
public class MainAbilitySlice extends AbilitySlice {
    @Override
    public void onStart(Intent intent) {
        super.onStart(intent);
        super.setUIContent(ResourceTable.Layout_ability_main);
        new ToastDialog(getContext())
                .setSize(MATCH_PARENT,MATCH_CONTENT)
                .setText("原生 ToastDialog 组件提示")
                .show();
    }
}
```

在程序运行后，ToastDialog 组件的提示效果如图 2-55 所示。

屏幕下方出现的就是 ToastDialog 组件的原生样式，原生样式显得比较单薄。还可以使用 XML 布局文件来定义 ToastDialog 组件的样式，然后通过 Java 代码为 ToastDialog 组件配置自定义样式，来看下面的例子。

新增一个布局文件，这个布局是 ToastDialog 组件弹窗提示时的布局。

```xml
<?xml version="1.0" encoding="utf-8"?>
<DependentLayout
    xmlns:ohos="http://schemas.huawei.com/res/ohos"
    ohos:height="match_content"
    ohos:width="match_content">
    <Text
        ohos:height="match_content"
        ohos:width="match_content"
        ohos:text="自定义ToastDialog样式"
        ohos:background_element="$graphic:progress_background_element"
        ohos:text_color="#FFFFFF"
        ohos:padding="8vp"
        ohos:text_size="22vp"
        ohos:top_margin="20vp"
        ohos:left_margin="100vp"
        ohos:horizontal_center="true"/>
</DependentLayout>
```

图 2-55　ToastDialog 组件的提示效果

这个布局只有一个 Text 组件，它的样式复用了之前 progress_background_element.xml 文件中的样式，样式的预览效果如图 2-56 所示。

图 2-56　自定义 ToastDialog 样式的预览效果

在 MainAbilitySlice 中，首先需要通过代码加载定义的布局，将其配置到 ToastDialog 组件中。

```
public class MainAbilitySlice extends AbilitySlice {
    @Override
    public void onStart(Intent intent) {
        super.onStart(intent);
        super.setUIContent(ResourceTable.Layout_ability_main);
        Button btn = (Button)findComponentById(ResourceTable.Id_mybutton);
        btn.setClickedListener(new Component.ClickedListener() {
            @Override
            public void onClick(Component component) {
                DependentLayout toastLayout = (DependentLayout)LayoutScatter.getInstance(getContext()).parse(ResourceTable.Layout_toast_dialog, null, false);
                new ToastDialog(getContext())
                    .setContentCustomComponent(toastLayout)
                    .setSize(MATCH_PARENT,MATCH_CONTENT)
                    .setAlignment(LayoutAlignment.HORIZONTAL_CENTER)
                    .show();
            }
        });
    }
}
```

图 2-57 自定义 ToastDialog 样式的显示效果

在上述代码中，关键部分是 LayoutScatter.getInstance()方法，这个方法可以加载定义好的 XML 布局文件，然后就可以通过 Java 代码来操作布局文件。在 ToastDialog 组件的配置中，又通过 setContentCustomComponent(toastLayout)方法将自定义好的布局文件进行配置。接着又设置了 ToastDialog 组件的尺寸和在父布局中的对齐方式。最后，调用 show()方法进行显示。程序运行后，点击"ToastDialog 测试"按钮，页面出现 ToastDialog 提示，如图 2-57 所示，中间的灰色区域就是自定义

ToastDialog 样式的显示效果。

除了基本的内容展示，ToastDialog 组件还提供了以下几个 API 用于简单的内容设置。

（1）setTitleText：用于设置消息标题。

（2）setTitleSubText：用于设置子标题。

（3）setContentImage：用于设置内容显示的图片。

（4）setAutoClosable：用于设置 ToastDialog 组件弹出后，点击 ToastDialog 组件区域外是否可自动将其关闭。

（5）setDuration：用于设置 ToastDialog 组件自动关闭的持续时间。

这些 API 可以增加 ToastDialog 组件的显示内容，但是如果想要实现更丰富的显示效果，推荐使用自定义 ToastDialog 组件布局。

2.4 常用的资源类型

在之前的实例里，在布局文件和代码中经常会把一些字符串、颜色色值、组件尺寸都写成固定值。这样其实并不利于应用的后期维护和开发，无法做到快速响应变化，且开发和维护非常容易出错。例如，一个应用本身的主体色调通常是固定的，颜色的色值、按钮的文字、提示的信息等都需要做到统一。如果出现不统一的现象，就会影响用户的使用体验。另外，在后期维护的过程中，如果要对整体的色调、文字、字号进行调整，就要对每个组件都进行操作，人为增加了出错的概率。所以，在 HarmonyOS 中存在资源引用的概念，这些统一的色值、图片、样式、尺寸都可以被看作一种固定资源，可以供不同的组件进行引用。如果需要改动，就只需要改动资源文件，所有引用该资源的组件都会跟着做相应的变化。

2.4.1 资源目录

HarmonyOS 中的资源文件放在 src/main/resources 目录下，resources 目录包含多个子目录，分别对应不同类型的资源，目录与资源类型见表 2-12。

表 2-12 目录与资源类型

目录	资源类型
resources/base/element	包含多种数值类型的文件，包括以下类别。 主题：theme.json。 布尔值：boolean.json。 色值：color.json。 浮点数：float.json。 整型数组：intarray.json。 整型：integer.json。 样式：pattern.json。 复数形式：plural.json。 字符串数组：strarray.json。 字符串：string.json
resources/base/graphic	存储 XML 文件，用于表示可绘制对象
resources/base/layout	存储 XML 文件，用于定义布局文件
resources/base/media	存储媒体文件，包括多种格式的图片、视频、音频等
resources/base/profile	存储以原始形式保存的任意文件
resources/base/animation	存储 XML 文件，定义动画资源

resources 目录下的目录分为 base 目录、限定词目录和 rawfile 目录。base 目录和 rawfile 目录都是默认存在的目录，限定词目录需要开发者自己创建。

对于 base 目录与限定词目录，系统会根据设备状态去匹配相应目录下的文件，开发者可以使用这个特性来进行应用的国际化多语言配置、横竖屏显示内容配置、颜色模式选择、屏幕适配等。rawfile 目录下的文件不会根据设备状态去匹配不同的资源。

2.4.2 资源文件的使用

1. 资源文件的创建

通过 DevEco Studio 可以很方便地创建资源文件。这里在 resources/base/element 目录下新建一个颜色资源文件，命名为 my_color.json。首先在 element 文件夹上点击鼠标右键，选择"New"→"Element Resource File"选项，如图 2-58 所示。

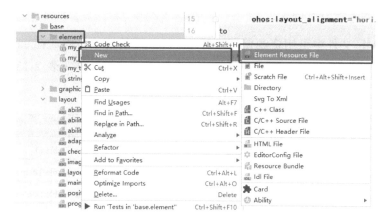

图 2-58　新建资源文件

之后，在弹出的对话框中，将"Root element"文本框中的内容改为"color"，输入字符"c"之后便会有提示，如图 2-59 所示。

图 2-59　修改资源文件的根节点

点击"OK"按钮后，就在 element 目录下创建好了一个 my_color.json 文件，如图 2-60 所示，可以在这里写对应的色值，其他资源文件的创建方式也如此。

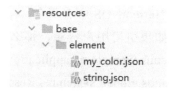

图 2-60　创建好的资源文件

2. 资源文件引用格式

在 XML 文件中引用资源使用"$type:name"的语法格式，在 Java 代码中引用资源使用"ResourceTable.type_name"的语法格式，详见表 2-13。

表 2-13 资源引用对照表

资源文件	在 XML 文件中引用	在 Java 代码中引用
布局文件中组件设置$+id:属性	$id:	ResourceTable.Id_
resources/base/element/theme.json	$theme:	ResourceTable.Theme_
resources/base/element/boolean.json	$boolean:	ResourceTable.Boolean_
resources/base/element/color.json	$color:	ResourceTable.Color_
resources/base/element/float.json	$float:	ResourceTable.Float_
resources/base/element/intarray.json	$intarray:	ResourceTable.Intarray_
resources/base/element/integer.json	$integer:	ResourceTable.Integer_
resources/base/element/pattern.json	$pattern:	ResourceTable.Pattern_
resources/base/element/plural.json	$plural:	ResourceTable.Plural_
resources/base/element/strarray.json	$strarray:	ResourceTable.Strarray_
resources/base/element/string.json	$string:	ResourceTable.String_
resources/base/layout	$layout:	ResourceTable.Layout_
resources/base/graphic	$graphic:	ResourceTable.Graphic_
resources/base/media	$media:	ResourceTable.Media_
resources/base/animation	$animation:	ResourceTable.Animation_
resources/base/profile	$profile:	ResourceTable.Profile_

在 HarmonyOS 中，还有一种资源叫系统资源，系统资源也有 color、string、float、media 等类型。

ResourceTable 对象在 HarmonyOS 中有两个，一个用于引用用户资源，另一个用于引用系统资源。如果引用用户资源，那么需要使用项目包目录下的 ResourceTable 对象，例如 com.example.myapplication.ResourceTable。如果引用系统资源，那么需要使用 ohos.global.systemres.ResourceTable 对象。如果需要引用系统资源，那么需要按照表 2-14 中的方式。

表 2-14　系统资源引用

系统资源	在 XML 文件中引用	在 Java 代码中引用
ohos.global.systemres.ResourceTable	$ohos:color:	ohos.global.systemres.ResourceTable.Color_
ohos.global.systemres.ResourceTable	$ohos:float:	ohos.global.systemres.ResourceTable.Float_
ohos.global.systemres.ResourceTable	$ohos:graphic:	ohos.global.systemres.ResourceTable.Graphic_
ohos.global.systemres.ResourceTable	$ohos:media:	ohos.global.systemres.ResourceTable.Media_
ohos.global.systemres.ResourceTable	$ohos:pattern:	ohos.global.systemres.ResourceTable.Pattern_
ohos.global.systemres.ResourceTable	$ohos:string:	ohos.global.systemres.ResourceTable.String_
ohos.global.systemres.ResourceTable	$ohos:theme:	ohos.global.systemres.ResourceTable.Theme_

3. 资源文件的引用

在资源文件创建完成后，有两种方式可以将资源文件引用到项目中，包括在 XML 文件中引用和在 Java 代码中引用。

1）在 XML 文件中引用

在布局文件中，可以通过以下语法来获取相应的资源属性值。引用方式有以下几种。

（1）样式文件的引用。

```
<Button
    ...
    ohos:background_element="$graphic:progress_background"/>
```

在 2.3 节中，经常使用这种方式来引用组件的背景样式，progress_background.xml 样式文件在 2.3 节中已经定义好了，这里不再赘述。

（2）media 目录下图片的引用。

```
<Image
    ...
    ohos:image_src="$media:image"/>
```

（3）颜色资源的引用。例如，在 resources/base/element 目录下新建 my_color.json 文件。

```
{
    "color": [
```

```json
        {
            "name": "myred",
            "value": "#ff0000"
        }
    ]
}
```

自定义的 my_color.json 文件是一个键值对文件，其根节点为"color"，通过 name 来引用对应的 value 值。这里"name"命名为"myred"，"value"代表色值为"#ff0000"。之后，如果想改变红色的色值，直接在这里改动，就会改变所有通过 myred 名称引用色值的组件，而不用再去代码里对每一个组件进行修改。

my_color.json 文件的 value 值还可以引用其他色值，例如：

```json
{
    "color": [
        {
            "name": "myred",
            "value": "#ff0000"
        },
        {
            "name": "myred1",
            "value": "$color:myred"
        }
    ]
}
```

在组件中引用：

```
<Button
    ...
    ohos:background_element="$color:myred"/>
```

这里通过$color引用了其他资源，不仅可以在资源文件中使用，也可以在组件中使用。实际的运行效果相当于：

```
<Button
    ...
    ohos:background_element="#FF0000"/>
```

（4）字符串资源的引用。例如，在 resources/base/element 目录下的 string.json 文件。

```json
{
    "string": [
        ...,
        {
            "name": "toast_text",
            "value": "ToastDialog测试"
        }
    ]
}
```

string 资源是一个键值对数组，可以在这里任意增加相应的字符串定义。然后，可以在组件中通过$string 引用：

```
<Button
    ...
    ohos:text="$string:toast_text"/>
```

属性值 toast_text 对应的实际字符串值为"ToastDialog 测试"。这行代码实际的运行效果相当于：

```
<Button
    ...
    ohos:text="ToastDialog测试"/>
```

（5）theme 资源的引用。例如，在 resources/base/element 目录下的 my_theme.json 文件。

```json
{
    "theme": [
        {
            "name": "base",
            "remote": "true",
            "value": [
                {
                    "name": "width",
```

```
          "value": "wrap_content"
        },
        {
          "name": "height",
          "value": "wrap_content"
        },
        {
          "name": "size",
          "value": "25dp"
        }
      ]
    }
  ]
}
```

在组件中进行引用，引用后就不用再写 theme 中已经定义好的样式了：

```
<Button
  ...
  ohos:theme="$theme:base"/>
```

（6）其他布局的引用。

```
<?xml version="1.0" encoding="utf-8"?>
<DependentLayout
    xmlns:ohos="http://schemas.huawei.com/res/ohos"
    ohos:height="match_parent"
    ohos:width="match_parent">
    <include
        ohos:height="50vp"
        ohos:width="match_parent"
        ohos:layout="$layout:layout_title_bar"/>
    ...
</DependentLayout>
```

其中，layout_title_bar.xml 是另一个布局文件。include 标签可以引用其他布局文件，这种方式可以复用一些布局。比如，标题栏、子页面等，这些很多都是重复的布局,就可以通过 include 的方式加入页面中。图 2-61 所示的方框处的布局就可以通过 include 方式在三个页面中引用。当然,底部 Tab 页或者顶部 TitleBar 这类组件通常作为整体布局的结构,在页面开发时,可以有很多种方式来实现,这里只是说明布局可通过 include 标签复用。

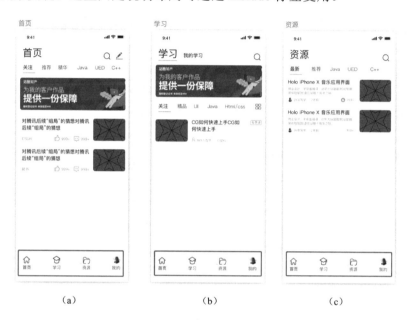

图 2-61　布局资源的引用

(7)整型资源的引用。

```
<Checkbox
    ...
    ohos:text_size="$integer:text_size_middle"/>
```

除了字符串资源,还可以使用整型资源,通过$integer 引用,整型资源更多的是为了统一字号、组件的宽度和高度等。

2)在 Java 代码中引用

在 Java 代码中,引用资源文件需要通过 ResourceManager 对象,它负责管理应用程序包的资源目录下的所有资源。ResourceManager 对象的常用方法见表 2-15。

表 2-15 ResourceManager 对象的常用方法

方法	含义
createTheme(List<TypedAttribute.AttrData> data)	创建 Theme 实例
getElement(int resId)	根据资源 ID 获得 Element 对象
getMediaPath(int resId)	根据资源 ID 获取媒体文件路径
getRawFileEntry(String path)	根据文件路径获取 RawFileEntry 对象
getResource(int resId)	根据资源 ID 获取 Resource 对象
getIdentifier(int resId)	根据资源 ID 获取资源名称
getDeviceCapability()	获取设备的功能描述符
getConfiguration()	获取当前资源管理器的配置
updateConfiguration(Configuration config, DeviceCapability capability)	根据配置和设备功能描述更新配置
getConfigManager()	获取 ConfigManager 对象，管理全球化配置

从整体上来看，这些方法都是通过 ResourceTable 对象来获取资源 ID 的，通过资源 ID 来获取对应的资源对象。用 ResourceTable 对象表示资源有如下格式：ResourceTable.type_name。其中，type 表示资源类型，由系统自动生成，name 为具体的资源名称。比如，String 类型的资源，当你在 string.json 文件中新增键值对资源后，系统会自动在 ResourceTable 文件中为其分配资源 ID，获取的方式为 ResourceTable.String_资源名称。下面介绍几种资源的引用方式。

（1）引用 color.json 文件。

```
int color = this.getResourceManager().getElement(ResourceTable.Color_myred).getColor();
```

（2）引用 string.json 文件。

```
String str = this.getResourceManager().getElement(ResourceTable.String_mainability_HelloWorld).getString();
```

（3）引用 rawfile 目录下的文件。

```
RawFileEntry rawFileEntry = this.getResourceManager().getRawFileEntry("resources/rawfile/test.html");
```

2.4.3 限定词目录

限定词目录和 base 目录同级，同在 resources 目录下。从名称上来看，base 目录是基本资源目录。HarmonyOS 还支持特定的限定词目录，以支持不同国家、不同颜色模式、不同屏幕分辨率的设备引用资源时的差异化体验。

限定词种类及其含义见表 2-16。

表 2-16 限定词种类及其含义

限定词种类	含义
移动国家码和移动网络码	设备注册的网络，包括移动国家码（MCC）和移动网络码（MNC），既可以使用下画线（_）连接，也可以单独使用，遵从 ITU-T E.212 国际电联标准。例如，mcc460 表示中国，mcc460_mnc00 表示中国_中国移动
国家或地区	用户所在的国家或地区，由 2～3 个大写字母或者 3 个数字组成，遵从 ISO 3166-1 国家和地区编码标准。例如，CN 表示中国，GB 表示英国
语言	设备语言类型，由 2～3 个小写字母组成，遵从 ISO 639 语言编码标准。例如，zh 表示中文，en 表示英语
文字	设备文字类型，由 1 个大写字母（首字母）和 3 个小写字母组成，遵从 ISO 15924 文字编码标准。例如，Hans 表示简体中文，Hant 表示繁体中文
横竖屏	屏幕方向，vertical 表示竖屏，horizontal 表示横屏
设备类型	设备类型，包括 phone（手机）、tablet（平板电脑）、car（车机）、tv（智慧屏）、wearable（智能穿戴）
颜色模式	颜色模式，包括 dark（深色模式）、light（浅色模式）
屏幕密度	屏幕密度（单位为 dpi），包括以下几种。 sdpi：适用于 dpi 取值为(0, 120]的设备。 mdpi：适用于 dpi 取值为(120, 160]的设备。 ldpi：适用于 dpi 取值为(160, 240]的设备。 xldpi：适用于 dpi 取值为(240, 320]的设备。 xxldpi：适用于 dpi 取值为(320, 480]的设备。 xxxldpi：适用于 dpi 取值为(480, 640]的设备

在使用限定词目录时，目录的权重按表 2-16 中自上而下的顺序由高到低。高权重的目录先匹配，低权重的目录后匹配。目录的限定词可以通过"_"来连接，例如"zh_CN-phone-xldpi"，这里的 zh、CN、phone、xldpi 都属于限定

词。其中，zh 表示中文、CN 表示中国、phone 表示设备为手机、xldpi 表示屏幕密度 dpi 取值为(240, 320]的设备。设备必须满足所有限定词才可以使用目录下的资源。

下面通过一个例子来介绍资源按设备进行匹配。

在 resources 目录下创建 en/element/string.json 文件。en 目录为当系统在英文环境中时，应用默认访问的资源目录。如果当前 resources 目录下没有 en/element 目录，那么开发者需要手动创建，在 string.json 文件中编写以下代码：

```
{
    "string": [
        {
            "name": "content",
            "value": "Hello World!"
        }
    ]
}
```

在 resources 目录下创建 zh/element/string.json 文件。zh 目录为当前系统在中文环境中时，应用默认访问的资源目录。如果当前 resources 目录下没有 zh/element 目录，那么开发者需要手动创建，在 string.json 文件中编写以下代码：

```
{
    "string": [
        {
            "name": "content",
            "value": "你好，世界！"
        }
    ]
}
```

接下来，在 Text 组件中引入 string.json 文件中的字符串资源。把 Text 组件 "ohos:text"属性的属性值设置为"$string:content"，就可以显示 string.json 文件中 name 为 content 的字符串资源，相当于执行了"ohos:text=你好，世界！"。

```
<?xml version="1.0" encoding="utf-8"?>
<DirectionalLayout
    xmlns:ohos="http://schemas.huawei.com/res/ohos"
    ohos:height="match_parent"
    ohos:width="match_parent"
```

```
    ohos:orientation="vertical">
<Text
    ohos:id="$+id:mybutton"
    ohos:height="match_content"
    ohos:width="match_content"
    ohos:top_margin="30vp"
    ohos:layout_alignment="center"
    ohos:text="$string:content"
    ohos:text_size="26vp"/>
</DirectionalLayout>
```

在默认情况下，手机处于中文环境，$string:content 引用了 zh 目录下的 string.json 资源。我们为了测试当手机处于英文环境时，程序是否会读取 resources/en 目录下的资源，修改系统的语言环境为英文，具体步骤为：点击手机中的"设置"→"系统和更新"→"语言和输入法"→"语言和地区"→"添加语言"→"English"选项，然后回到"语言和地区"页面，在"语言"一栏中选择"English"，就将系统语言切换成英文。再次打开应用，$string:content 会自动引用 en 目录下的资源，最终 Text 组件显示为"Hello World!"，程序运行效果如图 2-62 所示。

(a)　　　　　　　　　　　　　(b)

图 2-62　多语言适配效果图

2.4.4　样式与样式选择

在 graphic 目录下，可以定义多种 XML 文件，根节点的 XML 文件包括可绘制图形<shape>、状态选择<state-container>、可绘制矢量图<vector>、动画图片列表<animation-list>、动画<animator>等多种。这些不同的根节点的 XML 文件各有对应的功能，开发者可以灵活运用这些文件来实现多种样式、样式变换、动画等效果。

1. shape

在 graphic 目录下新建 Graphic Resource File 文件,根节点的类型为 shape,命名为 my_background,如图 2-63 所示。

(a)

(b)

图 2-63 创建 shape 资源

于是就创建好了根节点为<shape>的 XML 文件,支持 ohos:shape 属性,该属性可以控制所绘制图形的形状,包括如下几种边框形状,见表 2-17。

表 2-17 shape 属性的属性值

属性值	含义
rectangle	矩形、圆角矩形
arc	扇形
line	线段,组件中间的一条线段
oval	圆、椭圆
path	形状路径

<shape>标签内包含以下子标签，使用这些子标签可以进一步控制图形的样式。

<stroke>：图形边框。

<solid>：图形背景颜色。

<corners>：定义圆角。

<bounds>：图形边界。

<gradient>：图形背景颜色的梯度渐变。

下面代码是一个不带任何样式的 Text 组件，ohos:background_element 属性引用了资源文件 my_background.xml，现在 my_background.xml 文件还没有定义任何样式。

```
<Text
    ohos:width="match_content"
    ohos:height="match_content"
    ohos:text="测试样式"
    ohos:padding="8vp"
    ohos:center_in_parent="true"
    ohos:background_element=
"$graphic:my_background"
    ohos:text_size="26vp"/>
```

在 my_background.xml 文件中设置边框形状为矩形，增加边框，并指定边框宽度，如果不指定边框宽度就无法看到边框，样式的预览效果如图 2-64 所示。

为组件添加边框，代码如下。

图 2-64　不带任何样式的 Text 组件

```
<shape xmlns:ohos="http://schemas.huawei.com/res/ohos"
    ohos:shape="rectangle">
    <stroke ohos:color="#23D1FF" ohos:width="10"/>
</shape>
```

样式的预览效果如图 2-65 所示。

继续加入背景颜色，代码如下。

```
<shape xmlns:ohos="http://schemas.huawei.com/res/ohos"
```

```
        ohos:shape="rectangle">
    <stroke ohos:color="#23D1FF" ohos:width="10"/>
    <solid ohos:color="#EECCDD"/>
</shape>
```

样式的预览效果如图 2-66 所示。

设置圆角，代码如下。

```
<shape xmlns:ohos="http://schemas.huawei.com/res/ohos"
        ohos:shape="rectangle">
    <stroke ohos:color="#23D1FF" ohos:width="10"/>
    <solid ohos:color="#EECCDD"/>
    <corners ohos:radius="30"/>
</shape>
```

样式的预览效果如图 2-67 所示。

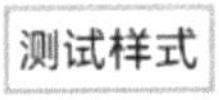

图 2-65　添加边框样式 　　　图 2-66　添加背景颜色样式 　　　图 2-67　设置圆角样式

2. state-container

state-container，顾名思义，是状态容器。可以根据组件不同的状态，为其选择特定的资源文件。

\<state-container\>类型的资源文件创建和\<shape\>文件的创建一样，只需要在"Root element"文本框中选择"state-container"作为根节点标签，如图 2-68 所示。

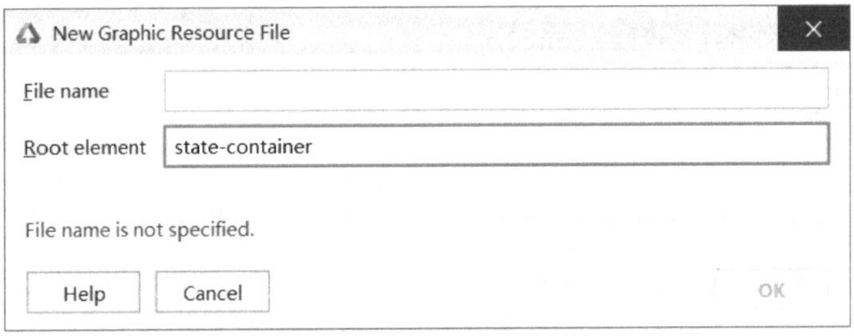

图 2-68　创建 state-container 文件

要使用 state-container 文件，还需要对不同的组件状态创建对应的资源文件。首先，在 graphic 目录下，创建根节点为<shape>的样式文件 background_ok.xml。

```xml
<?xml version="1.0" encoding="UTF-8" ?>
<shape xmlns:ohos="http://schemas.huawei.com/res/ohos"
    ohos:shape="rectangle">
   <corners
      ohos:radius="5"/>
   <solid
      ohos:color="#0099CC"/>
</shape>
```

其次，创建另一个状态对应的样式文件 background_no.xml。

```xml
<?xml version="1.0" encoding="UTF-8" ?>
<shape xmlns:ohos="http://schemas.huawei.com/res/ohos"
    ohos:shape="rectangle">
   <corners
      ohos:radius="5"/>
   <solid
      ohos:color="#E1E1E1"/>
</shape>
```

再次，创建 background_element.xml 文件，将状态和对应的文件进行绑定。

```xml
<?xml version="1.0" encoding="utf-8"?>
<state-container
   xmlns:ohos="http://schemas.huawei.com/res/ohos">
   <item ohos:state="component_state_pressed" ohos:element=
"$graphic:background_ok"/>
   <item ohos:state="component_state_empty" ohos:element=
"$graphic:background_no"/>
</state-container>
```

在 XML 文件中，组件的 ohos:background_element 属性引用<state-container>文件，而非<shape>文件。

```xml
<?xml version="1.0" encoding="utf-8"?>
<DirectionalLayout
   xmlns:ohos="http://schemas.huawei.com/res/ohos"
   ohos:height="match_parent"
```

```xml
        ohos:width="match_parent"
        ohos:orientation="vertical">
    <Button
        ohos:height="match_content"
        ohos:width="match_content"
        ohos:top_margin="30vp"
        ohos:layout_alignment="center"
        ohos:text="$string:content"
        ohos:background_element="$graphic:background_element"
        ohos:text_size="26vp"/>
</DirectionalLayout>
```

最后，运行程序，当点击按钮时，按钮的背景颜色变为蓝色，松开鼠标左键后，背景颜色恢复到灰色。程序的运行效果如图 2-69 所示。

图 2-69　背景颜色变化示例

2.5　动画开发

在 HarmonyOS 开发中不可避免地会使用动画，良好的动画可以有效地提高用户对应用的使用体验。HarmonyOS 中的动画分为帧动画、数值动画和属性动画。HarmonyOS 提供了动画集合来将多个动画同时使用。

2.5.1　帧动画

帧动画（FrameAnimation）通过逐帧播放多张按顺序排列好的图片以达到动画效果。人的眼睛有"视觉暂留"性质，图片的快速播放会给人带来动画的"错觉"。帧动画和播放视频的原理一样，播放视频时，也是播放一帧一帧的图片，由于一秒钟可以播放很多张图片，给人以动态的感觉。

在使用帧动画前，需要准备帧动画的图片素材。这里使用 FFmpeg 工具，从视频中提取视频帧，将其保存为图片。FFmpeg 是一款专业处理音视频的开源工具，功能十分强大。其内容介绍不在本书范畴，这里只针对本案例的要求做使用介绍。

下载 FFmpeg 后，在 bin 目录下找到 ffmpeg.exe 文件。这个文件需要在命令行中运行，执行以下命令：

```
ffmpeg -i test.mp4 %d.jpg
```

命令的前半部分 ffmpeg 要补充上 FFmpeg 的全路径。比如这里的路径为：

```
E:\ffmpeg-N-103380-ge41bd075dd-win64-gpl-shared\bin\ffmpeg
```

test.mp4 为目前视频的全路径，如果不在当前目录下，你还需要补充文件的路径信息。比如：

```
E:\video\test.mp4
```

将路径信息带入命令中执行。视频帧图片就保存在 DOS 窗口所在的目录下，命令的执行情况如图 2-70 所示，方框的路径为图片保存的位置。

图 2-70　FFmpeg 将视频帧转成图片

提取后的图片如图 2-71 所示。

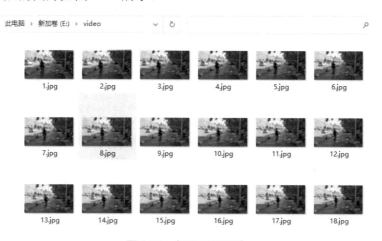

图 2-71　提取后的图片

新建 Empty Ability（Java）模板项目，在"Project Type"选区中选择"Application"单选按钮。将图片保存到项目 resources/base/media 目录下，如图 2-72 所示。

在 ability_main.xml 布局文件中，添加 Image 组件，用于显示动画，具体内容如下：

```xml
<?xml version="1.0" encoding="utf-8"?>
<DirectionalLayout
    xmlns:ohos="http://schemas.huawei.com/res/ohos"
    ohos:height="match_parent"
    ohos:width="match_parent"
    ohos:alignment="center"
    ohos:orientation="vertical">
    <Image
        ohos:id="$+id:frame_animation"
        ohos:height="300vp"
        ohos:width="300vp"
        ohos:background_element="$graphic:frame_animation"/>
</DirectionalLayout>
```

图 2-72　图片保存位置

在上述代码中，Image 组件的 ohos:background_element 属性被设置为帧动画资源文件。然后，在 resources\base\graphic 目录下创建 frame_animation.xml 动画资源文件。

```xml
<?xml version="1.0" encoding="utf-8"?>
<animation-list xmlns:ohos="http://schemas.huawei.com/res/ohos" ohos:oneshot="false">
    <item ohos:element="$media:1" ohos:duration="100"/>
    <item ohos:element="$media:2" ohos:duration="100"/>
    <item ohos:element="$media:3" ohos:duration="100"/>
    <item ohos:element="$media:4" ohos:duration="100"/>
    <item ohos:element="$media:5" ohos:duration="100"/>
    <item ohos:element="$media:6" ohos:duration="100"/>
    ......
    <item ohos:element="$media:18" ohos:duration="100"/>
```

```
        <item ohos:element="$media:19" ohos:duration="100"/>
        <item ohos:element="$media:20" ohos:duration="100"/>
</animation-list>
```

上述代码为编写动画资源的基本方法，根节点为<animation-list>。其中：oneshot 为是否只播放一次；element 为当前帧要播放的图片；duration 为图片显示时长，在播放时按照顺序依次显示。

每一帧的语法格式都是相似的，此处省略了中间编号 7~17 的图片配置，在实际编写代码时，要补充完整。

最后，在 MainAbilitySlice 中编写代码，播放动画。

```
public class MainAbilitySlice extends AbilitySlice {
    @Override
    public void onStart(Intent intent) {
        super.onStart(intent);
        super.setUIContent(ResourceTable.Layout_ability_main);
        Image image = (Image) findComponentById(ResourceTable.Id_frame_animation);
        //获取图片的动画资源
        FrameAnimationElement frameAnimationElement =
(FrameAnimationElement) image.getBackgroundElement();
        //开始播放动画
        frameAnimationElement.start();
    }
}
```

在上述代码中，首先获得 Image 组件的引用，通过 getBackgroundElement() 方法获得图片的背景元素，将返回值强转为 FrameAnimationElement 对象，然后调用 FrameAnimationElement 类的 start()方法播放动画。程序的运行结果如图 2-73 所示。

2.5.2 数值动画

数值动画按照一定的计算方式来计算一个数值，将得到的数值应用到组件的属性上，从而达到动画的效果。数值的计算方式根据动画类型得到，不同的动画类型计算出来的数值是不同的。目前支持的动画类型包括加速、减速、加速减速、反弹、循环、过冲、平移、震荡等。

图 2-73 帧动画的播放效果

数值动画使用的对象为 AnimatorValue，通过为其设置动画类型、持续时间、循环次数等属性来完成数值的计算。

新建 Empty Ability（Java）模板项目，在"Project Type"选区中选择"Application"单选按钮。

在 ability_main.xml 布局文件中，创建 Image 组件，具体代码如下。

```xml
<?xml version="1.0" encoding="utf-8"?>
<DirectionalLayout
    xmlns:ohos="http://schemas.huawei.com/res/ohos"
    ohos:height="match_parent"
    ohos:width="match_parent"
    ohos:alignment="center"
    ohos:orientation="vertical">
    <Image
        ohos:id="$+id:value_animation"
        ohos:height="match_content"
        ohos:width="match_content"
        ohos:image_src="$media:icon"/>
</DirectionalLayout>
```

在上述代码中,为了观察显示效果,Image 组件的图片使用了系统默认的图标。接下来在 MainAbilitySlice 中进行数值动画的创建。

```java
public class MainAbilitySlice extends AbilitySlice {
    @Override
    public void onStart(Intent intent) {
        super.onStart(intent);
        super.setUIContent(ResourceTable.Layout_ability_main);
        Image image = (Image)findComponentById(ResourceTable.Id_value_animation);
        //创建数值动画对象
        AnimatorValue animatorValue = new AnimatorValue();
        //动画时长
        animatorValue.setDuration(1000);
        //播放前的延迟时间
        animatorValue.setDelay(500);
        //循环次数
        animatorValue.setLoopedCount(3);
        //动画的播放类型
        animatorValue.setCurveType(Animator.CurveType.ACCELERATE_DECELERATE);
        //设置动画过程
        animatorValue.setValueUpdateListener(new AnimatorValue.ValueUpdateListener() {
            @Override
            public void onUpdate(AnimatorValue animatorValue, float value) {
                image.setContentPosition((int) (800 * value), image.getContentPositionY());
            }
        });
        //开始播放动画
        animatorValue.start();
    }
}
```

上述代码完成了两件事:第一,初始化 Image 组件。第二,声明 AnimatorValue 对象,配置数值动画的计算方式和动画执行过程。这里指定了动画循环 3 次,每次执行时长为 1 秒,延时 500 毫秒播放。执行的动画类型为

Animator.CurveType.ACCELERATE_DECELERATE，该动画类型代表加速减速动画，动画类型本质上是一种计算数值的算法。最重要的方法为 setValueUpdateListener()方法。

```
    animatorValue.setValueUpdateListener(new AnimatorValue.
ValueUpdateListener() {
        @Override
        public void onUpdate(AnimatorValue animatorValue, float value) {
            image.setContentPosition((int) (500 * value), (int) (500 * value));
        }
    });
```

在 ValueUpdateListener 对象的 onUpdate()方法中，可以获得数值动画计算的数值 value，这个值的取值范围为 0～1，数值根据动画类型和动画持续时间来计算每个时间节点的值。

在获取到这个值后，用其更新 Image 组件的坐标，改变 Image 组件的 X 坐标和 Y 坐标，使坐标的值根据 value 动态计算得到。这样就实现了改变组件位置的动画效果。最终的程序的运行效果如图 2-74 所示。

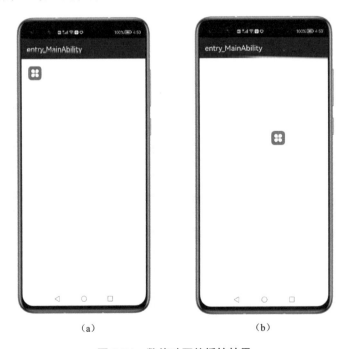

（a）　　　　　　　　　　　（b）

图 2-74　数值动画的播放效果

除了位置的变换，还可以使用这个计算数值 value 来更新组件的透明度、缩放、旋转等动效。比如：

```
image.setRotation(100*value);
image.setAlpha(value);
```

除了用 Java 代码来声明数值动画，还可以使用 XML 文件来声明。目前，数值动画的<animator>根节点需要在 Animation 目录下声明。在 resources\base 目录上点击鼠标右键，选择"New"→"HarmonyOS Resource Directory"选项，在弹出的对话框中，在"Resource Type"文本框中选择"Animation"选项，点击"OK"按钮创建 Animator 目录，如图 2-75 所示。

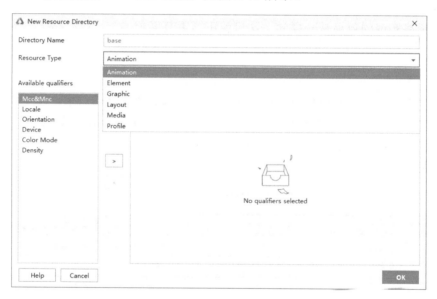

图 2-75　创建 Animation 目录

在此目录下创建 value_animation.xml 文件，具体内容如下：

```
<?xml version="1.0" encoding="UTF-8" ?>
<animator xmlns:ohos="http://schemas.huawei.com/res/ohos"
        ohos:delay="500"
        ohos:duration="1000"/>
```

在 MainAbilitySlice 中，只需要改变 AnimatorValue 对象的初始化方式即可，将上面代码中的这部分代码进行替换。

```
//创建数值动画对象
AnimatorValue animatorValue = new AnimatorValue();
//动画时长
animatorValue.setDuration(1000);
//播放前的延迟时间
animatorValue.setDelay(500);
```

修改为下面代码：

```
AnimatorScatter scatter = AnimatorScatter.getInstance (getContext());
AnimatorValue  animatorValue = (AnimatorValue)scatter
.parse(ResourceTable.Animation_value_animation);
```

最终实现的效果是一样的，这里就不再重复展示。

2.5.3 属性动画

属性动画通过对目标对象的属性进行赋值来实现动画的效果。它可以实现对目标组件的多个属性同时进行操作，功能十分强大。属性动画主要用到 AnimatorProperty 类，其常用方法如表 2-18 所示。通过这些方法，可以为组件设置相应的动画效果。

表 2-18 属性动画的常用方法

方法	含义
setTarget(Component component)	设置属性动画作用的目标组件
alpha(float alpha)	设置渐变动画
alphaFrom(float alpha)	设置渐变动画的初始值
moveByX(float deltaValue)	设置水平运动的相对距离
moveByY(float deltaValue)	设置垂直运动的相对距离
moveFromX(float value)	设置水平移动的起点
moveFromY(float value)	设置垂直移动的起点
moveToX(float value)	设置水平移动的终点位置
moveToY(float value)	设置垂直移动的终点位置
rotate(float rotation)	设置旋转角度
scaleX(float scale)	设置水平缩放比例
scaleXBy(float deltaScale)	设置水平缩放变化率
scaleXFrom(float scale)	设置水平起始缩放比例

续表

方法	含义
scaleY(float scale)	设置垂直缩放比例
scaleYBy(float deltaScale)	设置垂直缩放变化率
scaleYFrom(float scale)	设置垂直起始缩放比例
setDelay(long startDelay)	设置动画延时开始
setDuration(long duration)	设置动画持续时间
setLoopedCount(int loopedCount)	设置动画重复次数
setCurveType(int curveType)	设置数值曲线类型
setLoopedListener(Animator.LoopedListener listener)	设置动画重复播放监听
setStateChangedListener(Animator.StateChangedListener listener)	设置动画状态改变监听

新建 Empty Ability（Java）模板项目，在"Project Type"选区中选择"Application"单选按钮。

在 ability_main.xml 布局文件中，创建 Image 组件，具体代码如下。

```xml
<?xml version="1.0" encoding="utf-8"?>
<DirectionalLayout
    xmlns:ohos="http://schemas.huawei.com/res/ohos"
    ohos:height="match_parent"
    ohos:width="match_parent">
    <Image
        ohos:id="$+id:value_animation"
        ohos:height="match_content"
        ohos:width="match_content"
        ohos:image_src="$media:icon"/>
</DirectionalLayout>
```

在 MainAbilitySlice 中，编写属性动画代码。

```
public class MainAbilitySlice extends AbilitySlice {
    @Override
    public void onStart(Intent intent) {
        super.onStart(intent);
        super.setUIContent(ResourceTable.Layout_ability_main);
        Image image = (Image)findComponentById(ResourceTable.
```

```
Id_value_animation);
        //创建属性动画对象
        AnimatorProperty animatorProperty = new AnimatorProperty();
        animatorProperty.setTarget(image);
        animatorProperty
            //x轴位置移动
            .moveFromX(0).moveToX(500)
            //设置透明度变化
            .alphaFrom(0.1f).alpha(1.0f)
            //旋转240度
            .rotate(240)
            //无限循环
            .setLoopedCount(AnimatorValue.INFINITE)
            //动画时长1秒
            .setDuration(1000)
            //延迟500毫秒
            .setDelay(500)
            //反加速效果
            .setCurveType(Animator.CurveType.ACCELERATE);
        image.setClickedListener(new Component.ClickedListener() {
            @Override
            public void onClick(Component component) {
                animatorProperty.start();
            }
        });
    }
}
```

上述代码实现了对 Image 组件的相关属性值的动态控制，通过 AnimatorProperty 对象的 setTarget()方法将动画绑定到 Image 组件上。接下来设置动画的效果，包括位移、透明度、旋转、动画持续时长、重复次数、数值计算的方式等。最后，通过 Image 组件的点击事件来播放动画。将程序运行，最终的程序的运行效果如图 2-76 所示。

第 2 章 HarmonyOS 页面开发 171

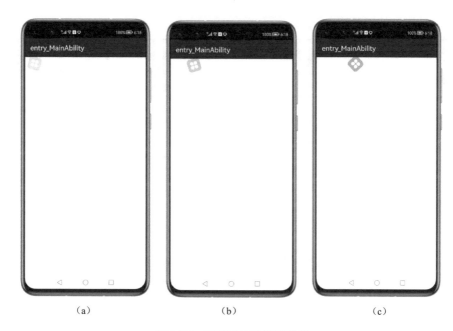

图 2-76 属性动画的播放效果

2.6 组件的事件监听

用户经常会在页面上进行各种操作,以得到程序的响应。用户的操作被称为事件,程序对事件的响应被称为事件处理。在日常使用手机、平板电脑等设备时,用户经常做的操作是点击类、滑动类和拖动类事件。下面来介绍 HarmonyOS 中的事件监听。

2.6.1 事件类别

在 HarmonyOS 中,Component 是所有组件的父类,Component 中包含其他所有组件的公共事件监听方法,包括组件的点击、拖拽、焦点改变等常用的用户操作行为。Component 中的事件监听方法见表 2-19。

表 2-19 Component 中的事件监听方法

事件操作	监听接口	设置方式	监听方法
点击事件监听	ClickedListener	setClickedListener	onClick(Component component)
双击事件监听	DoubleClickedListener	setDoubleClickedListener	onDoubleClick(Component component)
长按事件监听	LongClickedListener	setLongClickedListener	onLongClicked(Component component)

续表

事件操作	监听接口	设置方式	监听方法
按键事件监听	KeyEventListener	setKeyEventListener	onKeyEvent(Component component, KeyEvent keyEvent)
拖动事件监听	DraggedListener	setDraggedListener	• onDragDown(Component component, DragInfo dragInfo) • onDragStart(Component component, DragInfo dragInfo) • onDragUpdate(Component component, DragInfo dragInfo) • onDragEnd(Component component, DragInfo dragInfo) • onDragCancel(Component component, DragInfo dragInfo) • onDragPreAccept(Component component, int dragDirection)
缩放事件监听	ScaledListener	setScaledListener	• onScaleStart(Component component, ScaleInfo scaleInfo) • onScaleUpdate(Component component, ScaleInfo scaleInfo) • onScaleEnd(Component component, ScaleInfo scaleInfo)
焦点改变监听	FocusChangedListener	setFocusChangedListener	onFocusChange(Component component, boolean b)
旋转事件监听	RotationEventListener	setRotationEventListener	onRotationEvent(Component component, RotationEvent rotationEvent)
布局刷新监听	LayoutRefreshedListener	setLayoutRefreshedListener	onRefreshed(Component component)
语音事件监听	SpeechEventListener	setSpeechEventListener	onSpeechEvent(Component component, SpeechEvent speechEvent)
触控事件监听	TouchEventListener	setTouchEventListener	onTouchEvent(Component component, TouchEvent touchEvent)
组件绑定/解绑监听	BindStateChangedListener	setBindStateChangedListener	• onComponentBoundToWindow(Component component) • onComponentUnboundFromWindow(Component component)
是否接收滚动手势监听	CanAcceptScrollListener	setCanAcceptScrollListener	canAcceptScroll(Component component, int i, boolean b)
组件状态改变监听	ComponentStateChanged-Listener	setComponentStateChangedListener	onComponentStateChanged(Component component, int i)

上述事件监听方法的具体含义如下：

• 点击事件监听：监听对组件进行的点击操作，覆盖手指按下和抬起的整个过程。

• 双击事件监听：监听对组件进行的双击操作。

• 长按事件监听：监听对组件进行的长时间触摸操作。

• 按键事件监听：监听设备物理按键的按下操作。

• 拖动事件监听：监听对组件进行的拖动操作。

• 缩放事件监听：监听对组件进行的缩放操作。

• 焦点改变监听：监听组件的焦点变化，包括获得焦点和失去焦点。

• 旋转事件监听：监听对组件进行的旋转操作，比如旋转智能手表的表冠。

• 布局刷新监听：监听布局的刷新。

• 语音事件监听：监听语音事件。

• 触控事件监听：监听对组件进行的触摸操作，它比点击事件的控制粒度更细。

• 组件绑定/解绑监听：监听组件绑定/解绑到窗口的事件。

• 是否接收滚动手势监听：监听组件接收滚动手势的事件，在组件接收滚动手势前调用。

• 组件状态改变监听：监听组件的状态变化。

这里需要说明的是，组件是有状态的，组件状态包括被选中、获得焦点、被按下等。很多监听事件都与组件状态有关系。比如，焦点改变监听、组件状态改变监听、组件绑定监听。与组件状态有关的类为 ComponentState，组件状态以静态变量形式定义，组件状态如表 2-20 所示。

表 2-20　组件状态

状态	含义
COMPONENT_STATE_CHECKED	选中
COMPONENT_STATE_DISABLED	不可用
COMPONENT_STATE_EMPTY	空
COMPONENT_STATE_FOCUSED	获得焦点
COMPONENT_STATE_HOVERED	悬停

续表

状态	含义
COMPONENT_STATE_PRESSED	被按下
COMPONENT_STATE_SELECTED	被选择

不是所有类别的组件都包含所有状态，比如 COMPONENT_STATE_CHECKED 用于标记多选按钮的选中状态，COMPONENT_STATE_PRESSED 用于标记按钮被按下的状态。

在之前的例子中，对不同状态的按钮定义了不同的样式，在 graphic 目录下，新建根节点为<state-container>的 XML 文件，用 item 的 ohos:state 属性指定组件状态，通过 ohos:element 属性指定该状态对应的样式。例如：

```xml
<state-container
    xmlns:ohos="http://schemas.huawei.com/res/ohos">
    <item
        ohos:element="$graphic:checkbox_element_checked"
        ohos:state="component_state_checked"/>
    <item
        ohos:element="$graphic:checkbox_element_unchecked"
        ohos:state="component_state_empty"/>
</state-container>
```

上述代码指定了组件的"component_state_checked"和"component_state_empty"两种状态的显示样式。

2.6.2 事件监听的五种写法

这里以点击事件为例来介绍事件监听的五种写法。点击事件种类见表 2-21。

表 2-21 点击事件种类

事件	监听接口	设置方式	监听方法
单击	ClickedListener	setClickedListener	onClick(Component component)
双击	DoubleClickedListener	setDoubleClickedListener	onDoubleClick(Component component)
长按	LongClickedListener	setLongClickedListener	onLongClicked(Component component)

这三种事件监听都是以接口形式定义的，在实际使用时，只需要完成对应

的事件监听方法即可。我们可以同时为一个组件添加多个事件监听方法，下面来看如何为组件添加事件监听方法。

1. 匿名内部类的写法

新建 Empty Ability（Java）模板项目，在"Project Type"选区中选择"Application"单选按钮。在 ability_main.xml 布局文件中添加组件，具体代码如下：

```
<?xml version="1.0" encoding="utf-8"?>
<DirectionalLayout
    xmlns:ohos="http://schemas.huawei.com/res/ohos"
    ohos:height="match_parent"
    ohos:width="match_parent"
    ohos:alignment="center"
    ohos:orientation="vertical">
    <Text
        ohos:id="$+id:text"
        ohos:height="match_content"
        ohos:width="match_content"
        ohos:layout_alignment="horizontal_center"
        ohos:text="事件监听"
        ohos:text_size="40vp"/>
</DirectionalLayout>
```

在上述代码中，添加了一个 Text 组件，样式如图 2-77 所示。在这个 Text 组件上添加相应的事件监听。多个事件监听之间不冲突，可以为同一个组件设置多个监听器，下面为 Text 组件设置上述三种点击事件监听。

```
Text text =(Text)findComponentById
(ResourceTable.Id_text);
    text.setClickedListener(new Component.
ClickedListener() {
        @Override
        public void onClick(Component component) {
            HiLog.info(LABEL_LOG,"接收到 onClick
事件");
```

图 2-77　事件监听例子布局

```
        }
    });
    text.setDoubleClickedListener(new Component.DoubleClickedListener() {
        @Override
        public void onDoubleClick(Component component) {
            HiLog.info(LABEL_LOG,"接收到onDoubleClick事件");
        }
    });
    text.setLongClickedListener(new Component.LongClickedListener() {
        @Override
        public void onLongClicked(Component component) {
            HiLog.info(LABEL_LOG,"接收到onLongClicked事件");
        }
    });
```

对组件分别进行点击、双击、长按三种手势操作，就可以得到点击事件对应的日志，如图 2-78 所示。

图 2-78　点击事件的日志

在上述代码中，为 Text 组件设置了三种点击事件监听。以 setClickedListener()方法为例，它的入参为 Component.ClickedListener，通过匿名内部类进行声明，然后重写 ClickedListener 接口的 onClick()方法。这个方法是点击事件的处理方法。点击动作发生后，会调用此方法。onClick()方法的入参为 Component 对象，这个参数就是我们点击的那个组件。如果需要用到被点击的组件的属性，那么可以将 Component 对象进行强转，然后就可以得到组件的属性了，比如：

```
text.setClickedListener(new Component.ClickedListener() {
    @Override
    public void onClick(Component component) {
        Text t = (Text)component;
        HiLog.info(LABEL_LOG,"接收到onClick事件"+",组件内容:
```

```
"+t.getText());
        }
});
```

点击组件后,输出的点击事件的日志如图 2-79 所示。

图 2-79　匿名内部类的写法的点击事件的日志

这里使用了匿名内部类的写法来进行声明,这种写法的优点是比较直观,写起来速度比较快,但缺点是一旦组件多了,需要写的监听事件就会变多,代码行数会变得非常多。下面介绍事件监听的另一种写法。

2. Lambda 表达式的写法

Lambda 表达式是 JDK8 的一个新特性。Lambda 表达式的写法可以用来代替匿名内部类的写法,代码看起来会简洁得多,其写法如下:

```
text.setClickedListener((component -> {
    Text t = (Text)component;
    HiLog.info(LABEL_LOG,"接收到onClick事件"+",组件内容:
"+t.getText());
}));
```

这种写法会比匿名内部类的写法的代码量少,但实际执行效果是一样的。运行程序,点击 Text 组件,得到的日志如图 2-80 所示。

图 2-80　Lambda 表达式的写法的点击事件的日志

3. 当前类实现接口的写法

这种写法可以在所在类实现 Component.ClickedListener 接口,在类中重写 onClick() 方法。

```java
public class MainAbilitySlice extends AbilitySlice implements Component.ClickedListener{
    @Override
    public void onStart(Intent intent) {
        super.onStart(intent);
        super.setUIContent(ResourceTable.Layout_ability_main);
        Text text =(Text)findComponentById(ResourceTable.Id_text);
        text.setClickedListener(this);
    }
    @Override
    public void onClick(Component component) {
        //获取组件ID
        int id = component.getId();
        HiLog.info(LABEL_LOG,id+"");
        switch(id){
            case ResourceTable.Id_text:
                HiLog.info(LABEL_LOG,"这是text的点击事件");
                break;
            default:break;
        }
    }
}
```

这种写法需要在 onClick() 方法中，通过 component.getId() 方法获取组件 ID，然后通过 switch-case 语句对不同组件的事件进行区分。ResourceTable.Id_text 的本质是一个数值，组件被声明后，系统会自动为这个组件分配 ID。如果有多个组件，那么只需要在 switch-case 语句中继续增加分支。最后，通过 text.setClickedListener(this) 方法将事件绑定到组件上。

运行程序，点击 Text 组件，得到的日志如图 2-81 所示。

图 2-81　当前类实现接口的写法的点击事件的日志

4. 自定义类接口的写法

这种写法可以通过自定义类实现 Component.ClickedListener 接口，在类中重写 onClick()方法。

```
class MyClickListener implements Component.ClickedListener{
    @Override
    public void onClick(Component component) {
        ......
    }
}
```

在 onClick()方法中，与第 3 种写法一样，需要编写 switch-case 语句来进行不同组件的事件分发。最后，通过下面的方式，将事件绑定到组件上。

```
text.setClickedListener(new MyClickListener());
```

运行程序，点击 Text 组件，得到的日志如图 2-82 所示。

图 2-82　自定义类接口的写法的点击事件的日志

5. 方法引用写法

这种写法不需要实现 Component.ClickedListener 接口，只需要在 setClickedListener()方法中，通过双冒号运算符指定点击组件后要执行的方法就可以了。双冒号运算符是 Lambda 表达式的一种简写方式。

```
text.setClickedListener(this::onClick);
```

this::onClick 表示当点击 Text 组件后，会调用当前类中的 onClick()方法。下面实现 onClick()方法。

```
private void onClick(Component component) {
    HiLog.info(LABEL_LOG,"这是text的点击事件");
}
```

运行程序，点击 Text 组件，打印的日志如图 2-83 所示。

图 2-83　方法引用写法的点击事件的日志

2.7　本章小结

本章详细介绍了组件相关的内容，包括组件的创建、改变组件样式、动画、组件事件监听等，还介绍了通过 XML 布局文件和 Java 代码的方式创建布局与组件。本章的内容都是图形化、所见即所得的，比较直观，相信读者只要跟着书中的代码来学习，就会对 HarmonyOS 组件有更深入的理解。在学完本章后，读者可以独立地完成一定的 UI 页面设计。如果想更深入地了解其他 UI 组件，读者可以学习第 8 章的内容，第 8 章包含更多高级 UI 组件的用法。

第 3 章 Ability 开发

3.1 Ability概述

Ability 是 HarmonyOS 中最重要的一种组件。用户日常使用手机拨打电话、发短信，使用手机和平板电脑等浏览新闻、玩游戏，都是通过 Ability 进行交互的。

从概念上来看，Ability 的含义是"能力"，意味着在 HarmonyOS 中，所有可以完成某一个功能的应用、服务等，都可以被抽象为一种能力。例如，数据存储能力、音乐播放能力、浏览新闻的能力等。从总体上来看，Ability 分为可以通过页面与用户进行交互的 Ability（例如，浏览新闻、玩游戏）和没有页面，在后台为用户提供服务的 Ability（例如，播放音乐、传输数据、订阅消息等）。

可以通过页面与用户进行交互的 Ability，在 HarmonyOS 中被称作 Feature Ability，简称为 FA。FA 只支持 Page 模板，所以又被称为 Page Ability。

Page Ability 用于页面开发。用户通过 Page Ability 与系统进行交互，Page Ability 中包含若干页面，页面中包含若干按钮、图片、输入框等组件。

没有页面，在后台为用户提供服务的 Ability 在 HarmonyOS 中被称作 Particle Ability，也被称作 PA。PA 支持两种模板：Service 模板和 Data 模板，它们分别被称为 Service Ability 和 Data Ability。

Service Ability 可以为应用提供后台服务能力，不需要与用户进行交互，可以在系统后台执行。

Data Ability 用于提供数据访问的统一接口，包括操作数据库、文件等。

下面来看它们之间的关系，如图 3-1 所示。Ability 继承自 AbilityContext，实现了 Context 接口。Page Ability、Service Ability、Data Ability 是 Ability 的子集，而非子类。

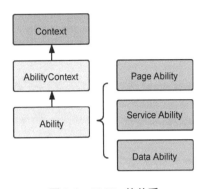

图 3-1　Ability 的关系

三种 Ability 根据各自不同的模板，使用 Ability 中对应的方法，它们的方法可以看作 Ability 方法的子集。比如，Data Ability 需要实现对数据操作的特有方法，如 query()、insert()、delete()、update()等，而 Service Ability 仅提供后台服务，并不需要这些数据操作方法，只需要实现 onCommand()、onConnect() 等用于后台服务的相关方法即可。

这种设计方式高效、简洁，只是 Ability 类中方法较多。通过 DevEco Studio 提供的模板，同样可以轻松地创建这三种 Ability。下面先来介绍 Page Ability 和 Service Ability，因为 Data Ability 涉及数据存储相关内容，所以本书将其放在第 5 章进行详细讲解。

3.2　Page Ability

Page Ability 是一种带有页面的 Ability，使用 Page 模板开发。模板是系统已经定义好的一种标准化使用 Ability 的方案。它的功能是提供 UI 页面给用户，使用户可以与应用进行交互。这里的 Page 本身就具有页面的含义，出于对资源的高效使用，一个 Page Ability 中可以包含多个子页面。这种子页面被称为 AbilitySlice，AbilitySlice 是 HarmonyOS 中单个页面的概念。事实上，Page 在这里只是一个名义上的概念，而 AbilitySlice 是 HarmonyOS 中具体的页面对象类型。

从概念的从属关系上来看，一个项目可以包含多个 Page Ability，一个 Page Ability 包含若干 AbilitySlice。Page Ability 之间按照业务逻辑进行区分，比如首页 Page Ability、商品 Page Ability、个人设置 Page Ability 等模块。对于一个商品 Page Ability，它往往需要多个页面才可以完成，比如商品列表页、商品详情页、商品图片页等，这些可以分为不同的 AbilitySlice 来完成，它们的关系如图 3-2 所示。

这里只列出了三个 Page Ability，实际上一个应用会有更多数量的 Page Ability，这取决于项目的大小，以及对系统模块拆分的粒度。

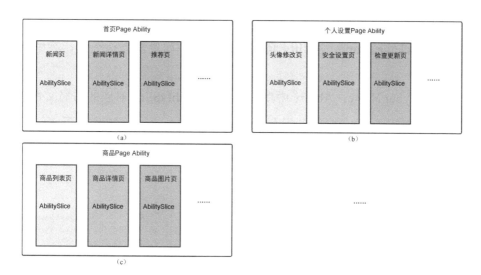

图 3-2　Ability 与 AbilitySlice 的关系

3.2.1　Page Ability 的创建

下面来创建一个新的 Page Ability。在 DevEco Studio 中新建一个 HarmonyOS 项目，点击目录结构中的包目录，再点击鼠标右键，选择"New"→"Ability"→"Empty Page Ability(Java)"选项来创建一个空的 Page Ability，如图 3-3 所示。

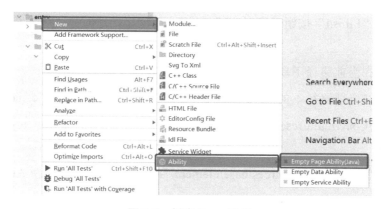

图 3-3　创建 Page Ability

这里需要开发者自己填写 Ability 的相关配置参数，配置页面如图 3-4 所示。

（1）Page Name：Ability 的名称。

（2）Launcher Ability：此 Ability 是否在桌面上显示。

（3）Package name：Ability 所在包的名称，如果没有这个包，系统就会自动创建。

（4）Layout Name：Ability 中默认绑定的 AbilitySlice 对应的布局文件名。

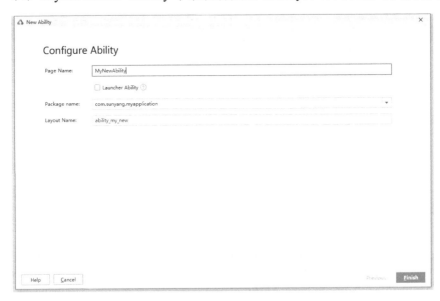

图 3-4 Ability 的配置页面

点击"Finish"按钮就可以完成 Ability 的创建。这时，IDE 为我们做了以下工作。

（1）在当前路径下新建了 MyNewAbility.java 文件。

（2）在当前路径下的 slice 目录下，创建了 MyNewAbilitySlice.java 文件。

（3）在 src/main/resources/base/layout 目录下，创建了 ability_my_new.xml 文件。

（4）在 src/main/resources/base/element 目录下增加了一些与新 Ability 相关的资源。

（5）在 src/main/config.json 文件中，增加了 MyNewAbility 的配置声明，其 type 字段类型被指定为"page"。

首先来看 MyNewAbility.java。MyNewAbility 继承自 Ability，默认实现了 Ability 中的 onStart(Intent intent)方法，它是 MyNewAbility 生命周期的入口方

法。关于 Ability 的其他生命周期方法会在 3.2.2 节中进行介绍。

```java
public class MyNewAbility extends Ability {
    @Override
    public void onStart(Intent intent) {
        super.onStart(intent);
        super.setMainRoute(MyNewAbilitySlice.class.getName());
    }
}
```

每个 Page Ability 中都包含若干个 AbilitySlice。当一个 Page Ability 启动后，必然有一个 AbilitySlice 作为默认显示的页面，而其他页面不显示，通过 setMainRoute()方法来指定该 Page Ability 默认显示的 AbilitySlice，这里通过 setMainRoute(MyNewAbilitySlice.class.getName()) 方法来指定默认显示的 AbilitySlice 是 MyNewAbilitySlice。还可以通过 addActionRoute()方法为 Page Ability 增加多个 AbilitySlice 路由。如果额外创建了两个 AbilitySlice（即 SecondSlice.java 和 ThirdSlice.java），那么可以通过以下代码来为 AbilitySlice 增加路由导航，之后便可以在 Intent 对象中添加"action.second"或"action.third"作为 Action 参数来跳转到对应的 AbilitySlice。通过使用 Action 路由，可以直接跳转到目标 Ability 中对应的 AbilitySlice。

```java
public void onStart(Intent intent) {
    super.onStart(intent);
    super.setMainRoute(MyNewAbilitySlice.class.getName());
    //增加新的 AbilitySlice 路由
    addActionRoute("action.second", SecondSlice.class.getName());
    addActionRoute("action.third", ThirdSlice.class.getName());
}
```

再来看 MyNewAbilitySlice.java 文件，创建 MyNewAbility 后，它由 DevEco Studio 自动创建。MyNewAbilitySlice 继承自 AbilitySlice，默认重写了 AbilitySlice 对象中的 onStart(Intent intent)、onActive()、onForeground(Intent intent)方法，DevEco Studio 默认实现的 MyNewAbilitySlice 代码如下。

```java
public class MyNewAbilitySlice extends AbilitySlice {
    @Override
    public void onStart(Intent intent) {
        super.onStart(intent);
```

```
        super.setUIContent(ResourceTable.Layout_ability_my_new);
    }
    @Override
    public void onActive() {
        super.onActive();
    }
    @Override
    public void onForeground(Intent intent) {
        super.onForeground(intent);
    }
}
```

AbilitySlice 是 HarmonyOS 应用中真正的页面，在它的生命周期的入口方法 onStart(Intent intent)中，通过 setUIContent()方法加载了用 XML 格式编写的布局文件，布局文件里可以包含按钮、文本框、列表等组件的声明。通过 setUIContent()方法，就将 AbilitySlice 和布局文件关联了起来。在布局中写页面，在 AbilitySlice 中写业务逻辑，这是 HarmonyOS 的一种分层架构设计。

ResourceTable 对象中保存了应用的所有资源，包括布局页面、图片、声音等资源。当新创建一个布局文件时，系统会自动在文件名前面加上"Layout_"来标识文件类型。最终引用布局文件的名称为"ResourceTable.Layout_ability_my_new"。

在使用 IDE 工具创建 Page Ability 时会自动在 resources/base/layout 目录下创建 ability_my_new.xml 文件，它是 MyNewAbilitySlice 中 setUIContent()方法加载的文件，是系统自动创建的与 MyNewAbilitySlice 绑定的布局文件，其默认实现的代码如下：

```
<?xml version="1.0" encoding="utf-8"?>
<DirectionalLayout
    xmlns:ohos="http://schemas.huawei.com/res/ohos"
    ohos:height="match_parent"
    ohos:width="match_parent"
    ohos:orientation="vertical">
    <Text
        ohos:id="$+id:text_helloworld"
        ohos:height="match_content"
        ohos:width="match_content"
```

```
            ohos:background_element="$graphic:background_ability_my_new"
            ohos:layout_alignment="horizontal_center"
            ohos:text="$string:mynewability_HelloWorld"
            ohos:text_size="50px"/>
</DirectionalLayout>
```

可以看到，默认实现的布局外层为 DirectionalLayout 方向布局。它的子组件包含一个 Text 组件，显示的内容通过 ohos:text 属性来指定，ohos:text 的值引用了 $string:mynewability_HelloWorld 所指向的字符串。可以在 resources/base/element/string.json 文件中看到这个具体的值。

```
{
    "name": "mynewability_HelloWorld",
    "value": "Hello World"
}
```

从 string.json 文件的代码中可以看到，name 为 "mynewability_HelloWorld" 的值指向了 "Hello World"。如果不使用资源引用的方式，那么也可以直接使用 ohos:text="Hello World" 来进行内容展示。

最后，在应用的配置文件中，需要对新创建的 Page Ability 进行声明，找到 src/main/config.json 文件，在 "module" → "abilities" 节点中，多了以下配置项。

```
{
    "orientation": "unspecified",
    "name": "com.sunyang.myapplication.MyNewAbility",
    "icon": "$media:icon",
    "description": "$string:mynewability_description",
    "label": "$string:app_name",
    "type": "page",
    "launchType": "standard"
}
```

其中，name 是新创建的 MyNewAbility 的全限定名，包含包名和类名。type 字段表示了 Ability 类型为 page，也就是带有页面的 Page Ability。关于 Ability 配置文件的内容，请参考 3.4 节。

以上就是创建 Page Ability 的全部过程，下面将介绍 Page Ability 的生命周期。

3.2.2 Page Ability 的生命周期

应用的启动和关闭，背后伴随了 Page Ability 的创建和关闭。它包括应用启动、展示到前台、切换到后台、关闭等多个状态，这些状态的变化就是 Page Ability 的生命周期。Page Ability 的生命周期过程中包括四个状态，状态之间的切换有六个回调方法。首先来看 Page Ability 生命周期的四个状态。

1. Page Ability 生命周期的四个状态

（1）INITIAL 状态。INITIAL 状态是初始状态。严格来说，这个状态不是生命周期过程中的状态，只是一个应用的起始状态。应用程序只要没有被启动，就都处于这个状态。

（2）INACTIVE 状态。INACTIVE 状态是未活动状态。这是应用的生命周期中的一个中间状态。在应用处于这个状态时，应用页面的内容对用户不可见。在启动，执行完第一个 onStart()方法后，应用就处于这个状态。

（3）ACTIVE 状态。ACTIVE 状态是活动状态。处于这个状态的 Page Ability 的布局对用户可见，可以与用户进行交互。

（4）BACKGROUND 状态。BACKGROUND 状态是后台状态。这是在切换到后台后，应用所处的状态。

2. 生命周期方法

图 3-5 展示了 Page Ability 的四个状态和状态之间切换使用的回调方法。

Page Ability 的生命周期中主要涉及六个回调方法，下面分别来介绍这六个方法。

（1）onStart()。onStart()是 Page Ability 第一次被创建时调用的回调方法，在 Page Ability 的生命周期中只会被执行一次，通常完成 Page Ability 的初始化设置。例如，加载 AbilitySlice、权限申请、设置组件监听事件等。之后，程序进入 INACTIVE 状态，这时应用的布局页面对用户还是不可见的。

（2）onActive()。这个方法是应用的页面由不可见变为可见，程序获得焦点，准备与用户进行交互时调用的方法，在 INACTIVE 状态切换到 ACTIVE 状态时调用。除了应用的正常启动流程，如果应用程序失去焦点，被切换到后台，那么当再次切换回前台获得焦点时，不需要再重新调用 onStart()方法，只调用 onActive()方法继续生命周期过程。onActive()和 onInactive()是一对对偶方法，当加载程序时，可以重写 onActive()方法，以获取通常在 onInactive()方法中释放的资源、存储程序状态等。

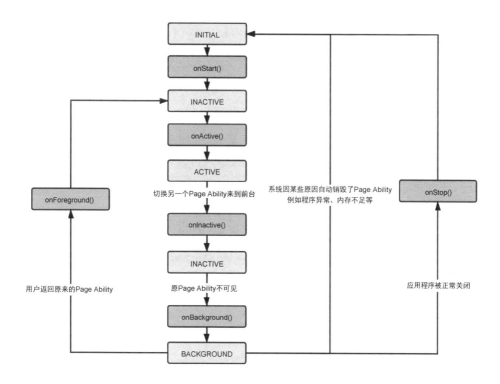

图 3-5　Page Ability 的四个状态和状态之间切换使用的回调方法

（3）onInactive()。当前应用的页面被其他应用页面覆盖，或切换后台、关闭程序等操作使当前应用程序失去焦点时调用此方法。开发者可以重写此方法进行释放资源、存储程序状态等操作。

（4）onBackground()。当程序失去焦点时，这个方法紧接着 onInactive()方法调用。执行完此方法后，Page Ability 进入 BACKGROUND 状态。此时，Page Ability 仍然驻留在内容中，也就是程序被切换到了后台。

（5）onForeground()。这个方法是应用程序重新获得焦点，由后台回到前台时回调的方法。

（6）onStop()。这个方法在销毁 Page Ability 时调用。开发者可以在此回调中进行资源释放、程序状态保存等操作。

3. Page Ability 的生命周期体验

下面通过一个小案例来实际观察 Page Ability 的生命周期过程，我们重写以上六个回调方法，在每个回调方法中打印日志，然后观察日志情况。

```java
public class MainAbility extends Ability {
    static final HiLogLabel LABEL_LOG = new HiLogLabel(HiLog.LOG_APP, 0x10086, "MY_TAG");
    @Override
    public void onStart(Intent intent) {
        super.onStart(intent);
        super.setMainRoute(MainAbilitySlice.class.getName());
        HiLog.info(LABEL_LOG,"======onStart======");
    }
    @Override
    protected void onActive() {
        super.onActive();
        HiLog.info(LABEL_LOG,"======onActive======");
    }
    @Override
    protected void onInactive() {
        super.onInactive();
        HiLog.info(LABEL_LOG,"======onInactive======");
    }
    @Override
    protected void onBackground() {
        super.onBackground();
        HiLog.info(LABEL_LOG,"======onBackground======");
    }
    @Override
    protected void onForeground(Intent intent) {
        super.onForeground(intent);
        HiLog.info(LABEL_LOG,"======onForeground======");
    }
    @Override
    protected void onStop() {
        super.onStop();
        HiLog.info(LABEL_LOG,"======onStop======");
```

```
    }
  }
```

第一步，安装好程序后直接打开，打印的日志如图 3-6 所示。

```
07-26 17:23:41.606 20346-20346/com.sunyang.myapplication I 10086/MY_TAG:    ======onStart======
07-26 17:23:41.649 20346-20346/com.sunyang.myapplication I 10086/MY_TAG:    ======onActive======
```

图 3-6　应用启动的生命周期日志

程序执行了 onStart()方法和 onActive()方法。这时，程序处于 ACTIVE 状态，程序页面进入前台，可以与用户进行交互。

第二步，点击手机"HOME"键回到桌面，将程序切换到后台运行，打印的日志如图 3-7 所示。

```
07-26 17:24:53.019 20346-20346/com.sunyang.myapplication I 10086/MY_TAG:    ======onInactive======
07-26 17:24:54.092 20346-20346/com.sunyang.myapplication I 10086/MY_TAG:    ======onBackground======
```

图 3-7　应用切换到后台的生命周期日志

第三步，点击应用的桌面图标，重新打开应用，打印的日志如图 3-8 所示。

```
07-26 17:24:57.570 20346-20346/com.sunyang.myapplication I 10086/MY_TAG:    ======onForeground======
07-26 17:24:57.601 20346-20346/com.sunyang.myapplication I 10086/MY_TAG:    ======onActive======
```

图 3-8　应用重新回到前台的生命周期日志

第四步，调用 terminateAbility()方法关闭程序，打印的日志如图 3-9 所示。

```
07-26 17:31:15.851 20346-20346/com.sunyang.myapplication I 10086/MY_TAG:    ======onInactive======
07-26 17:31:17.175 20346-20346/com.sunyang.myapplication I 10086/MY_TAG:    ======onBackground======
07-26 17:31:17.176 20346-20346/com.sunyang.myapplication I 10086/MY_TAG:    ======onStop======
```

图 3-9　关闭应用的生命周期日志

可以看到，这几个场景的回调方法都被正确地执行了。

3.2.3　Page Ability 的导航

页面之间的导航可以看作页面之间的跳转。Page Ability 是 AbilitySlice 的容器，一个 Page Ability 有一个默认的 AbilitySlice，也可以增加多个 AbilitySlice。Page Ability 之间的导航，可以看作 AbilitySlice 之间的导航，但其 API 稍有不同。

present()与 presentForResult()是 AbilitySlice 之间进行页面跳转的方法，startAbility()与 startAbilityForResult()是 Ability 之间进行跳转的方法。但是 startAbility()方法也可以启动 AbilitySlice，一方面的原因是 Ability 有默认的 AbilitySlice，启动 Ability 就相当于启动了 AbilitySlice，另一方面可以在 Ability 中为其所包含的 AbilitySlice 配置路由，然后可以通过配置 Intent 对象中的 Action 路由来跳转指定的 AbilitySlice，Action 路由中可以传入要跳转的 AbilitySlice 的路由信息。

类似的方法还包括 onResult()和 onAbilityResult()。onResult()方法是获得 presentForResult()方法启动的 AbilitySlice 返回的 Intent 对象，而 onAbilityResult()方法是获得 startAbilityForResult()方法启动的 Ability 返回的 Intent 对象。如果你在一个 Ability 的 AbilitySlice 中执行 setResult()方法，那么 onAbilityResult()方法是无法获得返回值的。只有在 Ability 中执行 setResult()方法才可以获得返回值，这点需要注意。

关闭 AbilitySlice 和关闭 Ability 也稍有不同，terminate()方法用来关闭 AbilitySlice，terminateAbility()方法用来关闭 Ability。虽然在关闭时，程序运行的感觉可能是相似的，但实现逻辑却不同。你可以在 AbilitySlice 中调用 terminate()方法来关闭自身，也可以在 AbilitySlice 中调用 terminateAbility()方法来关闭 AbilitySlice 所在的 Page Ability。

Page Ability 之间的导航是指一个 Ability 去启动其他 Ability，可以看作 AbilitySlice 之间的导航。它分为两种情况：同一个 Ability 内的不同 AbilitySlice 之间的导航和不同 Ability 的 AbilitySlice 之间的导航。

1. 同一个 Ability 内的不同 AbilitySlice 之间的导航

同一个 Ability 内的不同 AbilitySlice 之间的导航方法见表 3-1。

表 3-1 同一个 Ability 内 AbilitySlice 之间的导航方法

方法	含义
present(AbilitySlice targetSlice, Intent intent)	启动一个 AbilitySlice
presentForResult(AbilitySlice targetSlice, Intent intent, int requestCode)	启动一个 AbilitySlice，并可以接收被启动的 AbilitySlice 通过 setResult()方法设置的返回值

下面来看几个例子。

例 1：通过 present(AbilitySlice targetSlice, Intent intent)方法，在 MainAbilitySlice

中启动 TargetSlice。

在 AbilitySlice 目录下创建 TargetSlice 类，继承自 AbilitySlice。

TargetSlice 的代码如下：

```
public class TargetSlice extends AbilitySlice {
    @Override
    protected void onStart(Intent intent) {
        super.onStart(intent);
        super.setUIContent(ResourceTable.Layout_ability_target);
    }
}
```

在 resources/base/layout 目录下创建 TargetSlice 的布局文件 ability_target.xml，并在布局中添加一个 Text 组件，代码如下。

```
<?xml version="1.0" encoding="utf-8"?>
<DirectionalLayout
    xmlns:ohos="http://schemas.huawei.com/res/ohos"
    ohos:height="match_parent"
    ohos:width="match_parent"
    ohos:orientation="vertical">
    <Text
        ohos:height="match_content"
        ohos:width="match_content"
        ohos:layout_alignment="horizontal_center"
        ohos:text="这是 TargetSlice "
        ohos:background_element="#E2E2E2"
        ohos:top_margin="50vp"
        ohos:text_size="30vp"/>
</DirectionalLayout>
```

在 MainAbility 中，将 TargetSlice 加入 MainAbility 中，为 TargetSlice 添加 Action 路由。

```
public class MainAbility extends Ability {
    @Override
    public void onStart(Intent intent) {
        super.onStart(intent);
        super.setMainRoute(MainAbilitySlice.class.getName());
```

```
            addActionRoute("action.target", TargetSlice.class.
getName());
        }
    }
```

在 MainAbilitySlice 的布局文件 ability_main.xml 中添加按钮,用于进行页面跳转。

```xml
<?xml version="1.0" encoding="utf-8"?>
<DirectionalLayout
    xmlns:ohos="http://schemas.huawei.com/res/ohos"
    ohos:height="match_parent"
    ohos:width="match_parent"
    ohos:orientation="vertical">
    <Button
        ohos:id="$+id:start_new"
        ohos:height="match_content"
        ohos:width="match_content"
        ohos:layout_alignment="horizontal_center"
        ohos:text="启动另一个 AbilitySlice"
        ohos:background_element="#E2E2E2"
        ohos:top_margin="50vp"
        ohos:text_size="30vp"/>
</DirectionalLayout>
```

这里使用 addActionRoute()方法,为 TargetSlice 配置了 Action 路由,路由信息为"action.target"。接着再来看 MainAbilitySlice 的代码。

```java
public class MainAbilitySlice extends AbilitySlice {
    @Override
    public void onStart(Intent intent) {
        super.onStart(intent);
        super.setUIContent(ResourceTable.Layout_ability_main);
        Button button = (Button)findComponentById(ResourceTable.Id_start_new);
        button.setClickedListener(new Component.ClickedListener() {
            @Override
            public void onClick(Component component) {
                present(new TargetSlice(),new Intent());
            }
        });
```

        }
    }

在上述代码中，为 Button 组件设置了点击事件，当点击按钮后，通过 present(new TargetSlice(),new Intent())方法就可以跳转到 TargetSlice，实现效果如图 3-10 所示。

图 3-10 AbilitySlice 之间的跳转

例 2：通过 presentForResult(AbilitySlice targctSlice, Intent intent, int requestCode)方法，在 MainAbilitySlice 中启动 TargetSlice，并获得 TargetSlice 传递回来的返回值。

TargetSlice 的代码如下：

```
public class TargetSlice extends AbilitySlice {
    @Override
    protected void onStart(Intent intent) {
        super.onStart(intent);
        super.setUIContent(ResourceTable.Layout_ability_target);
        Intent result = new Intent();
        result.setParam("data","这是TargetSlice返回的信息！");
```

```
        //设置返回结果
        setResult(result);
    }
}
```

上述代码通过 setResult() 方法，设置了 TargetSlice 返回给 MainAbilitySlice 的信息，信息使用 Intent 对象作为载体回传。下面再来看 MainAbilitySlice 的代码。

```
public class MainAbilitySlice extends AbilitySlice {
    @Override
    public void onStart(Intent intent) {
        super.onStart(intent);
        super.setUIContent(ResourceTable.Layout_ability_main);
        //设置按钮的点击事件
        Button button = (Button)findComponentById(ResourceTable.Id_start_new);
        button.setClickedListener(new Component.ClickedListener() {
            @Override
            public void onClick(Component component) {
                //启动TargetSlice
                presentForResult(new TargetSlice(),new Intent(),0);
            }
        });
    }
    //接收TargetSlice通过setResult()方法传回的信息
    @Override
    protected void onResult(int requestCode, Intent resultIntent) {
        new ToastDialog(getContext())
        .setText(resultIntent.getStringParam("data"))
        .show();
    }
}
```

在 TargetSlice 中，通过 setResult() 方法回传了 Intent 对象。在发起调用的 MainAbilitySlice 中，需要重写 onResult() 方法，当 TargetSlice 关闭时，会回调此方法。该方法的入参中包含 Intent 类型的 resultIntent 参数，这个 resultIntent 就是从 TargetSlice 中回传的 Intent 对象。

presentForResult(AbilitySlice targetSlice, Intent intent, int requestCode)方法的入参有以下 3 个。

（1）AbilitySlice targetSlice：要跳转的目标 AbilitySlice。

（2）Intent intent：跳转时携带的信息。

（3）int requestCode：请求码，代表是哪个 AbilitySlice 发起的跳转，用于在接收返回值时判断。

onResult()方法的参数有以下 2 个。

（1）int requestCode：请求码，由开发者自己定义，在发起跳转时，通过 presentForResult()方法指定。

（2）Intent resultIntent：被跳转页面返回的 Intent 对象的信息。

最终的程序的运行效果如图 3-11 所示。

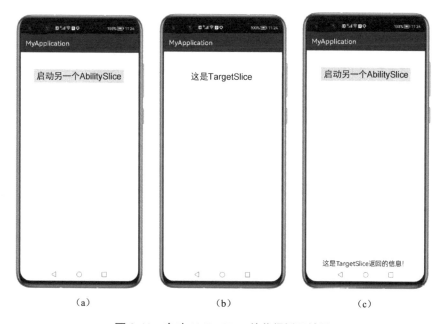

图 3-11　启动 AbilitySlice 并获得返回结果

这里通过 MainAbilitySlice 启动 TargetSlice，之后点击手机的"Back"键返回上一个页面，也就是回到 MainAbilitySlice。这时，MainAbilitySlice 的 onResult()方法就收到 TargetSlice 中通过 setResult()方法传递回来的 Intent 对象，然后从 Intent 对象中取出传递过来的信息，使用 ToastDialog 组件进行提醒。这个例子说明，我们可以在 AbilitySlice 之间进行信息传递。

2. 不同 Ability 的 AbilitySlice 之间的导航

不同 Ability 的 AbilitySlice 之间的导航方法见表 3-2。

表3-2　不同 Ability 的 AbilitySlice 之间的导航方法

方法	含义
startAbility(Intent intent)	启动一个页面或服务
startAbilityForResult(Intent intent, int requestCode)	启动一个页面或服务,并获得目标 Ability 通过 onAbilityResult()方法设置的返回值

例 1：通过 startAbility(Intent intent)方法实现不同 Ability 的 AbilitySlice 启动。使用 3.2.1 节中创建的 MyNewAbility 来完成这个例子,除了 MyNewAbility 默认的 MyNewAbilitySlice,再增加一个 MySecondSlice,在 MainAbility 默认的 MainAbilitySlice 中启动 MyNewAbility 的 MySecondSlice,如图 3-12 所示。

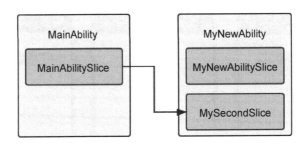

图 3-12　不同 Ability 的 AbilitySlice 之间的导航示意图

MySecondSlice 的 Java 代码如下。

```
public class MySecondSlice extends AbilitySlice {
   @Override
   protected void onStart(Intent intent) {
      super.onStart(intent);
      super.setUIContent(ResourceTable.Layout_second_slice);
   }
}
```

MySecondSlice 的布局文件 second_slice.xml 的代码如下。

```
<?xml version="1.0" encoding="utf-8"?>
<DirectionalLayout
   xmlns:ohos="http://schemas.huawei.com/res/ohos"
   ohos:height="match_parent"
```

```
    ohos:width="match_parent"
    ohos:orientation="vertical">
    <Button
        ohos:height="match_content"
        ohos:width="match_content"
        ohos:layout_alignment="horizontal_center"
        ohos:text="这是MySecondSlice"
        ohos:top_margin="50vp"
        ohos:text_size="30vp"/>
</DirectionalLayout>
```

上述代码中包含了一个 Button 组件，用于指示 AbilitySlice 的名称。

在 MyNewAbility 中，将新创建的 MySecondSlice 通过 addActionRoute()方法加入 Ability 路由中。

```
public class MyNewAbility extends Ability {
    @Override
    public void onStart(Intent intent) {
        super.onStart(intent);
        super.setMainRoute(MyNewAbilitySlice.class.getName());
        addActionRoute("action.second", MySecondSlice.class.getName());
    }
}
```

到这里实现了图 3-12 右侧 MyNewAbility 的 MyNewAbilitySlice 和 MySecondSlice。其中，默认显示的为 MyNewAbilitySlice。接下来看 MainAbilitySlice 的代码。

```
public class MainAbilitySlice extends AbilitySlice{
    @Override
    public void onStart(Intent intent){
        super.onStart(intent);
        super.setUIContent(ResourceTable.Layout_ability_main);
        Button button = (Button)findComponentById(ResourceTable.Id_start_new);
        button.setClickedListener(new Component.ClickedListener() {
            @Override
            public void onClick(Component component) {
```

```
            Intent intent = new Intent();
            //通过配置Intent对象的Action属性来启动对应的AbilitySlice
            Operation operation = new Intent.OperationBuilder()
                    .withAction("action.second")
                    .withAbilityName(MyNewAbility.class.getName())
                    .withBundleName(getBundleName()).build();
            intent.setOperation(operation);
            startAbility(intent);
        }
    });
}
}
```

在上述代码中，通过 Intent 对象进行页面跳转。Intent 对象中包含了页面跳转所需的参数和自定义信息。页面跳转所需的参数通过 Operation 对象进行设置，通过 withAbilityName()方法设置要跳转的 Ability 名称，通过 withAction()方法设置要跳转的 AbilitySlice 的路由，最后通过 startAbility()方法进行页面跳转，如图 3-13 所示。

图 3-13　不同 Ability 的 AbilitySlice 路由示意图

点击 MainAbilitySlice 中的按钮，通过指定的 Action 参数就路由到

MyNewAbility 中的 MySecondSlice。如果不通过 Action 路由，那么用 startAbility()方法启动 MyNewAbility 会自动打开 MyNewAbility 默认的 MyNewAbilitySlice，而不会直接跳转到 MySecondSlice。

例 2：通过 startAbilityForResult(Intent intent, int requestCode)方法发起带返回结果的页面跳转。

首先来看 MainAbilitySlice 的代码。

```java
public class MainAbilitySlice extends AbilitySlice {
    @Override
    public void onStart(Intent intent) {
        super.onStart(intent);
        super.setUIContent(ResourceTable.Layout_ability_main);
        Button button = (Button)findComponentById(ResourceTable.Id_start_new);
        button.setClickedListener(new Component.ClickedListener() {
            @Override
            public void onClick(Component component) {
                Intent intent = new Intent();
                //通过配置 Intent 对象的 Action 属性来启动对应的 AbilitySlice
                Operation operation = new Intent.OperationBuilder()
                    .withAction("action.second")
                    .withAbilityName(MyNewAbility.class.getName())
                    .withBundleName(getBundleName()).build();
                intent.setOperation(operation);
                startAbilityForResult(intent,0);
            }
        });
    }
    @Override
    protected void onAbilityResult(int requestCode, int resultCode, Intent resultData) {
        new ToastDialog(getContext()).setText(resultData.getStringParam("data")).show();
    }
}
```

与例 1 相比，例 2 只是将 startAbility()方法换成 startAbilityForResult()方法。

onAbilityResult()回调方法接收被跳转页面所属的 Ability 返回的信息，onAbilityResult()接收的是 Ability 中的 setResult()方法返回的 Intent 对象，所以需要在 MyNewAbility 中完成信息的回传。如果在 AbilitySlice 中通过 setResult()方法回传信息，那么 onAbilityResult()方法是无法接收到该信息的。

MyNewAbility 的代码如下。

```
public class MyNewAbility extends Ability {
    @Override
    public void onStart(Intent intent) {
        super.onStart(intent);
        super.setMainRoute(MyNewAbilitySlice.class.getName());
        addActionRoute("action.second", MySecondSlice.class.getName());
        Intent result = new Intent();
        result.setParam("data","这是MySecondAbility 传来的信息！");
        setResult(0,result);
    }
}
```

程序的运行效果如图 3-14 所示。

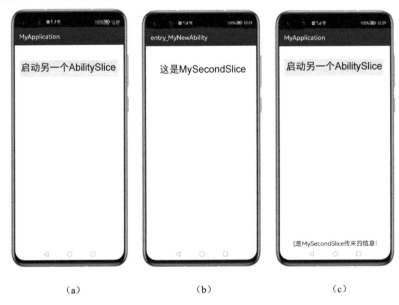

图 3-14　Ability 之间的带返回值跳转

3.3 Service Ability

Service Ability 是 HarmonyOS 基于 Service 模板创建的 Ability，主要用于执行后台任务，比如音乐播放、程序更新、耗时的网络操作等。它不提供与用户交互的 UI 页面，即使应用被切换到后台，Service Ability 也会在后台继续运行。

在 HarmonyOS 中，Service Ability 是单例的，它可以被创建和销毁，同一个 Service Ability 只会被实例化一次，不可被多次创建。如果这个 Service Ability 被多个 Ability 共用，那么需要所有连接到这个 Service Ability 的 Ability 全部退出后才可销毁。

Service Ability 分为以下两种。

（1）普通服务。用户可以直接启动一个服务进行文件下载等操作。

（2）连接服务。其他 Ability 通过 connectAbility()方法与 Service Ability 进行连接，并通过 disconnectAbility()方法断开连接。

一般来说，Service Ability 都运行在后台，优先级比较低。当系统资源不足时，系统可能会回收在后台运行 Service Ability 的线程。

3.3.1 Service Ability 的创建

下面创建一个新的 Service Ability。首先，新建 Empty Ability（Java）模板项目，在"Project Type"选区中选择"Application"单选按钮。创建完成后，选中目录结构中的包目录，点击鼠标右键，选择"New"→"Ability"→"Empty Service Ability"选项，如图 3-15 所示。

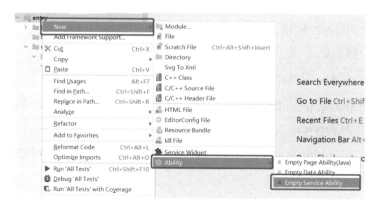

图 3-15　创建 Service Ability

在弹出的对话框中，可以配置 Service Ability 的信息，如图 3-16 所示。其中，各个配置项的含义如下：

• Service Name：Service Ability 的名称。

• Package name：Service Ability 所在包的名称，如果没有这个包，那么系统会自动创建。

• Enable background mode：指定服务类型的枚举值（选填）。

图 3-16　Service Ability 的配置信息

点击"Finish"按钮，DevEco Studio 会自动创建好 MyServiceAbility。这时，IDE 为我们做了以下事情：

（1）在包路径下创建了 MyServiceAbility.java 文件。

（2）在 src/main/config.json 文件中，新增了 MyServiceAbility 的配置信息，其 type 类型为 service。

（3）在 src/main/resources/base/element 目录下增加了一些与新 Ability 相关的资源。

首先来看 MyServiceAbility，它继承自 Ability，重写了下列方法。

```java
public class MyServiceAbility extends Ability {
    static final HiLogLabel LABEL_LOG = new HiLogLabel(HiLog.LOG_APP,
0xD001100, "Demo");
    @Override
    public void onStart(Intent intent) {
        HiLog.error(LABEL_LOG, "MyServiceAbility::onStart");
        super.onStart(intent);
    }
    @Override
    public void onBackground() {
        super.onBackground();
        HiLog.info(LABEL_LOG, "MyServiceAbility::onBackground");
    }
    @Override
    public void onStop() {
        super.onStop();
        HiLog.info(LABEL_LOG, "MyServiceAbility::onStop");
    }
    @Override
    public void onCommand(Intent intent, boolean restart, int startId){
        HiLog.info(LABEL_LOG, "MyServiceAbility::onCommand");
    }
    @Override
    public IRemoteObject onConnect(Intent intent) {
        HiLog.info(LABEL_LOG, "MyServiceAbility::onConnect");
        return null;
    }
    @Override
    public void onDisconnect(Intent intent) {
        HiLog.info(LABEL_LOG, "MyServiceAbility::onDisconnect");
    }
}
```

用 Service 模板创建的 Ability 的生命周期方法与 Page Ability 类似，除了有 onStart()、onStop()、onBackground()方法，还有其特有的方法，如 onCommand()、onConnect()、onDisconnect()。这是由于使用 Service 模板和 Page 模板创建的 Ability 是不同的，Service 模板的重写方法里包含 Page 模板中没有的方法，这些方法是 Service Ability 生命周期中的方法，也是 Service Ability 区别于 Page Ability 的地方。

由于 Service Ability 不包含与用户进行交互的页面，所以在创建完成后，没有再创建相关的 AbilitySlice 和 XML 布局文件。

在 config.json 文件中，系统默认增加了 Service 模板的相关配置信息，Ability 的 type 类型为"service"：

```
{
  "name": "com.sunyang.myapplication.MyServiceAbility",
  "icon": "$media:icon",
  "description": "$string:myserviceability_description",
  "type": "service"
}
```

配置文件中默认实现的配置信息包含以下字段。

（1）name 字段指定了 Service Ability 的全限定名。

（2）icon 字段代表 Ability 的图标，这个字段通过$media 引用了 resources/base/media 目录下的 icon.png 文件。

（3）description 字段为 Ability 的描述信息，通过$string 引用了 resources/base/element 目录下的 string.json 文件，name 为"myserviceability_ description"对应的 value 值。

（4）type 字段说明该 Ability 的类型为 servlce。

（5）在 resources/base/element/string.json 文件中增加了新的字符串资源。

```
{
  "name": "myserviceability_description",
  "value": "hap sample empty service"
}
```

以上是创建 Service Ability 应用内增加的一些文件和资源，如果不通过 IDE 提供的窗口化创建方式，开发者就需要手动补充相关的配置文件和资源。

3.3.2 Service Ability 的生命周期

Service Ability 的生命周期过程中也包含四个状态：INITIAL、INACTIVE、ACTIVE、BACKGROUND。它们的含义与 Page Ability 生命周期中的状态的含义一样，只是回调方法稍有不同。Service Ability 的回调方法与 Page Ability 的回调方法有很多相似的地方，但 Service Ability 有自己特有的回调方法，如下所示。

（1）onCommand()：这个方法是 Service Ability 执行自己的具体业务的地方，只可以被 Service Ability 调用。

（2）onConnect()：当 Service Ability 第一次被其他 Ability 通过 connectAbility()方法连接时调用。

（3）onDisconnect()：当其他 Ability 断开与 Service Ability 的连接时回调此方法。

前面讲到启动 Service Ability 的方法分为两种：一种是直接被启动的普通服务，另一种为通过 connectAbility()方法连接服务，它们两者的生命周期是不同的。

1. 普通服务

普通服务的生命周期流程如图 3-17 所示。普通服务通过 startAbility()方法来创建并启动，ACTIVE 状态是 Service Ability 可以对外提供服务的状态。到 ACTIVE 状态前执行了两个回调方法：onStart()和 onCommand()，其执行顺序为 onStart()→onCommand()。

下面来验证该生命周期过程。首先，在 MainAbilitySlice 中定义一个按钮，用来启动新创建的服务 MyServiceAbility。

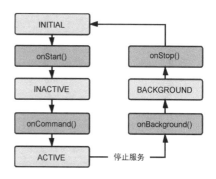

图 3-17　普通服务的生命周期

在 ability_main.xml 布局文件中，添加按钮组件。

```xml
<?xml version="1.0" encoding="utf-8"?>
<DirectionalLayout
    xmlns:ohos="http://schemas.huawei.com/res/ohos"
    ohos:height="match_parent"
    ohos:width="match_parent"
    ohos:orientation="vertical">
    <Button
        ohos:id="$+id:start_service"
        ohos:height="match_content"
        ohos:width="match_content"
        ohos:layout_alignment="horizontal_center"
```

```
            ohos:text="启动服务"
            ohos:background_element="#E2E2E2"
            ohos:top_margin="50vp"
            ohos:text_size="30vp"/>
        <Button
            ohos:id="$+id:stop_service"
            ohos:height="match_content"
            ohos:width="match_content"
            ohos:layout_alignment="horizontal_center"
            ohos:text="停止服务"
            ohos:background_element="#E2E2E2"
            ohos:top_margin="50vp"
            ohos:text_size="30vp"/>
    </DirectionalLayout>
```

图 3-18　启动服务和停止服务的布局

布局样式如图 3-18 所示。

在上述代码中，包含两个按钮，分别用来启动和停止服务，接下来在 MainAbilitySlice 中编写按钮的监听事件和服务启动的代码。

```java
public class MainAbilitySlice extends AbilitySlice {
    @Override
    public void onStart(Intent intent) {
        super.onStart(intent);
        super.setUIContent(ResourceTable.Layout_ability_main);
        Button start = (Button) findComponentById(ResourceTable.Id_start_service);
        Button stop = (Button) findComponentById(ResourceTable.Id_stop_service);
        //构造启动服务的 Intent 参数
        Intent service = new Intent();
        Operation operate= new Intent.OperationBuilder()
                .withBundleName(getBundleName())
                .withAbilityName(MyServiceAbility.class.getName())
                .build();
        service.setOperation(operate);
        //启动服务
```

```
    start.setClickedListener(new Component.ClickedListener() {
        @Override
        public void onClick(Component component) {
            startAbility(service);
        }
    });
    //停止服务
    stop.setClickedListener(new Component.ClickedListener() {
        @Override
        public void onClick(Component component) {
            stopAbility(service);
        }
    });
}
```

在上述代码中，定义了与启动和停止服务有关的 Intent 参数。启动 Service Ability 的代码和启动 Page Ability 的代码非常相似，都是配置好 Intent 对象的 Operation 参数，通过 startAbility() 方法来启动。如果想停止 Service Ability，就需要用 stopAbility() 方法，它的入参和启动方法的入参一样。

在 MyServiceAbility 中，各个回调方法均打印了 HiLog 日志，参考 3.3.1 节中 MyServiceAbility 的代码。

点击页面中的"启动服务"按钮，打开 HiLog 控制台。由于在 HiLogLabel 对象中设置了 domain 为"0xD001100"，可以通过该值来筛选日志。从输出的 HiLog 日志中可以看到，当启动一个 Service Ability 时，首先执行的是 onStart() 方法，然后执行的是 onCommand() 方法，如图 3-19 所示。

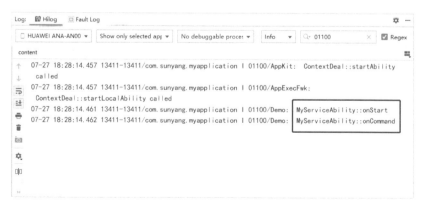

图 3-19 启动 Service Ability 的生命周期过程

当再次点击页面中的"启动服务"按钮时，服务不会被重新创建，而是从 onCommand() 方法进行回调，这是因为服务的单例属性。在应用中，每个服务只会实例化一次，所以在第二次启动服务时不会再次执行 onStart() 方法，如图 3-20 所示。

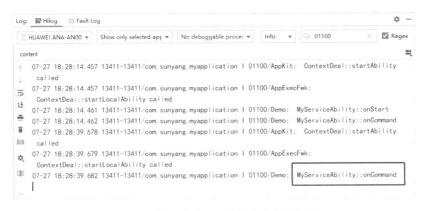

图 3-20　第二次启动服务的生命周期过程

点击页面中的"停止服务"按钮，执行了 stopAbility() 方法。这个方法是用来结束一个 Service Ability 的。从 HiLog 控制台打印的日志中可以看到，程序首先执行了 onBackground() 方法，然后执行了 onStop() 方法，到这一步就将服务停止了，停止服务的生命周期过程如图 3-21 所示。

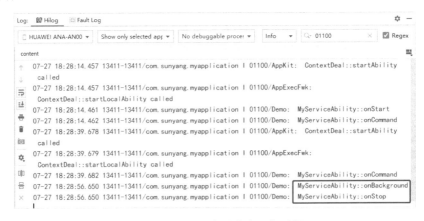

图 3-21　停止服务的生命周期过程

以上就是普通服务完整的生命周期，在启动服务时可以通过 Intent 对象来向服务传递参数，服务启动后，就在 onCommand() 方法中执行自己的业务逻辑，例如文件下载、定时任务等。

2. 连接服务

这种服务是其他 Ability 通过 connectAbility() 方式来启动的。通过这种方式启动的服务会与 Ability 保持连接，这样可以方便执行持续控制 Service Ability 的命令，比如控制播放器暂停、播放、音量大小等应用场景。连接服务的生命周期过程如图 3-22 所示。

下面通过代码，对连接服务的生命周期进行测试。在 ability_main.xml 布局文件中，继续添加按钮组件，用来连接服务和断开服务连接。

ability_main.xml 布局文件的代码如下。

```xml
<?xml version="1.0" encoding="utf-8"?>
<DirectionalLayout
    xmlns:ohos="http://schemas.huawei.com/res/ohos"
    ohos:height="match_parent"
    ohos:width="match_parent"
    ohos:orientation="vertical">
    ……
    <Button
        ohos:id="$+id:connect_service"
        ohos:height="match_content"
        ohos:width="match_content"
        ohos:layout_alignment="horizontal_center"
        ohos:text="连接服务"
        ohos:background_element="#E2E2E2"
        ohos:top_margin="50vp"
        ohos:text_size="30vp"/>
    <Button
        ohos:id="$+id:disconnect_service"
        ohos:height="match_content"
        ohos:width="match_content"
        ohos:layout_alignment="horizontal_center"
        ohos:text="断开服务连接"
        ohos:background_element="#E2E2E2"
        ohos:top_margin="50vp"
```

```
            ohos:text_size="30vp"/>
</DirectionalLayout>
```

上述代码在布局中增加了两个按钮，布局样式如图 3-23 所示。

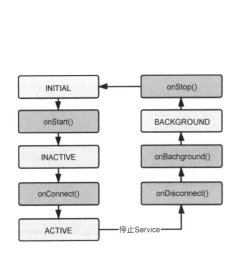

图 3-22　连接服务的生命周期过程　　　图 3-23　连接服务/断开服务连接布局

然后，在 MainAbilitySlice 中添加连接服务代码。

```
public class MainAbilitySlice extends AbilitySlice {
    @Override
    public void onStart(Intent intent) {
        super.onStart(intent);
        super.setUIContent(ResourceTable.Layout_ability_main);
        //构造启动服务的 Intent 参数
        Intent service = new Intent();
        Operation operate= new Intent.OperationBuilder()
                .withBundleName(getBundleName())
                .withAbilityName(MyServiceAbility.class.getName())
                .build();
        service.setOperation(operate);
        //连接服务
        Button connect= (Button) findComponentById(ResourceTable.Id_connect_service);
```

```java
        connect.setClickedListener(new Component.ClickedListener() {
            @Override
            public void onClick(Component component) {
                connectAbility(service,connection );
            }
        });
        //断开服务连接
        Button disconnect=(Button)findComponentById(ResourceTable.Id_disconnect_service);
        disconnect.setClickedListener(new Component.ClickedListener() {
            @Override
            public void onClick(Component component) {
                disconnectAbility(connection);
            }
        });
    }

    private IAbilityConnection connection = new IAbilityConnection() {
        @Override
        public void onAbilityConnectDone(ElementName elementName, IRemoteObject iRemoteObject, int resultCode) {
            //连接服务成功的回调
        }
        @Override
        public void onAbilityDisconnectDone(ElementName elementName, int resultCode) {
            //连接服务失败的回调
        }
    };
```

这里使用 connectAbility() 方法连接服务。该方法有两个入参，其中一个参数是 Intent，包含要启动的 Service Ability 的信息。另一个参数为连接服务成功或失败的回调，需要开发人员来实现 IAbilityConnection 对象。IAbilityConnection 对象包含两个回调方法：onAbilityConnectDone() 方法表示连接服务成功，onAbilityDisconnectDone() 方法表示连接服务失败。在

onAbilityConnectDone()方法的参数中，IRemoteObject 对象是 Ability 与服务沟通的桥梁。可以使用 IRemoteObject 对象与服务进行交互。关于连接服务的详细讲解，请参考 4.5 节，这里主要关注连接服务的生命周期过程。

点击页面中的"连接服务"按钮后，如果 Service Ability 第一次被连接，那么它的生命周期过程为 onStart()→onConnect()，这时服务被创建并连接成功，如图 3-24 所示。Service Ability 中的业务逻辑可以放在 onConnect()方法中完成。如果 Service Ability 不是第一次被连接，那么在生命周期过程中只会执行 onConnect()方法。

图 3-24　连接服务的生命周期过程

如果点击页面中的"停止服务"按钮，那么这时对服务执行 stopAbility()方法是不起作用的，因为此时有 Ability 连接到服务上，是无法停止服务的，只有在所有连接到服务的 Ability 断开连接后，服务才可以被停止。

要想停止服务，首先要点击页面中的"断开服务连接"按钮，服务的回调方法执行顺序为 onDisconnect() → onBackground() → onStop()。通过 disconnectAbility()方法断开连接，此时没有其他 Ability 与服务进行连接，服务执行了 onDisconnect()方法之后，Service Ability 没有被其他 Ability 连接，则会执行停止的生命周期过程 onBackground()→onStop()，如图 3-25 所示。如果此时还有其他 Ability 与服务连接，那么只会执行到 onDisconnect()方法。

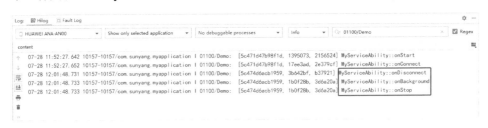

图 3-25　断开服务连接的生命周期过程

3.4 Ability属性配置

3.4.1 Ability 的配置文件

前面讲到了 Page Ability 和 Service Ability，每种 Ability 都需要在 config.json 文件中进行声明，尤其是要用 type 字段标识 Ability 的种类。下面详细介绍一下 config.json 文件中关于 Ability 的配置。

config.json 文件是 HarmonyOS 项目的配置文件，位于 src/main 目录下，与 resources 目录平级，如图 3-26 所示。这个文件是以 JSON 格式来组织的，JSON 是一种轻量级的数据结构格式，通过一定的层级结构和定义好的规范来对数据进行组织，使数据易于阅读、编写和解析。

图 3-26　config.json 文件的位置

HarmonyOS 的 config.json 文件的数据格式包含多个层级，有应用的全局信息，包括包名、版本号、SDK 版本、支持设备、Ability 配置、权限等。

Ability 的配置项在 module 的 abilities 节点中，如图 3-27 所示。abilities 是一个对象数组，每一个 Ability 都是其中的一个对象。图 3-28 中的每一个方框都代表应用里的一个 Ability。它们之间用"{ }"来界定范围，多个 Ability 之间使用逗号进行分割，这就是 abilities 的一个整体结构。

```json
{
  "app": {"bundleName": "com.sunyang.myapplication"...},
  "deviceConfig": {},
  "module": {
    "package": "com.sunyang.myapplication",
    "name": ".MyApplication",
    "deviceType": [...],
    "distro": {"deliveryWithInstall": true...},
    "abilities": [...],
    "reqPermissions": [...]
  }
}
```

图 3-27　config.json 文件中 Ability 配置的位置

```json
"abilities": [
  {
    "skills": [
      {
        "entities": [
          "entity.system.home"
        ],
        "actions": [
          "action.system.home"
        ]
      }
    ],
    "orientation": "unspecified",
    "name": "com.sunyang.myapplication.MainAbility",
    "icon": "$media:icon",
    "description": Java_Phone_Empty Feature Ability,
    "label": MyApplication,
    "type": "page",
    "launchType": "standard"
  },
  {
    "orientation": "unspecified",
    "name": "com.sunyang.myapplication.MyNewAbility",
    "icon": "$media:icon",
    "description": Java_Phone_Empty Feature Ability,
    "label": MyApplication,
    "type": "page",
    "launchType": "standard"
  },
  {
    "name": "com.sunyang.myapplication.MyServiceAbility",
    "icon": "$media:icon",
```

图 3-28　abilities 的配置结构

再来看 Ability 的配置，常用的 Ability 配置项见表 3-3。

表 3-3　Ability 配置项

名称	含义	数据类型	是否可省略
name	Ability 的名称，由包名和类名组成	String	否
type	Ability 的类型，包括以下几种。 page：基于 Page 模板创建的 Ability，提供 UI 页面，负责与用户进行交互。 service：基于 Service 模板创建的 Ability，负责执行后台任务，不提供 UI 页面。 data：基于 Data 模板创建的 Ability，负责对外提供数据访问的统一接口。 CA：支持其他应用以窗口方式拉起该 Ability	String	否
description	对 Ability 的描述信息	String	是
launchType	Ability 的启动模式，包括以下枚举类型。 standard：标准模式，Ability 可以有多个实例。 singleMission：每个任务栈中是单例的。 singleton：系统全局是单例的，例如电话拨号、短信、相机等功能。 默认为 standard 模式	String	是
metaData	Ability 的元信息，可以用来存储应用级常量信息，是一种描述数据的数据	Object	是
icon	Ability 的图标，引用资源文件。当该 Ability 的"skills"属性中，"actions"的取值包含 "action.system.home"，"entities"的取值含 "entity.system.home"时，该 Ability 的 icon 将同时作为应用的 icon	String	是
label	表示 Ability 对用户显示的名称。当该 Ability 的"skills"属性中，"actions"的取值包含 "action.system.home"，"entities"的取值包含"entity.system.home"时，该 Ability 的 label 将同时作为应用的 label	String	是
skills	当前 Ability 可接收的 Intent 特征	Object[]	是
visible	当前 Ability 是否可被其他应用调用，默认为 false	Boolean	是
permissions	其他应用调用此 Ability 需要的权限	String[]	是
orientation	Page Ability 的显示方向，包括以下几种。 landscape：横屏显示。 portrait：竖屏显示。 unspecified：跟随系统显示。 followRecent：跟随栈中最近的应用	String	是

续表

名称	含义	数据类型	是否可省略
backgroundModes	Service Ability 的服务类型	String[]	是
supportPipMode	Page Ability 是否支持画中画悬浮窗，默认为 false	Boolean	是
formsEnabled	是否支持服务卡片功能，默认为 false	Boolean	是
forms	卡片的属性配置	Object	是
resizeable	是否支持多窗口，默认为 true	Boolean	是

由于 Ability 的相关配置项较多，表 3-3 只列出了部分常用的配置项，默认 Ability 的配置项只有 name 和 type 是不可缺省的。

3.4.2　Ability 的启动模式

在配置文件中包含 launchType 这样一个配置项，代表 Ability 的启动模式，不同的启动模式都有相应的应用场景。

在之前的一些操作中不难发现，当在一个页面中启动另一个页面后，新页面将会挡住旧页面，然后按返回键可以销毁当前页面，并返回前一个页面，说明 Page 页面是层叠结构的，这是因为 HarmonyOS 通过任务栈的形式来管理 Page Ability。

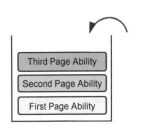

图 3-29　Page Ability 入栈

任务栈是一种数据结构，像一个桶，符合先进后出的规则。试想一下，我们在一个桶里放东西，先放进去的在桶底，后放进去的靠近桶顶部。当取东西时，靠近顶部的会先被取出来，靠近底部的最后才能取到，这就是一种先进后出的数据读取模式。

Page Ability 入栈如图 3-29 所示。

Page Ability 出栈如图 3-30 所示。

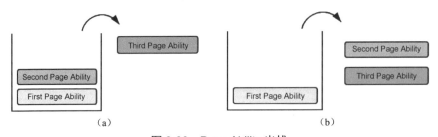

图 3-30　Page Ability 出栈

每次打开一个页面,都是页面入栈的过程,关闭页面是出栈的过程。只有最上层的 Page Ability 才是对用户可见的。Ability 的启动模式就是针对 Ability 如何入栈进行规定的。在 HarmonyOS 中,Ability 的启动模式有以下三种。

1. Standard(标准模式)

在这种模式下,即使被打开的 Page Ability 已经在栈中存在,当每次打开一个 Page Ability 时也会重新创建一个新的实例。如图 3-31 所示,在 Ability 栈中,最下面已经有 First Page Ability 的实例了,如果通过其他页面再次跳转到 First Page Ability,则会创建一个新的 First Page Ability 实例入栈,而不是将已有的 First Page Ability 取出放入栈顶。

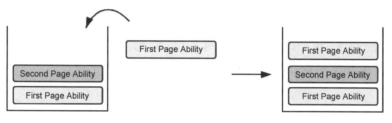

图 3-31 标准模式

在用户第一次打开 First Page Ability 后,打开 Second Page Ability,紧接着打开了 First Page Ability。但是用户的感觉是返回到了第一次打开的 First Page Ability。这时,用户点击"Back"键返回上一个页面,却回到了 Second Page Ability,再点击"Back"键,又返回到了 First Page Ability。因为每一个 First Page Ability 都是一个新的实例,被放进任务栈中,要一层一层出栈。

2. singleMission(栈内单例模式)

Ability 在同一个任务栈中是单例的。只要用户打开过某个 Page Ability,当下次再打开时,就不会再次对 Page Ability 进行实例化,而是复用已经在栈中的 Page Ability,并且将被复用的 Page Ability 上面的 Page Ability 出栈。

如图 3-32 所示,设置 Second Page Ability 的启动类型为 singleMission。现在已经打开 3 个 Page Ability。当前位于栈顶的是 Third Page Ability,也就是用户可以看到的页面。假设在 Third Page Ability 中可以打开一个新的 Second Page Ability,这时由于 Second Page Ability 在任务栈中是单例的,所以,会复用栈内已经创建的 Second Page Ability,且将 Second Page Ability 上方所有 Ability 进行出栈,以使其位于栈顶位置。最后,任务栈中只剩 First Page Ability 和

Second Page Ability。如果你在 Second Page Ability 中点击 "Back" 键，那么只会返回到 First Page Ability，并不会返回 Third Page Ability 了。

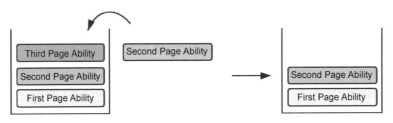

图 3-32　栈内单例模式

3. singleton（单实例模式）

使用该启动模式的 Page Ability 在被启动时会单独创建新的任务栈，具有全局唯一的特点。比如，系统级的拨号应用、短信应用等都是全局单例的应用，这些 Page Ability 不论在哪个任务栈中打开都是同一个实例。

3.5　Intent

3.5.1　Intent 对象的结构

我们已经用过 Intent 对象很多次了。它是 HarmonyOS 中用于在 Ability 之间传递数据的对象。Intent 对象包括两个功能：跳转 Ability 的相关配置和数据容器。Intent 对象的结构如表 3-4 所示。

表 3-4　Intent 对象的结构

属性	子属性	含义
Parameters	—	Key-Value 类型的数据结构，可以存储多种类型的数据
Operation	AbilityName	被启动的 Ability 的名称
	BundleName	项目的包名
	Action	动作，代表一个系统动作，可通过 Action 跳转页面和系统功能
	Entity	类别标识
	DeviceId	设备 ID，用于跨设备通信，当此参数为空时，代表启动本地 Ability
	Flags	表示处理 Intent 对象的方式，有若干枚举值。比如，Ability 是否可跨设备迁移
	Uri	Uri 描述。如果在 Intent 对象中指定了 Uri，则 Intent 对象将匹配指定的 Uri 信息

从整体上来看，Intent 对象分为两个部分。第一个部分为 Parameters，用来保存 Key-Value 类型的数据，可以用来进行页面间参数传递。第二个部分为 Operation 对象，它是 Intent 对象的配置信息，可以指定要启动的 Ability 的包名、类名、动作、启动方式等，如果是跨设备启动，那么还可以在这里指定目标设备的 ID。在了解了 Intent 对象的结构后，下面介绍如何使用 Intent 对象，以及 Intent 对象中参数的具体用法。

3.5.2 Intent 对象的操作

Intent 对象的操作包括构造 Operation 对象和传参设置，下面分别来看这两个操作。

1. 构造 Operation 对象

构造 Operation 对象，需要使用 Intent.OperationBuilder()方法，具体代码如下所示。

```
Intent intent = new Intent();
Operation build = new Intent.OperationBuilder()
        .withBundleName(getBundleName())
        .withAbilityName(MainAbility.class.getName())
        .withDeviceId("")
        .build();
intent.setOperation(build);
```

上面是一个 Operation 对象的配置信息，有关被跳转的 Ability 的配置信息通过 OperationBuilder 对象来构造，OperationBuilder 对象中包括以下配置方法。

withBundleName()：配置 BundleName，可以直接传入包名的字符串，也可以用 AbilityContext 类中提供的 getBundleName()方法来获取。

withAbilityName()：配置 AbilityName，可以传入 Ability 的包名加类名，也可以通过 MainAbility.class.getName()方法来获取。

withDeviceId()：分布式设备 ID，如果没有，可为空。

withFlags()：设置 Intent 对象的标志位，通常代表一些功能的开关值。

withUri()：设置 Intent 对象跳转的 Uri 值，如果没有，可为空。

withAction()：设置 Intent 对象跳转的 Action 值。

withEntities()：设置 Intent 对象的类别。

最后，OperationBuilder 对象调用 build()方法返回 Operation 对象，这是一种链式编程的范式。通过 intent.setOperation(build)方法，将 Operation 对象设置到 Intent 对象中即可。

2. 传参设置

Intent 对象在启动 Ability 时，可以携带一定的参数来跳转。比如，在浏览手机新闻列表时，用户发现某个感兴趣的新闻，就会点进去看新闻的详情。当点击新闻列表中的新闻时，会触发一个 Ability 的跳转，在这个跳转过程中会携带对应新闻的 ID 等信息。当跳转到第二个页面时，会触发新页面的 onStart(Intent intent)方法，在 onStart(Intent intent)方法的入参 Intent 中就可以获取传过来的 ID，使用该 ID 来请求获得对应新闻的详情信息，这就是 Intent 对象传值的一种用法。

具体的使用方式如下。

传参：

```
intent.setParam("data","这是传递到新Page Ability的信息！");
```

setParam()方法支持多种数据类型，包括基本数据类型和序列化对象。开发者可以根据需要选择对应的方法。

取参数：

```
intent.getStringParam("data");
```

取参数使用 getStringParam()方法，如果是其他数据类型的参数，根据参数的类型选择 getIntParam()、getByteParam()、getDoubleParam()等方法来取值。

到这里就完成了 Intent 对象的配置，随后便可以在 startAbility()、startAbilityForResult()、present()、presentForResult()、connectAbility()、setResult()等操作 Ability 的相关方法中使用。

3.6 本章小结

本章详细介绍了 Ability 的相关知识。Ability 是 HarmonyOS 中重要的组件之一，提供了多种模板，可以实现不同的功能。模板包括可以与用户进行交互的 Page 模板、在后台运行任务的 Service 模板和用于对外部提供统一数据访问的 Data 模板。本章主要介绍的是 Page 模板和 Service 模板，主要介绍了 Ability 的生命周期、启动方式、Ability 之间的跳转和 AbilitySlice 之间的跳转。

然后，本章还介绍了 Intent 对象。它是对象之间传递信息的载体。在不同的 Ability 之间跳转时，我们可以通过 Intent 对象携带信息。

关于 Data 模板的内容，将在 5.4 节中介绍。

下一章将介绍分布式通信，完成多设备间的应用启动、服务连接等功能。分布式通信是 HarmonyOS 非常重要的能力。

第 4 章 分布式通信

在 HarmonyOS 中,分布式通信是指多个设备之间进行数据的传递。这些数据可以是普通的内容数据,也可以是命令数据。前者是在不同设备上显示相同或不同的内容,后者可以实现对其他设备的控制。例如,可以实现控制其他设备播放音乐、开启摄像头拍照并回传照片、游戏互动等功能。

分布式通信依托于 HarmonyOS 分布式软总线技术,可以以极低延时实现快速、稳定的消息传递。要知道,通信延时对用户体验的影响极大。一个好的分布式系统一定是低延时系统。试想一下,如果你的蓝牙耳机的左、右声道出现了 100 毫秒的延时,左耳朵先听到音乐,而右耳朵却在 100 毫秒后才听到,这种体验是非常不友好的。不要小看低延时,利用这个特性可以开发出很多新的、优秀的产品。

HarmonyOS 的分布式通信技术可以分为远程页面/服务的启动和远程控制。其本质都是依托于分布式通信技术。HarmonyOS 在应用层对分布式通信进行了很好的封装,使开发者可以很方便地完成设备间通信,可以更加专注于业务的开发。

本节的案例使用分布式模拟器作为演示环境。该分布式模拟器包含两台 HarmonyOS P40 手机,且华为已在后台对这两台设备进行组网。如果你需要使用真机来测试,那么需要两台设备登录同一个华为账号,并在一个网络环境中。

4.1 远程启动FA

远程启动 FA(Feature Ability)可以被简单地理解为用一台 HarmonyOS 设备来启动另一台 HarmonyOS 设备上特定的应用。在万物互联时代,人们需要更多原子化应用和服务,让一个 Feature Ability 尽可能只做一件事,所以远程启动应用是以 Feature Ability 为单位进行的。比如,在智慧屏这个场景中,智慧屏上的应用启动往往需要遥控器来控制,与手机触摸屏上的应用启动相比,效率较低。这时,可以通过手机远程控制,打开智慧屏上的应用。

4.1.1 获取远程设备的信息

在远程启动 FA 前,首先要获得远程设备的信息,这需要以下几步。

(1) 权限配置。出于安全考虑,要获取远程设备的信息,就需要向系统申请对应的权限,这里需要用到的权限为 ohos.permission.GET_DISTRIBUTED_DEVICE_INFO。该权限允许设备获取分布式组网内的设备列表和设备信息,需要在 config.json 文件和 MainAbility.java 文件中进行配置。

① 在 config.json 文件中静态声明权限。在 config.json 文件中,使用 reqPermissions 字段来声明应用需要用到的权限,其位置在 module 节点下。

```
"module": {
    "reqPermissions": [
        {
            "name": "ohos.permission.GET_DISTRIBUTED_DEVICE_INFO"
        }
    ]
}
```

② 在 MainAbility.java 文件中动态申请权限。在远程启动 FA 时,需要动态地向系统申请权限,用于每次启动应用的权限检查,防止用户在第一次同意权限后,在"设置"中手动关闭权限,所以每次启动应用,都应检查对应的权限,这里我们只进行权限的动态申请。

```
public class MainAbility extends Ability {
    @Override
    public void onStart(Intent intent) {
        super.onStart(intent);
        super.setMainRoute(MainAbilitySlice.class.getName());
        requestPermissions();
    }
    private void requestPermissions(){
        requestPermissionsFromUser(new String[]
          {"ohos.permission.GET_DISTRIBUTED_DEVICE_ INFO"},0);
    }
}
```

上述代码定义了 requestPermissions() 方法来申请权限,这里使用 requestPermissionsFromUser() 方法来进行权限的申请。该方法的入参有两个:第一个参数是 String 数组,数组中传入要申请的权限的字符串,可以同时申请多个权限。第二个参数为请求码,由开发者自己定义,这个值不能为负数。

（2）查找远程设备。要启动一台设备上的应用，就需要这些设备在同一个网络内，可以是 Wi-Fi，也可以是蓝牙组网。当然，这些组网不需要开发者完成，HarmonyOS 会自动地完成组网和设备发现。开发者只需要关注要启动的设备即可。

在实现远程调用前，首先要获取同一个网络内所有设备的设备号。这个设备号在 HarmonyOS 中叫 NetworkID，它是基于 Java 原生的 UUID 接口随机生成的，长度为 32 字节，用 16 进制表示，形式如下：

```
fcfde61638cb4a40bbc4d523eae3e4d8d03bdea5b1174d57ab070eae5ffb00ae
```

这个字符串虽然可以唯一标识网络内的一台设备，但是出于安全考虑，这个号码并不是固定不变的。在以下情况中，会导致该 ID 重置：

① 用户操作恢复了设备的出厂设置。

② 设备重启。

③ 分布式组网的设备上线列表从非空转为空，并持续为空 5 分钟。

其实简单来说，在每次使用分布式通信功能时，你都需要重新获取对应设备的 NetworkID。不能将其持久化存储，这也是 HarmonyOS 的安全考量。如果一个设备的 NetworkID 永远不变，就意味着永远可以通过 NetworkID 来操作这台设备，一旦 NetworkID 被其他人知道，就会产生很大的安全隐患。但在同一时刻，不同的应用获取到的同一台设备的 NetworkID 是相同的，这保障了分布式通信功能的稳定、可靠。

总之，使用这个字符串就可以对远程设备进行操作。在 HarmonyOS 中，使用 SDK 中提供的 DeviceManager 对象即可轻松地发现设备。

DeviceManager 对象是 HarmonyOS 封装好的分布式网络设备管理器，其提供了以下几个常用方法。

① getDeviceInfo(String deviceId)：通过 deviceId 获取设备信息。

② getDeviceList(int flag)：获取所有分布式网络内的设备信息。

③ queryRemoteAbilityByIntent(Intent intent)：查询分布式网络内非 HarmonyOS 远程应用的信息，需要 ohos.permission.GET_BUNDLE_INFO 权限（允许非系统应用查询有关其他应用的信息）。

④ initDistributedEnvironment(String deviceId, IInitCallback callback)：如果

应用需要调用安装在远程设备上的非 HarmonyOS 应用的组件，那么调用此方法初始化分布式环境（针对安装在分布式网络内远程设备上的非 HarmonyOS 应用）。

⑤ registerDeviceStateCallback(IDeviceStateCallback callback)：监听设备状态变化的回调，目前只有两种状态，即设备上线和设备下线。

⑥ unInitDistributedEnvironment(String deviceId, IInitCallback callback)：停用指定设备上的分布式执行环境。

⑦ unregisterDeviceStateCallback(IDeviceStateCallback callback)：取消注册的监听回调。

这里使用 getDeviceList(int flag)方法来获取分布式网络内的设备信息，该方法有一个入参标志位，这个标志位有表 4-1 所示的枚举值可选。

表 4-1 DeviceInfo 枚举值

DeviceInfo 枚举值	含义
FLAG_GET_ALL_DEVICE	查询分布式网络内所有联机和脱机设备（本地设备除外）的信息
FLAG_GET_OFFLINE_DEVICE	查询分布式网络内所有脱机设备（本地设备除外）的信息
FLAG_GET_ONLINE_DEVICE	查询分布式网络内所有联机设备（本地设备除外）的信息

可以看到，不论选择哪个枚举值做入参，getDeviceList(int flag)方法都不会返回本机设备信息。也就是说，当网络内有两台 HarmonyOS 设备时，用其中一台设备调用 getDeviceList(int flag)方法后，只会得到另一台设备的信息，而不会得到本机的信息。

选择获取分布式网络内所有联机设备标志位 FLAG_GET_ONLINE_DEVICE 作为入参，来完成设备信息的查找，关键代码如下：

```
List<DeviceInfo> deviceList = DeviceManager.getDeviceList
(DeviceInfo.FLAG_GET_ONLINE_DEVICE);
```

deviceList 是一个 DeviceInfo 类型的集合。在 DeviceInfo 对象中，有以下属性。

① DeviceType：用于区分设备类型，设备类型包括 LAPTOP（笔记本）、SMART_PHONE（手机）、SMART_PAD（平板电脑）、SMART_WATCH（手表）、SMART_CAR（车机）、SMART_TV（智慧屏）、UNKNOWN_TYPE（其他类型）。

② DeviceState：用于表示设备的状态，包括 UNKNOWN（未知）、ONLINE（在线）、OFFLINE（离线）三种状态。

③ DeviceId：分布式网络内的 NetworkID，用于进行分布式通信。

④ DeviceName：设备名称，也就是在手机中点击"设置"→"关于手机"→"设备名称"选项得到的。

这里只用到其中的 NetworkID，获取到 NetworkID 就可以对远程设备进行操作。

下面在分布式模拟器环境下，使用其中一台设备执行此命令，输出另一台设备的 NetworkID。

新建 Empty Ability（Java）模板项目，在"Project Type"选区中选择"Application"单选按钮，在 Device Manager 中，选择 Super device 中的 P40 手机组合，如图 4-1 所示。

Device	Resolution	API	CPU/ABI	Status	Actions
P40	1080*2340	5	arm	ready	▶
P40	1080*2340				

图 4-1　Super device 选择

下面编写布局代码。在 ability_main.xml 布局文件中添加两个组件，目的是实现点击按钮后，在 Text 组件上显示出另一台设备的 NetworkID。

```xml
<?xml version="1.0" encoding="utf-8"?>
<DirectionalLayout
    xmlns:ohos="http://schemas.huawei.com/res/ohos"
    ohos:height="match_parent"
    ohos:width="match_parent"
    ohos:orientation="vertical">
    <Button
        ohos:id="$+id:get_device"
        ohos:height="match_content"
        ohos:width="match_parent"
        ohos:text="获取分布式设备的信息"
        ohos:background_element="#E1E1E1"
        ohos:text_size="30fp"/>
    <Text
        ohos:id="$+id:device_id"
        ohos:height="match_content"
```

```xml
    ohos:width="match_parent"
    ohos:text_size="20fp"
    ohos:multiple_lines="true"/>
</DirectionalLayout>
```

接下来,在 MainAbilitySlice 中完成具体的业务逻辑。

```java
public class MainAbilitySlice extends AbilitySlice {
    //用于存储设备信息
    List<DeviceInfo> deviceList;
    @Override
    public void onStart(Intent intent) {
        super.onStart(intent);
        super.setUIContent(ResourceTable.Layout_ability_main);
        //初始化组件
        Button button = (Button)findComponentById(ResourceTable.Id_get_device);
        Text text = (Text)findComponentById(ResourceTable.Id_device_id);
        button.setClickedListener(new Component.ClickedListener() {
            @Override
            public void onClick(Component component) {
                //获取分布式网络内的设备信息
                deviceList = DeviceManager.getDeviceList(DeviceInfo
                        .FLAG_GET_ONLINE_DEVICE);
                if(deviceList.size()!=0){
                    //将信息输出到 Text 组件上
                    text.setText(
                    "设备名称: "+deviceList.get(0).getDeviceName()+"\n"+
                    "设备 ID: "+deviceList.get(0).getDeviceId()+"\n"+
                    "设备类型: "|deviceList.get(0).getDeviceType()+"\n"+
                    "设备状态: "+deviceList.get(0).getDeviceState()
                    );
                }
            }
        });
    }
}
```

在上述代码中,由于分布式网络内除了本机,只有一台设备,所以直接通过 deviceList.get(0)方法来获取设备信息。如果网络内有多台设备,那么还需要通过设备类型或设备名称进行判断。

下面运行程序，首先点击"HVD Manager"选项启动分布式模拟器，如图 4-2 所示。

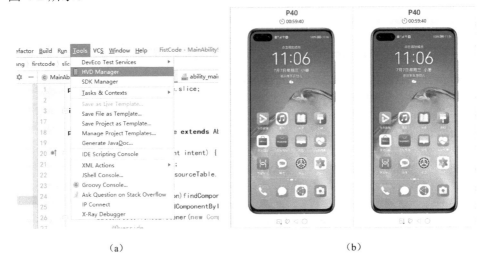

图 4-2　启动分布式模拟器

这两台设备可以在设备列表里看到，区别是一台设备的端口为 8888，另一台设备的端口为 8889。选择其中一个，点击黑色的小三角形按钮运行，如图 4-3 所示。

图 4-3　设备列表

在其中一台设备上可以看到运行后的页面,点击"获取分布式设备的信息"按钮,可以看到,另一台设备的信息都被获取到了,并展示在 Text 组件上。其中,设备 ID 就是 NetworkID,通过这个值,便可以与右侧的设备进行通信。在获取到的信息中,还可以看到设备名称为 HUAWEI P40、类型为 SMART_PHONE(智能手机)、状态是 ONLINE(在线)这些信息,如图 4-4 所示。

(a)　　　　　　　　　　　　　(b)

图 4-4　获取分布式设备的信息

4.1.2　启动 FA

在获取远程设备的信息后,使用远程设备信息中的 NetworkID,就可以将远程设备上的 FA 启动。完成这个功能需要以下步骤。

(1)权限配置。远程启动应用,需要用到 ohos.permission.DISTRIBUTED_DATASYNC 权限。该权限允许在不同设备间进行数据交换。

在 4.1.1 节权限配置的代码中,继续增加 ohos.permission.DISTRIBUTED_DATASYNC 权限,分别在 config.json 文件和 MainAbility.java 文件中进行配置。

① 在 config.json 文件中静态声明权限。在 config.json 文件中,使用 reqPermissions 字段来声明应用需要用到的权限,其位置在 module 节点下。

```
"module": {
    "reqPermissions": [
```

```
        {
            "name": "ohos.permission.GET_DISTRIBUTED_DEVICE_INFO"
        },
        {
            "name": "ohos.permission.DISTRIBUTED_DATASYNC"
        }
    ]
}
```

② 在 MainAbility.java 文件中动态申请权限，在 requestPermissionsFromUser() 方法中新增权限。

```
private void requestPermissions(){
    requestPermissionsFromUser(new String[]{
    "ohos.permission.GET_DISTRIBUTED_DEVICE_INFO",
    "ohos.permission.DISTRIBUTED_DATASYNC"},0);
}
```

（2）在布局文件中新增按钮，用于远程启动应用。

```
<?xml version="1.0" encoding="utf-8"?>
<DirectionalLayout
    xmlns:ohos="http://schemas.huawei.com/res/ohos"
    ohos:height="match_parent"
    ohos:width="match_parent"
    ohos:orientation="vertical">
    <Button
        ohos:id="$+id:get_device"
        ohos:height="match_content"
        ohos:width="match_parent"
        ohos:text="获取分布式设备的信息"
        ohos:background_element="#E1E1E1"
        ohos:text_size="30fp"/>
    <Button
        ohos:id="$+id:start_device"
        ohos:height="match_content"
        ohos:width="match_parent"
        ohos:text="远程启动应用"
        ohos:top_margin="5vp"
```

```xml
        ohos:background_element="#E1E1E1"
        ohos:text_size="30fp"/>
    <Text
        ohos:id="$+id:device_id"
        ohos:height="match_content"
        ohos:width="match_parent"
        ohos:text_size="20fp"
        ohos:multiple_lines="true"/>
</DirectionalLayout>
```

（3）配置 Intent 对象，以远程启动 FA。

在获取到远程设备的 NetworkID 后，便可以通过 Intent 对象的 Operation 对象来配置远程启动。Operation 对象封装了 Intent 对象的一些属性，包括要启动的远程设备的 NetworkID、远程启动标志位、应用的 Bundle Name 和要启动的 Ability 的全限定名等信息。

下面来实现远程设备启动的 Intent 对象的配置，即远程 FA 的启动。这里需要注意一点，Operation 对象的 withDeviceId()方法需要传入远程设备的 NetworkID，如果这个方法传入空值，则会启动本机设备对应的 Ability。

MainAbilitySlice 中的代码如下。

```java
public class MainAbilitySlice extends AbilitySlice {
    List<DeviceInfo> deviceList;
    @Override
    public void onStart(Intent intent) {
        super.onStart(intent);
        super.setUIContent(ResourceTable.Layout_ability_main);
        //获取远程设备的信息
        ......
        //配置远程启动的 Intent 对象
        Button startFA = (Button)findComponentById(ResourceTable.Id_start_device);
        startFA.setClickedListener(new Component.ClickedListener() {
            @Override
            public void onClick(Component component) {
                Intent intent = new Intent();
                //通过 Operation 对象来对 Intent 对象进行配置
                Operation operation = new Intent.OperationBuilder()
                //要远程启动的设备的 NetworkID
```

```
                .withDeviceId(deviceList.get(0).getDeviceId())
                //要远程启动的应用的包名
                .withBundleName(getBundleName())
                //被启动的 FA 的全限定名
                .withAbilityName(MainAbility.class.getName())
                //配置远程通信标志位
                .withFlags(Intent.FLAG_ABILITYSLICE_MULTI_DEVICE).build();

                intent.setOperation(operation);
                startAbility(intent);
            }
        });
    }
}
```

（4）在运行程序后，进行权限申请。

分别在两台设备上安装应用。由于配置了设备间数据交换权限，程序启动后提示用户是否允许使用多设备协同，如图 4-5 所示，这说明配置的权限起作用了。如果没有这个提示，那么说明权限配置有问题，需要排查权限问题。这里选择"始终允许"即可。

图 4-5 多设备协同权限提示

(5)启动其中一台设备上的应用,点击"获取分布式设备的信息"按钮,可以看到设备信息被正确输出,如图 4-6 所示。

图 4-6　分布式设备启动应用

然后,点击"远程启动应用"按钮,如图 4-7 所示,右边的应用被成功拉起,在操作期间,我们并没有在右侧设备上做任何操作,应用就运行到了前台,这说明远程启动应用成功。

图 4-7　远程启动应用

在本节中，使用 DeviceManager 对象获取到了远程设备的 NetworkID，并通过配置相应权限和 Intent 对象的 Operation 参数来远程启动设备的 Ability。在 4.2 节中，我们完成应用的迁移。

4.2 应用迁移

应用迁移是指将本地设备的应用和数据无缝迁移到另一台设备上，从而看上去是将本地未完成的工作迁移到另一台设备上继续完成。这里其实包括两个逻辑：远程 FA 的启动和数据的传递。被迁移过去的 FA 也同样拥有一系列生命周期回调。目前，手机、平板电脑、智慧屏、智慧穿戴设备都支持应用的迁移，这意味着你可以将手机上的应用迁移到屏幕尺寸更大的平板电脑或智慧屏上进行分享，让不同尺寸的屏幕做更适合其特点的内容展示。

4.2.1 IAbilityContinuation 接口

远程迁移与远程启动应用的区别在于迁移伴随着数据的传递和页面生命周期的回调监听，而远程启动应用则仅是简单的程序启动。IAbilityContinuation 接口支持应用在分布式系统中实现迁移的能力。

一个应用可能包含多个 FA 页面，需要在被迁移的 Ability 和其所包含的 AbilitySlice 中实现 IAbilityContinuation 接口，实现此接口后，FA 才支持在分布式系统中实现迁移。此接口包含以下回调方法。

1. onStartContinuation()

FA 请求迁移后，系统首先回调此方法。这个方法决定是否可执行迁移，如果返回 true，则允许迁移。如果返回 false，则不允许迁移。开发者可以在这个方法中对是否允许应用迁移进行判断。它的默认返回值是 false，开发者需要手动改成 true 才可以将应用迁移成功。

2. onSaveData()

如果 onStartContinuation() 方法返回 true，程序就会执行到 onSaveData(IntentParams intentParams)方法。这个方法用来保存信息，并传递到被远程迁移启动的 FA 中。比如，你想完成一台多设备共享记事本的功能，需要在不同设备之间传递信息，那么就需要把文本信息通过这个回调方法传递到另一台设备上。它的用法与在同一个设备上通过 Intent 对象传值是一样的。但是跨端设备的数据传递，对数据量的大小有限制，目前只能传递 200KB 以内的数据，并且只支持基础数据类型和系统 Sequenceable 对象，不支持自定义对象和文件数据。

3. onRestoreData()

在 onRestoreData()方法中，可以获得在 onSaveData()方法中保存的数据。在被迁移的设备上启动 FA 时，会在 FA 的 onStart()方法执行之前执行 onRestoreData()方法。这样保证数据在 FA 执行 onStart()方法之前可以被获取并处理。这很好理解，在 onStart()方法执行后，就可以看到程序的页面。在用户看到页面前，就要把要显示的数据准备好，也就是通过 onRestoreData()方法获取到。然后，被启动的 FA 就会开始从其 onStart()方法执行其生命周期过程。

4. onCompleteContinuation()

目标侧设备上恢复数据一旦完成，系统就会在源侧设备上回调 FA 的此方法，以便通知应用迁移流程已结束。此时，说明 FA 已经完成了应用和数据的迁移，进入 FA 的生命周期了，就会调用迁移发起方 FA 的 onCompleteContinuation()方法进行回调，通知应用迁移成功。可以在这个方法中，对用户进行提示，或者如果需要关闭迁移发起方的 FA，也可以在这个方法里使用 terminateAbility()方法或 stopAbility()方法对页面进行关闭，并调用 updateConnectStatus()方法更新设备的连接状态。

5. onRemoteTerminated()

onRemoteTerminated()方法与其他方法有些不同。这个方法的使用场景依赖于远程启动 FA 的方式。如果在远程启动 Ability 时，使用的是 continueAbility()方法，那么此方法不会得到回调。只有当通过 continueAbilityReversibly()方法远程启动应用时，这个回调才会起作用。当被远程启动的 FA 退出或因其他任何原因终止时，迁移发起方的 FA 会通过此方法接收到通知。

在 MainAbilitySlice 中实现 IAbilityContinuation 接口，并重写对应的方法，代码如下。

```
public class MainAbilitySlice extends AbilitySlice implements IAbilityContinuation {
    @Override
```

```java
    public boolean onStartContinuation() {
        return false;
    }
    @Override
    public boolean onSaveData(IntentParams intentParams) {
        return false;
    }
    @Override
    public boolean onRestoreData(IntentParams intentParams) {
        return false;
    }
    @Override
    public void onCompleteContinuation(int i) {}
    @Override
    public void onRemoteTerminated() {}
}
```

在 Ability 中实现 IAbilityContinuation 接口,并重写对应的方法,代码如下。

```java
public class MainAbility extends Ability implements IAbilityContinuation {
    @Override
    public boolean onStartContinuation() {
        return false;
    }
    @Override
    public boolean onSaveData(IntentParams intentParams) {
        return false;
    }
    @Override
    public boolean onRestoreData(IntentParams intentParams) {
        return false;
    }
    @Override
    public void onCompleteContinuation(int i) {}
    @Override
    public void onRemoteTerminated() {}
}
```

4.2.2 应用迁移案例

完成应用的迁移需要以下几个步骤。

（1）权限配置。

远程应用迁移需要 ohos.permission.DISTRIBUTED_DATASYNC 权限，需要在 config.json 文件和 MainAbility.java 文件中进行配置。

① 在 config.json 文件中静态声明权限。在 config.json 文件中，使用 reqPermissions 字段来声明应用需要用到的权限，其位置在 module 节点下。

```
"reqPermissions": [
  {
    "name": "ohos.permission.GET_DISTRIBUTED_DEVICE_INFO"
  },
  {
    "name": "ohos.permission.DISTRIBUTED_DATASYNC"
  }
]
```

② 在 MainAbility.java 文件中动态申请权限。

```
public class MainAbility extends Ability {
  @Override
  public void onStart(Intent intent) {
    super.onStart(intent);
    super.setMainRoute(MainAbilitySlice.class.getName());
    requestPermissions();
  }
  private void requestPermissions(){
    requestPermissionsFromUser(new String[]{
      "ohos.permission.GET_DISTRIBUTED_DEVICE_INFO",
      "ohos.permission.DISTRIBUTED_DATASYNC"},0);
  }
}
```

（2）在 ability_main.xml 布局文件中，添加 Text 组件，用来显示数据。

```
<?xml version="1.0" encoding="utf-8"?>
<DirectionalLayout
```

```
    xmlns:ohos="http://schemas.huawei.com/res/ohos"
    ohos:height="match_parent"
    ohos:width="match_parent"
    ohos:orientation="vertical">
    ……
    <Button
        ohos:id="$+id:migrate_device"
        ohos:height="match_content"
        ohos:width="match_parent"
        ohos:text="远程迁移应用"
        ohos:top_margin="5vp"
        ohos:background_element="#E1E1E1"
        ohos:text_size="30fp"/>
    <Text
        ohos:id="$+id:remote_message"
        ohos:height="match_content"
        ohos:width="match_parent"
        ohos:text_size="20fp"
        ohos:multiple_lines="true"/>
</DirectionalLayout>
```

（3）实现 IAbilityContinuation 接口，并配置回调方法。

下面对 4.2.1 节中 IAbilityContinuation 接口的回调方法进行配置。首先要修改 MainAbility 和 MainAbility 对应的 MainAbilitySlice 中 onStartContinuation() 方法的返回值为 true，表明允许迁移。

```
@Override
public boolean onStartContinuation() {
    return true;
}
```

修改 MainAbilitySlice 中 IAbilityContinuation 接口的回调方法。首先在 onSaveData()方法中，保存一段文字用来观察展示效果，并修改返回值为 true。

```
@Override
public boolean onSaveData(IntentParams intentParams) {
    intentParams.setParam("key","我是信息！");
    return true;
}
```

从 onRestoreData(IntentParams intentParams)方法的入参 intentParams 中可以获取 onSaveData(IntentParams intentParams)方法设置给 intentParams 的参数，将获取到的值存储到 remoteMessage 对象中，onRestoreData(IntentParams intentParams)方法会在目标侧设备执行 FA 的 onStart()方法前执行，同时修改 onRestoreData(IntentParams intentParams)方法的返回值为 true。

```
String remoteMessage;
@Override
public boolean onRestoreData(IntentParams intentParams) {
    remoteMessage = (String)intentParams.getParam("key");
    return true;
}
```

在 MainAbilitySlice 的 onStart()方法中，对组件进行初始化和赋值操作。

```
@Override
public void onStart(Intent intent) {
    Text msgText = (Text)findComponentById(ResourceTable.Id_remote_message);
    msgText.setText(remoteMessage);
}
```

到这里，对 MainAbilitySlice 的配置就结束了，还需要对 MainAbility 中实现的 IAbilityContinuation 接口方法进行配置，只需要将 onStartContinuation()、onSaveData(IntentParams intentParams)、onRestoreData(IntentParams intentParams)方法的返回值设置为 true，代码如下。

```
public class MainAbility extends Ability implements IAbilityContinuation {
    @Override
    public boolean onStartContinuation() {
        return true;
    }
    @Override
    public boolean onSaveData(IntentParams intentParams) {
        return true;
    }
```

```
    @Override
    public boolean onRestoreData(IntentParams intentParams) {
        return true;
    }
}
```

（4）发起迁移。在完成申请权限、实现 IAbilityContinuation 接口后，便可以通过 continueAbility()方法进行应用的迁移。在 MainAbilitySlice 中，设置按钮的点击事件，发起应用迁移。

```
Button migrate = (Button)findComponent ById(ResourceTable.Id_migrate_device);
migrate.setClickedListener(new Component.ClickedListener() {
    @Override
    public void onClick(Component component) {
        continueAbility();
    }
});
```

图 4-8　远程迁移应用的权限申请

在上述代码中，continueAbility()方法用于发起应用的迁移，这个方法不包含任何参数，只要实现 IAbilityContinuation 接口就可以发起应用的迁移。

通过远程模拟器部署运行，打开应用，首先会弹出授权的提示，点击"始终允许"按钮，同意应用获取多设备协同权限，如图 4-8 所示。

然后，点击左侧设备页面中的"远程迁移应用"按钮，如图 4-9 所示。右侧设备的 FA 就会被启动，右侧设备的 Text 组件显示"我是信息！"。这个信息是左侧设备通过 onSaveData()方法传递过去的，说明数据被正常地发送到了远程设备上。这就是应用迁移的一个例子，应用迁移并没有使用 Intent 对象来指定 Ability 参数，而是通过实现 IAbilityContinuation 接口和 continueAbility()方法远程启动应用，并在回调方法中完成数据的传输。

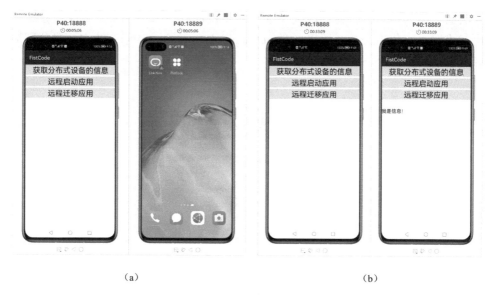

(a)　　　　　　　　　　　　　　(b)

图 4-9　远程迁移应用

4.2.3　IAbilityContinuation 接口的其他回调方法

1. onCompleteContinuation()

之前已经提到 onCompleteContinuation()方法。在迁移完成后会回调此方法，可以在 onCompleteContinuation()方法中实现一个功能：如果迁移成功，那么为用户进行弹窗提示。在上面案例的 MainAbilitySlice 中，继续编写以下代码。

```
@Override
public void onCompleteContinuation(int i) {
    if(i==0){
        ToastDialog toast = new ToastDialog(this);
        toast.setSize(MATCH_PARENT,MATCH_CONTENT);
        toast.setDuration(1000);
        toast.setAutoClosable(true);
        toast.setText("onCompleteContinuation: 远程迁移成功! ");
        toast.show();
    }
}
```

在应用迁移完成后，左侧设备的屏幕下方提示了"远程迁移成功"，如图 4-10

所示。说明 onCompleteContinuation()方法被成功回调。onCompleteContinuation(int i) 方法的入参为标志位，是 int 类型的，这个值的枚举值有两个，含义分别为 0 代表成功，-1 代表失败。所以，在 onCompleteContinuation()方法中，要分别对这两种情况进行不同的操作或提示。

图 4-10　迁移完成后对用户进行提示

2. onRemoteTerminated()

若要回调 onRemoteTerminated()方法，在远程启动 FA 时，则不能使用 continueAbility()方法，需要用 continueAbilityReversibly()方法启动应用。使用这个方法启动应用后，可以在发起迁移的设备上使用 reverseContinueAbility()方法回迁应用，也就是说设备既可以发起应用迁移，也可以主动将应用回迁。应用回迁在 4.3 节进行详细介绍。

在使用 continueAbilityReversibly() 方法进行迁移时，可以回调 onRemoteTerminated()方法。当被迁移设备上的 FA 被用户或因其他原因退出时，那么会通过 onRemoteTerminated()方法，对迁移发起侧设备进行通知。

修改上面案例中 Button 组件的点击事件，通过 continueAbilityReversibly()方法进行 FA 的迁移。

```
    Button migrate = (Button)findComponentById(ResourceTable.Id_
migrate_device);
    migrate.setClickedListener(new Component.ClickedListener() {
```

```
    @Override
    public void onClick(Component component) {
        continueAbilityReversibly();
    }
});
```

在 onRemoteTerminated()方法回调中，对用户进行弹窗提示。

```
@Override
public void onRemoteTerminated() {
    ToastDialog toast = new ToastDialog(this);
    toast.setSize(MATCH_PARENT,MATCH_CONTENT);
    toast.setDuration(1000);
    toast.setAutoClosable(true);
    toast.setText("onRemoteTerminated: 设备迁移中断！");
    toast.show();
}
```

将程序运行，在左侧设备上发起应用迁移。当右侧设备被拉起后，点击设备的返回键，在发起迁移的左侧设备上，就显示出"onRemoteTerminated：设备迁移中断！"。这证明已经正确地回调了 onRemoteTerminated()方法，如图 4-11 所示。

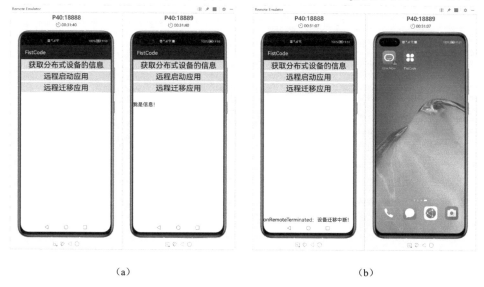

图 4-11 迁移中断回调

到现在已经完成了应用在设备间的迁移，并测试了 onCompleteContinuation()

和 onRemoteTerminated()两个回调方法,下面来看如何进行应用回迁。

4.3 应用回迁

应用回迁是指某台设备既可以向另一台设备发起应用迁移,也可以向其发起应用回迁指令,以关闭迁移过去的 FA,并将数据取回到本机。这样可以让发起迁移的设备对迁移出去的应用进行控制。

应用回迁需要用到的 API 方法叫 continueAbilityReversibly(),它比 continueAbility()方法多了后面的关键字 Reversibly,Reversibly 是可逆的意思。通过 continueAbilityReversibly()方法进行迁移的应用是可以被回迁的,而使用 continueAbility()方法启动的应用无法被回迁。

在上面的例子中,为了测试 onRemoteTerminated()回调方法,已经使用过 continueAbilityReversibly()方法,下面完成应用的回迁功能。

首先,在 ability_main.xml 布局文件中增加按钮,用于回迁应用。

```xml
<?xml version="1.0" encoding="utf-8"?>
<DirectionalLayout
    xmlns:ohos="http://schemas.huawei.com/res/ohos"
    ohos:height="match_parent"
    ohos:width="match_parent"
    ohos:orientation="vertical">
    ......
    <Button
        ohos:id="$+id:back_device"
        ohos:height="match_content"
        ohos:width="match_parent"
        ohos:text="应用回迁"
        ohos:top_margin="5vp"
        ohos:background_element="#E1E1E1"
        ohos:text_size="30fp"/>
</DirectionalLayout>
```

应用布局如图 4-12 所示。

第 4 章 分布式通信 247

图 4-12 应用布局

在 MainAbilitySlice 中，为按钮添加点击事件，执行 reverseContinueAbility() 方法。

```
Button migrateBack = (Button)findComponentById(ResourceTable.Id_back_device);
migrateBack.setClickedListener(new Component.ClickedListener() {
    @Override
    public void onClick(Component component) {
        reverseContinueAbility();
    }
});
```

将程序运行，在左侧设备上发起应用迁移，右侧设备的页面被成功拉起，然后点击左侧设备的"应用回迁"按钮。可以看到，右侧设备的 FA 被关闭了，并且左侧设备回调了 onRemoteTerminated() 方法，如图 4-13 所示。

右侧设备的 FA 被关闭了，并且将"我是信息！"回传到了左侧设备，这就给用户的感觉是右侧设备的 FA 被回迁到了左侧设备，包括布局和数据。这个效果仿佛是一个页面在不同设备上的显示。在这里也可以看到，左侧设备的下方有一个"onRemoteTerminated：设备迁移中断！"的提示，说明右侧设备的 FA 被关闭了，并且成功回调了 onRemoteTerminated() 方法。

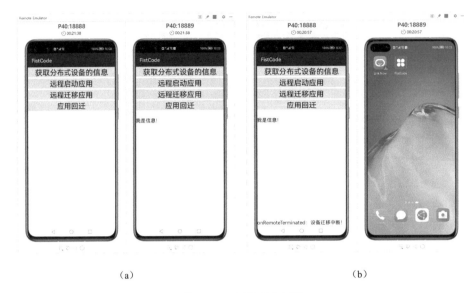

(a)   (b)

图 4-13　应用回迁案例

4.4　跨设备启动服务

在 HarmonyOS 中，所有的功能都被抽象成 Ability，服务被称作 Service Ability，它不包含与用户进行交互的页面。比如，音乐播放器可以在退回到桌面后，依然播放音乐，这其实就是一种没有页面的服务。依托于 HarmonyOS 的分布式通信能力，开发者可以完成跨设备的服务启动，以便控制其他设备上的服务。首先来看一种最简单的使用方式：跨设备启动 Service Ability。

跨设备启动服务和跨设备启动应用其实非常类似，需要申请 ohos.permission.DISTRIBUTED_DATASYNC 权限。当然，如果你需要查询网络中的分布式设备信息，那么还需要 ohos.permission.GET_DISTRIBUTED_DEVICE_INFO 权限。

接下来完成一个跨设备启动 Service Ability 的案例。要完成这个案例，就需要以下几个步骤。

（1）权限配置。同 4.2.2 节的权限配置。

（2）通过 DevEco Studio 创建 Service Ability，命名为 SimpleServiceAbility，如图 4-14 所示。

（3）在 ability_main.xml 布局文件中新增一个按钮。

图 4-14 创建 SimpleServiceAbility

```xml
<?xml version="1.0" encoding="utf-8"?>
<DirectionalLayout
    xmlns:ohos="http://schemas.huawei.com/res/ohos"
    ohos:height="match_parent"
    ohos:width="match_parent"
    ohos:orientation="vertical">
    ......
    <Button
        ohos:id="$+id:start_service"
        ohos:height="match_content"
        ohos:width="match_parent"
        ohos:text="启动远程服务"
        ohos:top_margin="5vp"
        ohos:background_element="#E1E1E1"
        ohos:text_size="30fp"/>
</DirectionalLayout>
```

（4）在 MainAbilitySlice 中定义它的点击事件。

```java
    Button startService = (Button)findComponentById(ResourceTable.Id_start_service);
    startService.setClickedListener(new Component.ClickedListener() {
        @Override
        public void onClick(Component component) {
            Intent intent = new Intent();
            //配置 Intent 参数
            Operation operation = new Intent.OperationBuilder()
                .withDeviceId(deviceList.get(0).getDeviceId())
                .withBundleName(getBundleName())
```

```
            .withAbilityName(SimpleServiceAbility.class.getName())
            .withFlags(Intent.FLAG_ABILITYSLICE_MULTI_DEVICE).build();
        intent.setOperation(operation);
        intent.setParam("data","这是远程服务传来的消息！");
        startAbility(intent);
    }
});
```

这里的代码其实与远程启动 FA 是一样的，并没有区别。在上述代码中使用了 deviceList.get(0).getDeviceId()方法获取设备 ID，deviceList 通过以下方式来获取。

```
List<DeviceInfo> deviceList = DeviceManager.getDeviceList
(DeviceInfo.FLAG_GET_ONLINE_DEVICE);
```

由于 Service Ability 是没有页面的，为了方便看到效果，在 Intent 对象中传递了一个字符串。当启动远程服务后，开发者可以获取这个字符串，并给出提示，这样就能看出启动远程服务的效果。具体操作是在 SimpleServicAbility 的 onCommand()方法中获取这个字符串，使用 ToastDialog 组件给出提示。

Ability 为开发者提供了 startAbility()方法来启动另一个 Ability。由于不管是 Feature Ability，还是 Service Ability，都属于 Ability 的一种，所以也可以使用 startAbility()方法来启动一个 Service Ability。如果远程启动设备的 Ability，那么只需要通过 Operation 对象的 withDeviceId()方法来指定要启动的是哪一台设备上的 Service Ability 即可。

（5）重写 SimpleServiceAbilty 中的 onCommand()方法。获取传递过来的字符串，并进行提示。

```
@Override
protected void onCommand(Intent intent, boolean restart, int startId) {
    super.onCommand(intent, restart, startId);
    String sdata = intent.getStringParam("data");
    new ToastDialog(ctx).setText(sdata).show();
}
```

到这里，所有的代码都准备完成了，接下来将程序运行到模拟器上观察效果。首先获取分布式设备的信息，然后点击"启动远程服务"按钮，可以看到右侧设备已经弹出了消息提示，说明启动远程服务成功，如图 4-15 所示。

第 4 章　分布式通信　251

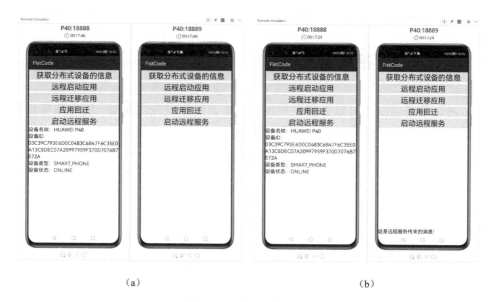

图 4-15　启动远程服务

这个时候，将右侧设备返回到桌面（将程序切换到后台），再次点击"启动远程服务"按钮，也是可以接收到消息的，如图 4-16 所示。

图 4-16　后台运行的服务

这就是启动远程服务的例子，接下来介绍连接服务。它可以让多个设备之间建立一条通路，通过这条通路，可以实现以低延时在不同设备间进行数据交换。

4.5 跨设备连接服务

跨设备连接服务可以为我们提供非常丰富的开发应用场景，例如共享画板等需要多设备持续共享数据的应用。本节介绍如何实现跨设备连接服务。

（1）权限配置。同 4.2.2 节的权限配置。

（2）在 ability_main.xml 布局文件中新增两个按钮。

```xml
<?xml version="1.0" encoding="utf-8"?>
<DirectionalLayout
    xmlns:ohos="http://schemas.huawei.com/res/ohos"
    ohos:height="match_parent"
    ohos:width="match_parent"
    ohos:orientation="vertical">
    ......
    <Button
        ohos:id="$+id:connect_service"
        ohos:height="match_content"
        ohos:width="match_parent"
        ohos:text="连接远程服务"
        ohos:top_margin="5vp"
        ohos:background_element="#E1E1E1"
        ohos:text_size="30fp"/>
    <Button
        ohos:id="$+id:disconnect_service"
        ohos:height="match_content"
        ohos:width="match_parent"
        ohos:text="断开远程服务"
        ohos:top_margin="5vp"
        ohos:background_element="#E1E1E1"
        ohos:text_size="30fp"/>
</DirectionalLayout>
```

（3）在 MainAbilitySlice 中创建 IAbilityConnection 对象，用来回调连接服务成功或失败的提醒。

IAbilityConnection 对象中的回调方法 onAbilityConnectDone() 和 onAbilityDisconnectDone()，分别对应连接服务成功和失败的回调方法。下面来看 onAbilityConnectDone() 方法的各个参数的含义。

elementName：唯一标识一个 Ability，该对象中包括设备 ID（deviceId），Ability 所属的应用包名（bundleName）和 Ability 类名称（abilityName）。

iRemoteObject：远程连接对象。

resultCode：标志位，0 代表成功，非 0 代表失败。

创建 IAbilityConnection 对象，并实现其回调接口。

```
private IAbilityConnection connection = new IAbilityConnection() {
    @Override
    public void onAbilityConnectDone(ElementName elementName, IRemoteObject iRemoteObject, int resultCode) {
        //连接服务成功的回调
        new ToastDialog(getContext()).setText("连接远程服务成功！").show();
    }
    @Override
    public void onAbilityDisconnectDone(ElementName elementName, int resultCode) {
        //连接服务失败的回调
        new ToastDialog(getContext()).setText("连接远程服务失败！").show();
    }
};
```

（4）在 SimpleServiceAbility 中，重写 onConnect() 方法，当服务被连接时，会回调这个方法。这个方法会返回一个 RemoteObject 对象，在这个对象中封装了设备之间的连接信息。RemoteObject 对象有一个参数，这里可以传入 "RemoteObject" 字符串。

```
@Override
protected IRemoteObject onConnect(Intent intent) {
    return new RemoteObject("RemoteObject");
}
```

(5)为按钮添加点击事件。

在按钮"连接远程服务"的点击事件中,使用 connectAbility()方法连接远程服务。该方法传进了两个参数,第一个参数 intent 不必多说,保存着 Ability 的配置信息。第二个参数 connection 是上面已经声明的 IAbilityConnection 对象。

按钮"断开远程服务"的点击事件比较简单,只需要调用 disconnectAbility()方法便可以主动断开与远程服务的连接。

以下为按钮的点击事件。

```
    Button connectService = (Button)findComponentById(ResourceTable.Id_connect_service);
    connectService.setClickedListener(new Component.ClickedListener() {
        @Override
        public void onClick(Component component) {
            Intent intent = new Intent();
            Operation operation = new Intent.OperationBuilder()
                .withDeviceId(deviceList.get(0).getDeviceId())
                .withBundleName(getBundleName())
                .withAbilityName(SimpleServiceAbility.class.getName())
                .withFlags(Intent.FLAG_ABILITYSLICE_MULTI_DEVICE).build();
            connectAbility(intent,connection);
        }
    });

    Button disConnectService = (Button)findComponentById(ResourceTable.Id_disconnect_service);
    disConnectService.setClickedListener(new Component.ClickedListener() {
        @Override
        public void onClick(Component component) {
            disconnectAbility(connection);
        }
    });
```

将程序运行到模拟器上,首先获取分布式设备的信息,之后左侧设备正确显示了设备的信息,说明此时已经获取到了远程设备的 DeviceId,如图 4-17 所示。

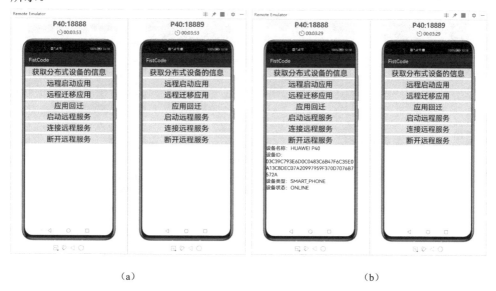

图 4-17 连接远程服务获取分布式设备信息

点击"连接远程服务"按钮,设备提示"连接远程服务成功!",如图 4-18 所示。

图 4-18 连接远程服务

然后，通过杀进程的方式退出右侧设备的程序，这时左侧设备的下方也正确提示出"连接远程服务失败！"，如图 4-19 所示。

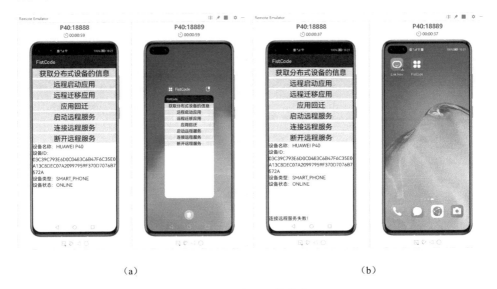

图 4-19　断开远程服务

4.6　跨设备服务调用

在之前的内容中，围绕远程服务的启动、连接进行了很多操作和代码编写，最终的目的还是能够与远程设备进行交互，本节完成调用远程设备上的方法。两个设备之间的服务间通信涉及进程间通信。在 HarmonyOS 中，可以通过 IDL（Interface Definition Language）来完成进程间的通信。

IDL 为接口定义语言。当两个设备进行通信时，需要定义互相约定好的接口名称、入参、返回值，以保证设备间可以成功地进行通信。IDL 接口描述文件名以.idl 作为后缀，目录层级必须按照包名的层次进行定义，以接口类的方式进行命名，例如 IAbilityManager.idl。

此外，定义好 IDL 文件后，DevEco Studio 可以根据文件的定义自动生成相应的接口文件和代理对象，让开发者可以专注业务层面的开发。这里不对 IDL 原理做过多的介绍，主要介绍如何创建和使用 IDL 文件来完成设备的进程间通信。

在 4.5 节案例的基础上加入控制远程设备音量的功能。完成这个功能需要以下步骤。

（1）定义 IDL 文件。在 src/main 目录下，新建 idl 目录，并在这个目录下创建与 java 目录下名称一样的命名结构，如图 4-20 所示。

在 idl 目录上点击鼠标右键，选择"New"→"Idl File"选项，输入接口名称，点击"OK"按钮，就完成了 IDL 文件的创建，如图 4-21 所示。

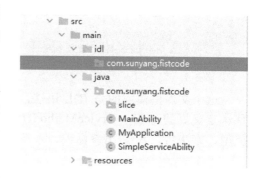

图 4-20　idl 目录结构

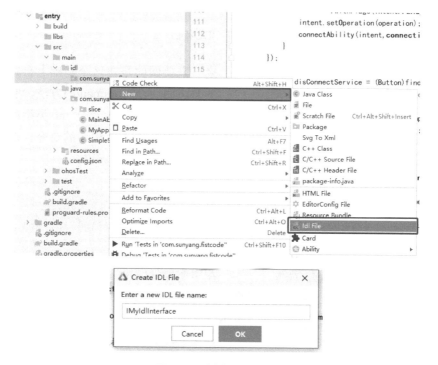

图 4-21　新建 IDL 文件

新建 IDL 文件后，会在 idl 目录下生成一个 IMyIdlInterface.idl 文件，打开这个文件后，会出现以下代码。

```
interface com.sunyang.firstcode.IMyIdlInterface {
    /*
```

```
    * Example of a service method that uses some parameters
    */
    void serviceMethod1([in] int anInt);
}
```

这个文件里使用的是 IDL 语法，与一般的 Java 语法稍有区别。下面来看默认定义好的 void serviceMethod1([in] int anInt)接口。IDL 接口包括返回值类型、方法名、入参/出参标识、入参/出参类型、参数名称（如图 4-22 所示）。

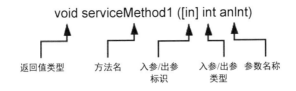

图 4-22　IDL 接口

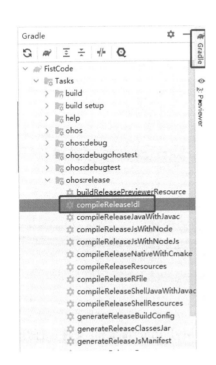

图 4-23　编译 IDL 文件

接下来要做的是在这个基础上自定义接口。下面声明一个 command()方法，它的返回值为 void，需要输入一个 int 类型的参数 anInt，这个参数表示要传递的命令，命令通过 int 类型的常量值来标识。

```
interface com.sunyang.firstcode.
IMyIdlInterface {
    void command([in] int anInt);
}
```

在声明完 command()方法后，需要手动执行 gradle 命令编译 IDL 文件，如图 4-23 所示。

双击 compileReleaseIdl 命令，如果在控制台中看到"Task execution finished 'compileReleaseIdl'."，就说明已经生成成功，接着在 entry/build/generated/source/idl 目录下，可以看到多了三个文件，如图 4-24 所示，分别为 IMyIdlInterface、MyIdlInterfaceProxy、MyIdlInterfaceStub，这三个文件的含义如下。

① IMyIdlInterface：接口文件，里面定义了在 IDL 文件中定义的方法。

② MyIdlInterfaceProxy：代理文件，这是一种设计模式，这里对 IDL 文件定义的接口进行具体的实现，通过这个对象可以向远程设备发送命令。

③ MyIdlInterfaceStub：它是接口类的抽象实现，声明了 IDL 文件中的所有方法，其作用为接收 MyIdlInterfaceProxy 中的命令。

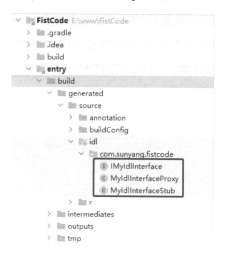

图 4-24　IDL 编译后的文件

（2）在 SimpleServiceAbility 的 onConnect()方法里，返回了一个远程连接对象。这里需要对其进行修改。Service Ability 通常是用来接收命令的，我们使用上面生成的 MyIdlInterfaceStub 对象来实现命令的接收。

```
@Override
protected IRemoteObject onConnect(Intent intent) {
    return new MyRemoteObject("RemoteObject");
}
//这里继承了 IDL 文件生成的 MyIdlInterfaceStub 对象
private class MyRemoteObject extends MyIdlInterfaceStub {
    public MyRemoteObject(String descriptor) {
        super(descriptor);
    }
    @Override
    public void command(int anInt) throws RemoteException {
    }
}
```

MyRemoteObject 对象中的 commad()方法，就是在 IDL 文件中定义好的接口方法，这个方法的入参是发送过来的命令，这里要对不同的命令进行处理。要想控制远程设备的音量，就需要定义两个枚举值，分别代表"音量加"和"音量减"。

```
private static final int VOLUMN_UP = 100;
private static final int VOLUMN_DOWN = 101;
```

修改 MyRemoteObject 对象中的 command()方法，通过 switch-case 语句来区别命令，并在不同的分支中，加入设备音量控制的代码。控制系统音量的对象为 AudioManager。可以调用 AudioManager 对象的 setVolume()方法对音量进行控制。

```
@Override
public void command(int anInt) throws RemoteException {
    AudioManager audioManager = new AudioManager(getContext());
    switch (anInt){
        case VOLUMN_UP:
        try {
            int volume = audioManager.getVolume.AudioVolumeType.STREAM_MUSIC);
            audioManager.setVolume(AudioManager.AudioVolumeType.STREAM_MUSIC, volume+1);
        } catch (AudioRemoteException e) {
            e.printStackTrace();
        }
        break;
        case VOLUMN_DOWN:
        try {
            int volume = audioManager.getVolume(AudioManager.AudioVolumeType.STREAM_MUSIC);
            audioManager.setVolume(AudioManager.AudioVolumeType.STREAM_MUSIC,volume-1);
        } catch (AudioRemoteException e) {
            e.printStackTrace();
        }
        break;
        case VOLUMN_DOWN:
        try {
            int volume = audioManager.getVolume(AudioManager.AudioVolumeType.STREAM_MUSIC);
            audioManager.setVolume(AudioManager.AudioVolumeType.STREAM_MUSIC,volume-1);
```

```
        } catch (AudioRemoteException e) {
            e.printStackTrace();
        }
        break;
    default:break;
    }
}
```

在上述代码中，通过 switch-case 语句对命令进行区分。对于"音量加"命令，首先获取当前音量的数值，在此基础上通过 setVolume()方法增加音量。对于"音量减"命令也是如此。

（3）在 MainAbilitySlice 中完成命令的发送。发送命令使用 IDL 文件生成的 MyIdlInterfaceProxy 对象。在连接成功后，对 MyIdlInterfaceProxy 对象进行实例化，传入 IAbilityConnection 对象的 onAbilityConnectDone()回调方法的入参 iRemoteObject 对象，iRemoteObject 对象中保存着设备的连接信息，之后便可以通过实例化后的 MyIdlInterfaceProxy 对象向远程设备发送命令。具体代码如下。

```
private static MyIdlInterfaceProxy proxy;
private IAbilityConnection connection = new IAbilityConnection() {
    @Override
    public void onAbilityConnectDone(ElementName elementName,
IRemoteObject iRemoteObject, int i) {
        //连接服务成功的回调
        new ToastDialog(getContext()).setText("连接远程服务成功！").show();
        //对proxy进行实现
        proxy = new MyIdlInterfaceProxy(iRemoteObject);
    }
    @Override
    public void onAbilityDisconnectDone(ElementName elementName,
int i) {
        //连接服务失败的回调
        new ToastDialog(getContext()).setText("连接远程服务失败！").show();
    }
};
```

（4）在 ability_main.xml 布局文件中增加两个按钮来控制音量。

```
<?xml version="1.0" encoding="utf-8"?>
```

```xml
<DirectionalLayout
    ohos:height="match_content"
    ohos:width="match_parent"
    ohos:orientation="horizontal">
    ......
    <Button
        ohos:id="$+id:volumn_plus"
        ohos:height="match_content"
        ohos:width="match_content"
        ohos:weight="1"
        ohos:text_size="30fp"
        ohos:background_element="#FF6655"
        ohos:text="音量加"/>
    <Button
        ohos:id="$+id:volumn_min"
        ohos:height="match_content"
        ohos:width="match_content"
        ohos:weight="1"
        ohos:text_size="30fp"
        ohos:background_element="#DD66DD"
        ohos:text="音量减"/>
</DirectionalLayout>
```

（5）"音量加"和"音量减"命令的枚举值要事先声明好，并与 SimpleServiceAbility 中的定义保持一致。

```java
private static final int VOLUMN_UP = 100;
private static final int VOLUMN_DOWN = 101;
```

然后，为按钮添加点击事件。

```java
Button plus = (Button)findComponentById(ResourceTable.Id_volumn_plus);
Button min = (Button)findComponentById(ResourceTable.Id_volumn_min);
plus.setClickedListener(new Component.ClickedListener() {
    @Override
    public void onClick(Component component) {
        try {
            proxy.command(VOLUMN_UP);
        } catch (RemoteException e) {
            e.printStackTrace();
        }
```

```
        }
    });
    min.setClickedListener(new Component.ClickedListener() {
        @Override
        public void onClick(Component component) {
            try {
                proxy.command(VOLUMN_DOWN);
            } catch (RemoteException e) {
                e.printStackTrace();
            }
        }
    });
```

到这里就完成了所有代码的编写，完成了与远程服务建立连接，并且通过这个连接来控制远程设备的音量。

将应用部署到模拟器上。点击"获取分布式设备的信息"按钮来获取分布式设备 ID。然后，点击"连接远程服务"按钮，如图 4-25 所示。

点击"音量加"或"音量减"按钮。

可以看到，右侧设备的音量被控制了，通过持续点击左侧设备的"音量加"或"音量减"按钮，可以实现对右侧设备音量加或减的控制，如图 4-26 所示。到这里就完成了这个案例，实现了对远程设备的控制。

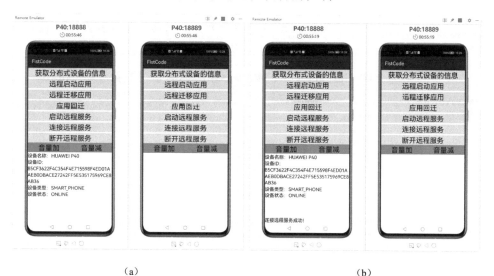

图 4-25　连接远程服务

图 4-26 远程控制

4.7 本章小结

本章系统地介绍了多设备场景中的应用远程启动、应用迁移、服务启动和连接,也介绍了应用拉起和应用迁移的区别。这些是 HarmonyOS 跨设备通信的核心能力。熟练运用应用的跨设备通信能力,可以很方便地开发出跨设备应用。通过本章的学习,相信你对 Ability 的使用有了新的认识。

下一章将会介绍 HarmonyOS 的数据管理,你会学习到第三种 Ability——Data Ability。

第 5 章　数据管理

任何应用都会产生数据的读写，比如应用的缓存数据、图片、操作行为日志等。这也是手机应用随着使用时间的增加，所占存储空间变大的原因之一。每个人使用应用的习惯都不同，有些应用会记录这种习惯，从而提高用户体验。有些数据存储在应用的远端服务器中，而有些数据存储在本地设备中。例如，新闻类应用会将数据进行缓存，即使在手机断网的情况下，用户打开应用也会看到一些缓存好的新闻。再如，查看微信朋友圈，即便在断网的情况下，也可以看到朋友圈的历史数据信息。很多应用也提供了删除缓存的功能，这也是在操作本地的数据。这类场景显然就用到了本地存储。

在 HarmonyOS 中，应用不仅可以借助本地存储来完成数据操作，还支持跨设备分布式存储，并提供了设备间的数据同步、数据搜索等功能。HarmonyOS 的这种分布式特性，为开发跨设备数据共享应用提供了非常便利的基础，开发者可以基于分布式数据库完成更多丰富的数据管理应用。

本章将对 HarmonyOS 中支持的本地数据库、分布式数据库进行详细讲解。

5.1　本地数据管理

本地数据管理是指应用在所在设备上进行数据的管理，包括文件存储和数据库存储。数据库存储又包括关系型数据库存储和键值对形式的存储，它们各自有不同的特点，下面分别来介绍这两种存储方式。

5.1.1　关系型数据库与 SQLite

在应用开发过程中，如果需要存储的数据量较大，并且希望方便对数据进行操作，那么可以使用数据库来管理数据。

数据库一般分为关系型数据库和非关系型数据库，两者都是数据的组织形式。在关系型数据库中，数据的存储是以数据库→数据表→记录形式存储的，表和表之间可以进行多表连接查询，完成复杂的逻辑操作。在关系型数据库中，通常需要关注两点：关系和数据库。关系可以是数据之间的关系，也可以是表和表之间的关系。在设计数据库时，通常以关系模型来建立数据和数据之间的联系。数据库则是数据的存储形式。

数据库中包含若干数据表，数据表以行和列的形式进行数据组织，又可以分为行式存储和列式存储，这里通常讲的是行式存储，即每一行是一条记录。

关系型数据库是目前使用得较多的数据库之一，我们耳熟能详的一些数据库产品包括 MySQL、Oracle、SQL Server 等。这些关系型数据库的功能非常强大，是服务端常用的数据库产品。但在终端设备上，例如手机、电视、平板电脑等，这些数据库就显得体积较大，很多功能是用不到的。HarmonyOS 中使用的是一款轻量级关系型数据库 SQLite。

SQLite 是一款轻型的数据库，运算速度非常快，占用资源少，通常只需要几百 KB 内存就可以使用，非常适合在嵌入式终端设备上使用。SQLite 具有关系型数据库管理系统的 ACID 特性，即原子性（Atomicity，或称不可分割性）、一致性（Consistency）、隔离性（Isolation）、持久性（Durability）。

（1）原子性：一个事务要么全部提交成功，要么全部失败回滚，不能只执行其中的一部分操作。

（2）一致性：事务不能破坏数据库的一致性，在事务开始之前和事务结束以后，数据库都必须处于一致性状态。

（3）隔离性：数据库允许并发情况下对数据进行读写，隔离性保证并发情况下各个事务之间不能相互干扰，包括读未提交（Read Uncommitted）、读提交（Read Committed）、可重复读（Repeatable Read）和串行化（Serializable）。

（4）持久性：事务提交后，对数据的修改是永久的、不可丢失的。

SQLite 比一般的关系型数据库的操作要简单得多，支持 Windows/Linux/UNIX 等多种主流操作系统，不需要设置用户名和密码就可以访问。其通过文件形式保存数据，具有跨平台使用的特点。其支持的数据格式比较丰富，包括 integer（整型）、real（浮点数）、text（字符串）、blob（二进制对象）、null 五种基本的数据类型，还支持 varchar(n)、char(n)、decimal(m,n) 等数据类型。

SQLite 包括以下个性化特征，使其在嵌入式终端领域广受喜爱。

（1）无任何配置文件，也不存在安装和卸载，不需要设置用户及权限，可以直接通过 API 调用来操作 SQLite。

（2）SQLite 没有单独的服务器进程，其运行环境与主程序位于同一进程空间，所以 SQLite 和程序之间进行的是进程内通信，效率更高。

（3）SQLite 数据库被存储在文件系统的单一文件内，可以随意拷贝，兼容多种操作系统平台，具备跨平台特性，支持多种编程语言。这极大地方便了数据的备份，只需要复制一下文件就可以。

（4）SQLite 支持弱类型数据，即便声明了数据的类型，在写入数据时，也可以插入任意类型数据。

（5）由于占用运行资源少，非常适合在 PDA、智能手机等终端移动设备上使用。

HarmonyOS 基于 SQLite 提供了一套完整的对本地数据库进行管理的机制，对外提供了友好的数据库操作 API，包括一系列增、删、改、查、事务等接口，也支持原生 SQL 语句来满足复杂查询。HarmonyOS 的关系型数据库的运作机制如图 5-1 所示。

上层应用可以通过 ORM（Object Relational Mapping，对象关系映射）或直接运行 SQL 语句的方式与中间层关系型数据库（RDB）进行交互。在中间层中，HarmonyOS 的关系型数据库对外提供通用的操作接口。底层使用 SQLite 作为持久化存储引擎，支持 SQLite 具有的所有数据库特性，包括但不限于事务、索引、视图、触发器、外键、参数化查询和预编译 SQL 语句。

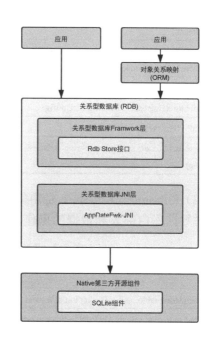

图 5-1　HarmonyOS 的关系型数据库的运作机制

下面使用 HarmonyOS 提供的接口来操作 SQLite。

5.1.2 关系型数据库的操作

关系型数据库是在 SQLite 的基础上实现本地数据操作机制的,使开发者无须编写原生 SQL 语句就能进行数据增、删、改、查,同时也支持原生 SQL 语句操作。

HarmonyOS 提供了以下对象来对数据库进行操作。

(1) DatabaseHelper。DatabaseHelper 对象提供对数据库的创建、删除、配置等功能,表 5-1 是 DatabaseHelper 对象操作关系型数据库的常用方法。一般常用 getRdbStore()方法创建一个数据库,这个方法的入参包括 StoreConfig 对象,通过 StoreConfig 对象来对数据库进行配置。

表 5-1 DatabaseHelper 对象操作关系型数据库的常用方法

方法	含义
getRdbStore(StoreConfig config, int version, RdbOpenCallback openCallback)	获取 RdbStore 实例,用于操作关系型数据库
getRdbStore(StoreConfig config, int version, RdbOpenCallback openCallback, ResultSetHook resultSetHook)	获取 RdbStore 实例,用于操作关系型数据库,可自定义结果集
deleteRdbStore(String name)	根据名称删除一个数据库
deleteRdbStore(DatabaseFileConfig fileConfig)	根据数据库配置删除一个数据库
releaseRdbMemory()	释放 SQLite 数据库中的堆内存
moveDatabase(Context srcContext, String srcName, String destName)	移动数据库,此方法可用来给数据库改名

(2) RdbStore。RdbStore 是用来操作数据的实例。通过 RdbStore 对象可以完成对数据库内部表和数据的操作。表 5-2 为 RdbStore 对象的常用方法。

表 5-2 RdbStore 对象的常用方法

方法	含义
long insert(String table, ValuesBucket initialValues)	在一个表中插入一行数据
update(ValuesBucket values, AbsRdbPredicates absRdbPredicates)	根据条件更新数据
query(AbsRdbPredicates absRdbPredicates, String[] columns)	根据条件查询指定的列
querySql(String sql, String[] sqlArgs)	根据 SQL 语句进行查询
delete(AbsRdbPredicates absRdbPredicates)	按条件删除记录
executeSql(String sql)	执行不要求返回值的 SQL 语句
count(AbsRdbPredicates absRdbPredicates)	获取符合查询条件的记录行数

此处总结了最常用的增、删、改、查语句，RdbStore 对象还有一些拓展方法，由于篇幅有限，不再一一列举。

（3）StoreConfig。StoreConfig 是数据库的配置类。通过 StoreConfig 对象可以对数据库进行以下配置（见表 5-3）。

表 5-3　数据库配置

对象	含义
StoreConfig.Builder	见表 5-4
StoreConfig.JournalMode	数据库的日志模式
StoreConfig.StorageMode	数据库的存储模式
StoreConfig.SyncMode	数据库的同步模式

通过 StoreConfig.Builder 对象对 StoreConfig 对象进行配置。StoreConfig.Builder 对象包括以下对数据库的配置方法（见表 5-4）。

表 5-4　StoreConfig.Builder 对象对数据库的配置方法

方法	含义
setName(String name)	指定要设置的数据库名称
setReadOnly(boolean isReadOnly)	设置数据库是否为只读的
setEncryptKey(byte[] encryptKey)	指示数据库要设置的加密密钥
setDatabaseFileSecurityLevel(DatabaseFileSecurityLevel databaseFileSecurityLevel)	为数据库文件设置指定的安全级别

（4）DatabaseFileConfig。DatabaseFileConfig 是数据库文件的配置类。这个对象可以用来对数据库文件进行配置，包括以下常用方法（见表 5-5）。

表 5-5　DatabaseFileConfig 对象的常用方法

方法	含义
getName()	获取数据库文件名称
isEncrypted()	判断数据库文件是否加密
getDatabaseFileType()	获取数据库文件的文件类型
getDatabaseFileSecurityLevel()	获取数据库文件的安全级别

DatabaseFileConfig 对象使用 DatabaseFileConfig.Builder 对象进行配置，包括以下常用方法（见表 5-6）。

表 5-6　DatabaseFileConfig.Builder 对象的常用方法

方法	含义
setName(String name)	设置数据库文件名称
setEncrypted(boolean isEncrypted)	设置是否加密数据库文件
setDatabaseFileType(DatabaseFileType databaseFileType)	设置数据库文件的文件类型
setDatabaseFileSecurityLevel(DatabaseFileSecurityLevel databaseFileSecurityLevel)	设置数据库文件的安全级别

（5）AbsRdbPredicates。AbsRdbPredicates 是做数据查询时的条件，里面的方法很多，对应了关系型数据库的常用查询方法和查询条件，其常用方法见表 5-7。

表 5-7　AbsRdbPredicates 对象的常用方法

方法	含义
and()	添加一个 and 逻辑条件
or()	添加一个 or 逻辑条件
in(String field, int[] values)	添加一个多值枚举等值条件
notIn(String field, int[] values)	添加一个多值枚举不等条件
equalTo(String field, byte value)	添加一个等值逻辑条件
notEqualTo(String field, byte value)	添加一个不等逻辑条件
beginWrap()	添加左括号
endWrap()	添加右括号
contains(String field, String value)	添加包含逻辑条件
beginsWith(String field, String value)	增加以指定字符串开头的条件
endsWith(String field, String value)	增加以指定字符串结尾的条件
isNull(String field)	空值条件
isNotNull(String field)	非空条件
like(String field, String value)	增加一个按指定模式匹配的条件
between(String field, int low, int high)	增加一个范围条件
notBetween(String field, int low, int high)	增加一个范围外条件
greaterThan(String field, int value)	增加一个大于条件
lessThan(String field, int value)	增加一个小于条件
greaterThanOrEqualTo(String field, int value)	增加一个大于等于条件

续表

方法	含义
lessThanOrEqualTo(String field, int value)	增加一个小于等于条件
orderByAsc(String field)	按指定字段升序
orderByDesc(String field)	按指定字段降序
distinct()	去除重复数据
limit(int value)	限制取数据的数量
offset(int rowOffset)	指定取数据的起始位置
groupBy(String[] fields)	按指定字段分组
indexedBy(String indexName)	指定索引列
crossJoin(String tableName)	两个表进行交叉连接
innerJoin(String tableName)	两个表进行内连接
leftOuterJointring tableName)	两个表进行左外连接
using(String... fields)	表连接指定的字段
on(String... clauses)	表连接指定的字段

（6）ResultSet。ResultSet 又叫结果集，是用来存储查询结果的。从数据库里进行数据查询，查询后的所有数据都存储在 ResultSet 对象中。ResultSet 对象中维护一个指向当前数据的游标，游标的初始位置定位在第一行，next()方法可以将游标移动到下一行。next()方法的返回值是 boolean 类型的，当没有数据时，会返回 false。根据这种特性，开发者可以使用 while 循环来读取 ResultSet 对象中的数据。

ResultSet 对象提供了很多的方法对已查询出来的数据进行修改，表 5-8 列出了 ResultSet 对象的常用方法。

表 5-8 ResultSet 对象的常用方法

方法	含义
absolute(int row)	将游标移动到指定行
relative(int rows)	将游标移动到相对行
afterLast()	将游标移动到最后一行后面
beforeFirst()	将游标移动到第一行前面
first()	将游标移动到第一行
next()	将游标向下移动一行
previous()	将游标向前移动一行

续表

方法	含义
getRow()	获得当前行数
updateString(String columnLabel, String x)	更新指定列
updateRow()	使用当前行的新内容更新基础数据库
moveToInsertRow()	将游标移动到插入行,这是一个数据缓冲区
insertRow()	将插入行的内容插入此 ResultSet 对象中,并插入数据库中

需要用到的常用方法就介绍到这里,接下来在新创建的项目的 MainAbilitySlice 中完成数据库操作。

1. 数据库创建

首先创建数据库配置对象 StoreConfig,通过此对象可以配置数据库的名称、加密字符串、日志策略、存储模式、同步模式等。这里使用最简单的方式来创建数据库。

```java
public class MainAbilitySlice extends AbilitySlice {
    @Override
    public void onStart(Intent intent) {
        super.onStart(Intent);
        super.setUIContent(ResourceTable.Layout_ability_main);
        //进行数据库的配置
        StoreConfig config= StoreConfig.newDefaultConfig("RdbTest.db");
    }
}
```

newDefaultConfig()方法使用了数据库默认的配置项来初始化数据库。这里只需要设置数据库的名称即可,不用进行其他配置。

```java
//进行数据库的配置
StoreConfig config= StoreConfig.newDefaultConfig("RdbTest.db");
//数据库连接的回调方法
RdbOpenCallback callback = new RdbOpenCallback() {
    @Override
    public void onCreate(RdbStore store) {
        store.executeSql("CREATE TABLE IF NOT EXISTS test (id INTEGER
```

```
PRIMARY KEY AUTOINCREMENT, name TEXT NOT NULL, age INTEGER,address
TEXT )");
    }
    @Override
    public void onUpgrade(RdbStore store, int oldVersion, int
newVersion) {
    }
};
```

RdbOpenCallback 对象包含连接数据库后的回调方法，回调方法包括以下几个。

（1）onCreate()：在创建数据库时调用。

（2）onOpen()：在打开数据库时调用。

（3）onUpgrade()：在数据库升级时调用。

（4）onDowngrade()：在数据库降级时调用。

（5）onCorruption()：在数据库异常时调用。

在 onCreate()方法中，通常可以做一些数据库创建、基础数据的写入等操作。RdbStore 对象是可以操作数据库的对象，通过其 executeSql()方法来执行建表语句，RdbStore 对象还可以完成数据相关的操作，我们在后面继续进行介绍。

上面代码 RdbOpenCallback 中的 onCreate()方法执行了一段 SQL 语句，这段语句的作用是创建一个数据库，"CREATE TABLE IF NOT EXISTS"表明如果数据库不存在，那么创建一个新的数据库，如果数据库已经存在，就不再执行后面的建表语句。要创建的数据表名称为 test，test 里面包含 4 个字段：主键 ID、姓名、年龄、地址。我们在后面主要用这个表来进行操作。接下来继续创建 DatabaseHelper 对象。

```
//创建数据库对象
DatabaseHelper helper = new DatabaseHelper(getContext());
RdbStore rdbStore = helper.getRdbStore(config,1,callback);
```

这里使用 DatabaseHelper 对象来完成最终数据库的创建，其 getRdbStore()方法有三个参数：第一个参数为数据库的配置；第二个参数为版本号，用来做数据库的升降级；第三个参数为数据库连接的回调方法。到这一步就完成了数据库的创建。

在创建完数据库后,打印输出一下数据库的存储路径。

完整的 MainAbilitySlice 代码如下。

```java
public class MainAbilitySlice extends AbilitySlice {
    static final HiLogLabel LABEL_LOG = new HiLogLabel(HiLog.LOG_APP, 0xD001100, "Demo");
    @Override
    public void onStart(Intent intent) {
        super.onStart(intent);
        super.setUIContent(ResourceTable.Layout_ability_main);
        //进行数据库的配置
        StoreConfig config= StoreConfig.newDefaultConfig("RdbTest.db");
        //数据库连接的回调方法
        RdbOpenCallback callback = new RdbOpenCallback() {
            @Override
            public void onCreate(RdbStore store) {
                store.executeSql("CREATE TABLE IF NOT EXISTS test (id INTEGER PRIMARY KEY AUTOINCREMENT, name TEXT NOT NULL, age INTEGER, address TEXT)");
            }
            @Override
            public void onUpgrade(RdbStore store, int oldVersion, int newVersion) {}
        };
        //创建数据库对象
        DatabaseHelper helper = new DatabaseHelper(getContext());
        RdbStore rdbStore = helper.getRdbStore(config, 1, callback);
        HiLog.info(LABEL_LOG,rdbStore.getPath());
    }
}
```

在数据库创建完成后,打印如图 5-2 所示的 HiLog 日志。

运行到模拟器上后,可以直接显示出数据库的存储路径。数据库存储在了"/data/data/包路径/Ability/databases/db/数据库名称"位置。

图 5-2　数据库的存储路径

2. 数据插入

数据插入需要用到 HarmonyOS 为开发者提供的另一个对象：ValuesBucket。它是专门用来做数据存储的。数据在 ValuesBucket 对象中以键值对的形式存储。要想往数据库中插入数据，首先要将数据存储到 ValuesBucket 对象中。

ValuesBucket 对象提供了一系列 put 和 get 方法，用来处理不同的数据类型。在这里新建两条数据，写入数据库中。

```
ValuesBucket first = new ValuesBucket();
first.putInteger("id",1);
first.putString("name","张三");
first.putInteger("age",18);
first.putString("address","北京");

ValuesBucket second = new ValuesBucket();
second.putInteger("id",2);
second.putString("name","李四");
second.putInteger("age",19);
second.putString("address","上海");

rdbStore.insert("test",first);
rdbStore.insert("test",second);
```

这些以 put 开头的方法的参数有两个。比如，putString(String columnName, String value) 方法的第一个参数 columnName 为对应的列名，第二个参数 value 为 columnName 对应的取值。列名只有与创建数据库时的字段名保持一致，才会将数据正确地插入数据库中。test 表中包含四个字段 id、name、age、address，每个 ValuesBucket 对象中都存储了这四个字段和对应的值。

insert() 方法的返回值是 Long 类型的，如果数据插入成功，则返回数据行 ID，如果插入失败，则返回 -1。可以通过判断返回值来验证数据是否插入成功。

RdbStore 是创建好数据库后返回的对象。RdbStore 对象的 insert(String table, ValuesBucket initialValues)方法可以做数据的插入。该方法包含两个参数：第一个参数 table 是要操作的表名称，因为在一个数据库中可以包含多个数据库表，所以这里需要指定要操作的表的名字。第二个参数为 initialValues，就是上面创建的两个 ValuesBucket 对象。通过 rdbStore.insert("test",first)方法，就可以将数据插入数据库中了。

最后，通过 rdbStore.count()方法得到数据库中数据的数量，使用 HiLog 日志进行输出来验证以上两条数据是否插入成功，如图 5-3 所示。

```
RdbPredicates condition = new RdbPredicates("test");
long count = rdbStore.count(condition);
HiLog.info(LABEL_LOG,"test 中数据的数量: "+count);
```

图 5-3　验证数据插入

如果完全使用 SQL 语句，那么可以将 new ValuesBucket()和 rdbStore.insert()方法的代码替换为：

```
rdbStore.executeSql("INSERT INTO test values(1,'张三',18,'北京'),
(2,'李四',19,'上海')");
```

两种写法的效果是一样的。

3. 数据查询

数据查询最重要的是查询条件。AbsRdbPredicates 是一个抽象类，在实际使用时，要使用其实现类 RdbPredicates 来完成条件的编写。在表 5-7 中可以看到很多查询条件，包括等值查询、范围搜索、逻辑条件等。然后，声明 RdbPredicates 对象来添加查询条件。

```
RdbPredicates condition = new RdbPredicates("test");
//查询年龄为 18,同时姓名为张三的记录
condition.equalTo("age",18).and().equalTo("name","张三");
```

```
//设置要查询出来的列
String[] columns=new String[]{"name","address"};
ResultSet resultSet = rdbStore.query(condition, columns);
```

在上面的代码中，首先构造了 RdbPredicates 实例，接着设置了一系列查询条件。第一个条件是 age=18，第二个条件是 name="张三"，两个条件之间使用"and"逻辑进行连接。含义是要查询的数据必须同时满足这两个条件。RdbPredicates 可以让开发者不用写复杂的 SQL 语句，就可以完成一定的数据库查询功能。它提供了多种谓语动词来完成条件编写，用于拼接 SQL 语句中 WHERE 后面的条件语句。这种方式的写法只是在一定程度上提高了开发效率，但并不是完美的。对于一些复杂的查询，还是使用 SQL 语句比较方便，尤其对于多表连接查询、子查询。从图 5-4 中可以看到，使用 RdbPredicates 语法声明的条件最后转换成了 SQL 语句形式，参数通过占位符的方式传递，转换后的 SQL 语句最终再由 SQLite 去执行。

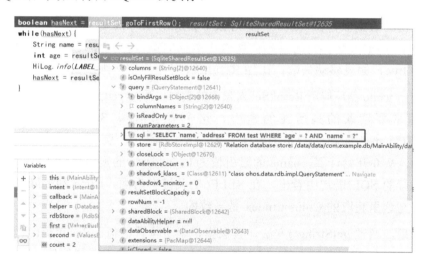

图 5-4 拼接的 SQL 语句

上述代码声明了一个 String[]。这个字符串数组对象的作用是告诉 SQLite 要查出来数据表中哪些字段。它是 SQL 语句中 SELECT 语句后面跟着的字段信息。这里包含了 name 和 address 两个字符串，含义是在数据库中查询满足 condition 条件的记录，只取 name 和 address 两列信息返回。

通过声明的 columns 和 condition，就完成了一个完整的 SQL 查询语句，将它们作为参数传入 query(AbsRdbPredicates absRdbPredicates, String[]

columns)语句中就可以完成数据库查询，并将查询结果返回存储到 ResultSet 对象中。

下面遍历 ResultSet 对象来获取其中的信息。

```
ResultSet resultSet = rdbStore.query(condition, columns);
boolean hasNext = resultSet.goToFirstRow();
while(hasNext){
    int nameId = resultSet.getColumnIndexForName("name");
    String name = resultSet.getString(nameId);
    int addId = resultSet.getColumnIndexForName("address");
    String address = resultSet.getString(addId);
    HiLog.info(LABEL_LOG,"name: "+name+",id 为"+nameId+"; address: "+address+",Id 为"+addId+"\n");
    hasNext = resultSet.goToNextRow();
}
```

查出的数据保存在 ResultSet 对象中。操作 ResultSet 对象的游标，调用 goToFirstRow()方法，将游标指向所查出数据的第一行。如果游标移动成功，则返回 true，如果移动失败，比如 ResultSet 对象为空，则返回 false。

使用 while 循环遍历 ResultSet 对象中的数据。通过 getColumnIndexForName() 方法获取要读取的列所在的索引，这个索引值和 String[] columns=new String[]{"name","address"}中的顺序有关。比如，在这个例子中，按照从左到右的顺序，从 0 开始计算，name 的索引值为 0，address 的索引值为 1。也可以从最终执行的 SQL 语句中看出，在 SELECT 关键字后面，name 和 address 的先后顺序与这里获取的 ColumnIndex 是一致的。

最后，通过 getString()方法，获取指定索引位置的值。ResultSet 对象还包含 getInt()、getFloat()、getDouble()等方法来获取不同数据类型的值。最终的执行结果如图 5-5 所示。

图 5-5　SQL 语句的执行结果

如果将 String[] columns=new String[]{"name","address"}中的字段换一下位

置，变成 String[] columns=new String[]{"address","name"}，再次执行上面的查询代码，得到的是如图 5-6 所示的结果。

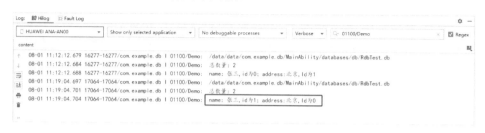

图 5-6　调换字段顺序的执行结果

可以看到，name 的 id 变成了 1，而 address 的 id 变成了 0，这与 String[] columns 中的顺序是一致的。

4. 数据更新

在数据库管理中，数据更新是常见的。比如，修改头像、昵称，以及在电商类系统里，在用户下单后需要修改商品的库存等。终端设备的数据库也面临着各种各样的数据更新场景，比如一个新闻类应用在被打开后，通常先读取本地数据库中的信息进行展示，然后再去请求网络获取最新新闻。这保证了用户打开应用就可以看到上次打开应用时存储的新闻，即便网络出现问题，也保证了新闻列表中有内容。当获取到最新的新闻后，开发者也需要同步更新数据库中的新闻，这就是更新数据库的一个使用场景。

将上面例子中张三的地址由"北京"修改为"深圳"。

```
HiLog.info(LABEL_LOG,"更新前: ");
query(rdbStore);     //将查询方法进行封装
RdbPredicates predicates = new RdbPredicates("test");
predicates.equalTo("name","张三");
ValuesBucket newValue = new ValuesBucket();
newValue.putString("address","深圳");
int update = rdbStore.update(newValue, predicates);
HiLog.info(LABEL_LOG,"更新后: ");
query(rdbStore);     //将查询方法进行封装
```

构造 RdbPredicates 对象，指定要操作的表为"test"，WHERE 语句后的条件为"name=张三"。这种语法格式的思路是为了方便拼接最后 SQLite 执行的 SQL 语句。

ValuesBucket 对象中存储了要更新的数据，存储的数据 Key 值为"address"，值为"深圳"。

update(ValuesBucket values, AbsRdbPredicates absRdbPredicates)方法的两个参数分别对应上面的两个对象，update()方法的返回值是 int 类型的，代表受影响的行数，也就是执行这个 SQL 语句后，有多少行的数据被修改。开发者通过这个值可以判断数据更新是否符合预期。

由于遍历数据集的代码是一样的，这里进行一次简单的封装，将遍历数据集的代码封装到了 query()方法中。这样，在更新前、后只需要调用 query()方法就可以完成打印输出。

```
//query()方法，用来遍历 test 数据库中所有数据并打印日志
private void query(RdbStore rdbStore){
    ResultSet test = rdbStore.query(new RdbPredicates("test"),new String[]{"name","address"});
    boolean flag = test.goToFirstRow();
    while(flag){
        int nameId = test.getColumnIndexForName("name");
        String name = test.getString(nameId);
        int addId = test.getColumnIndexForName("address");
        String address = test.getString(addId);
        HiLog.info(LABEL_LOG,"name: "+name+",Id 为"+nameId+";address:"+address+",Id 为"+addId+"\n");
        flag = test.goToNextRow();
    }
}
```

从图 5-7 中可以看出，"张三"的"address"字段的值被正确修改为了"深圳"。如果需要修改多个字段的值，那么只需要在 ValuesBucket 对象中继续添加对应的数据即可。

图 5-7　更新数据的执行结果

如果完全使用 SQL 语句，那么可以将：

```
RdbPredicates predicates = new RdbPredicates("test");
predicates.equalTo("name","张三");
ValuesBucket newValue = new ValuesBucket();
newValue.putString("address","深圳");
int update = rdbStore.update(newValue, predicates);
```

替换为：

```
rdbStore.executeSql("UPDATE test SET address='深圳' WHERE NAME='张三'");
```

这两种写法的效果是一样的。

5. 数据删除

删除数据指的是删除数据库中符合 RdbPredicates 对象定义的条件的数据。下面删除案例中"张三"的信息，delete(AbsRdbPredicates absRdbPredicates)方法的入参只需要传入条件即可。它的返回值是 int 类型的数值，代表了影响的行数，意思是删除了多少行数据。开发者可以通过这个值来判断删除操作是否符合预期。

下面是删除数据的代码，在删除数据前、后分别遍历了数据库中的所有数据。

```
HiLog.info(LABEL_LOG,"删除前：");
query(rdbStore);
HiLog.info(LABEL_LOG,"删除后：");
//定义删除条件
RdbPredicates condition = new RdbPredicates("test").equalTo("name","张三");
int result = rdbStore.delete(condition);
query(rdbStore);
```

从图 5-8 中可以看到，删除前数据库中有两条数据，删除"张三"后，数据库中只剩一条数据，表明这次的删除操作执行成功了。

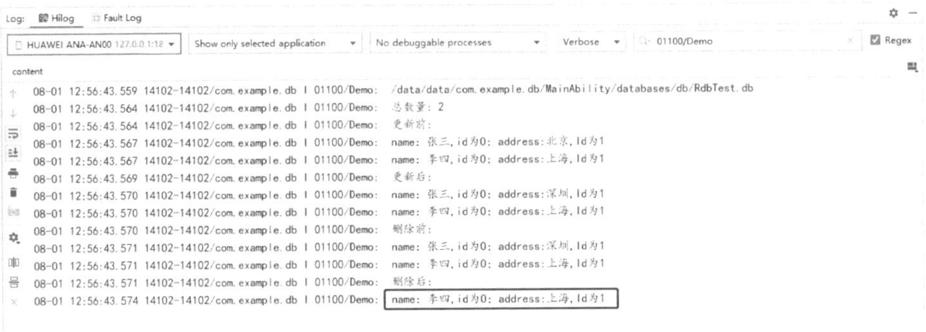

图 5-8 删除数据的执行结果

如果完全使用 SQL 语句，那么可以将：

```
RdbPredicates condition = new RdbPredicates("test").equalTo("name","张三");
int result = rdbStore.delete(condition);
```

替换为：

```
rdbStore.executeSql("DELETE FROM test WHERE NAME='张三'");
```

这两种写法的效果是一样的。

5.1.3 对象关系映射数据库

对象关系映射（Object Relational Mapping，ORM）是编程语言与数据库之间的映射，把 Java 代码中的类与类之间的关系与数据库中的实体表与表之间的关系对应，本质上是类对象到关系型数据库的映射。这种对象到数据库实体的映射是为了在开发层面解耦。开发者只需要操作 Java 中的类对象，就可以完成类对象到数据库的映射，包括各种增、删、改、查操作，都由框架来完成。这种完成类对象到数据库映射的框架称为 ORM 框架。ORM 框架在一定程度上避免了让开发者编写复杂的 SQL 语句，使其专注于业务开发。但也要看到，任何一种 ORM 框架都不能完全替代 SQL 语句，对于复杂的 SQL 语句，仍然是手动编写最方便。

HarmonyOS 的 ORM 框架在 SQLite 上增加一个抽象层来完成对象映射和数据库操作，如图 5-9 所示。其主要用到以下三个组件。

（1）数据库：用@Database 注解，且继承了 OrmDatabase 的类，对应关系型数据库。

（2）实体对象：用@Entity 注解，且继承了 OrmObject 的类，对应关系型数据库中的表。

（3）对象数据操作接口：包括数据库操作的入口 OrmContext 类和谓词接口 OrmPredicate 等。

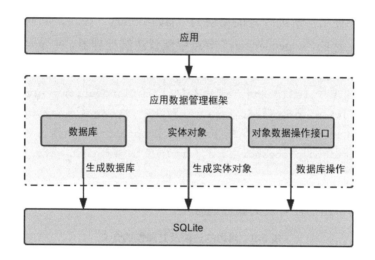

图 5-9　ORM 框架的映射结构

以上注解组件需要开发者手动在 build.gradle 文件中进行配置后才可以使用。在 build.gradle 文件中找到根节点 ohos，增加编译选项：

```
compileOptions{
    annotationEnabled true
}
```

这时，就可以使用@Database、@Entity 等注解，默认使用这种方式即可。此外，还有以下两种不同场景下的配置方式。

（1）如果使用注解处理器的模块为"com.huawei.ohos.library"模块，则需要在模块的 build.gradle 文件的"dependencies"节点中配置注解处理器。

```
dependencies {
```

```
    compile files("orm_annotations_java.jar 的路径", "orm_
annotations_processor_java.jar 的路径", "javapoet_java.jar 的路径")
    annotationProcessor files("orm_annotations_java.jar 的路径",
"orm_annotations_processor_java.jar 的路径", "javapoet_java.jar 的路径")
}
```

这三个 jar 包在 HUAWEI SDK 中的 Sdk/java/x.x.x.xx/build-tools/lib/ 目录下。在配置好路径后，会将这三个 jar 包导进来。

（2）如果使用注解处理器的模块为 "java-library" 模块，则需要在模块的 build.gradle 文件的 "dependencies" 节点中配置注解处理器，并导入 "ohos.jar"。

```
dependencies {
    compile files("ohos.jar 的路径","orm_annotations_java.jar 的路径
","orm_annotations_processor_java.jar 的路径","javapoet_java.jar 的路径")
    annotationProcessor files("orm_annotations_java.jar 的路径
","orm_annotations_processor_java.jar 的路径","javapoet_java.jar 的路径")
}
```

表 5-9 为常用的注解及其属性的含义。

表 5-9　常用的注解及其属性的含义

注解	注解的含义	属性	属性的含义
@Database	表明是数据库类对象	entities	数据库内包含的表
		version	数据库版本号
@Entity	表明是数据表对象	tableName	表名
		primaryKeys	主键
		foreignKeys	外键
		indices	索引属性列表
		ignoredColumns	忽略列
@Column	被注解的字段映射到数据表的字段	name	列名
		index	是否为索引
		notNull	是否为非空约束
		unique	是否为唯一性约束
		uniqueConflictResolution	唯一性冲突解决方案

续表

注解	注解的含义	属性	属性的含义
@PrimaryKey	被注解的字段对应着数据表的主键	autoGenerate	自动生成主键值
@ForeignKey	被注解的字段对应着数据表的外键	name	外键名称
		parentEntity	父数据表
		parentColumns	父表列
		childColumns	子表列
		onDelete	删除时的策略： NO_ACTION：当父表进行删除操作时，检查子表是否有对应的数据，如果有，那么拒绝操作。 RESTRICT：同"NO_ACTION"。 SET_NULL：当父表进行删除操作时，子表会把外键字段变为null。 SET_DEFAULT：当父表进行删除操作时，子表会把外键字段变为其默认值。 CASCADE：当父表进行删除操作时，子表会同步删除
		onUpdate	更新时的策略： NO_ACTION：当父表进行更新操作时，检查子表是否有对应的数据，如果有，那么拒绝操作。 RESTRICT：同"NO_ACTION"。 SET_NULL：当父表进行更新操作时，子表会把外键字段变为null。 SET_DEFAULT：当父表进行更新操作时，子表会把外键字段变为其默认值。 CASCADE：当父表进行更新操作时，子表会同步更新
@Index	被注解的字段对应着数据表的索引	value	索引列名
		name	索引名
		unique	是否唯一性索引

可以使用这些注解来操作实体类对象，除此之外，还需要掌握另外三个对象。

（1）OrmDatabase：开发者需要定义一个表示数据库的类，继承OrmDatabase类，再通过@Database注解内的entities属性指定哪些数据模型类属于这个数据库。

（2）OrmObject：开发者可以通过创建一个继承了 OrmObject 类并用 @Entity 注解的类，获取数据库实体对象。

（3）OrmContext：它是对象关系映射（ORM）系统提供的接口，用于操作 OrmObject 类中定义的 ORM 数据库实体。开发者可以使用 OrmContext 对象的接口来对数据库实现增、删、改、查操作。表 5-10 为 OrmContext 接口中的方法及其含义。

表 5-10　OrmContext 接口中的方法及其含义

类型	方法	含义
数据库操作	insert(T object)	在数据库中插入记录，执行完后仅修改内存，需要调用 flush()方法将数据变化持久化
	update(T object)	更新数据库中的记录，执行完后仅修改内存，需要调用 flush()方法将数据变化持久化
	update(OrmPredicates predicates, ValuesBucket value)	根据指定条件，将 ValuesBucket 对象中的信息更新到指定的 OrmObject 实例
	delete(T object)	删除数据库中的记录，执行完后仅修改内存，需要调用 flush()方法将数据变化持久化
	delete(OrmPredicates predicates)	按条件删除数据库中的记录
	query(OrmPredicates predicates)	查询数据库中满足条件的记录
	query(OrmPredicates predicates, String[] columns)	按字段查询数据库中满足条件的记录
	count(OrmPredicates predicates)	按条件统计数量
	max(OrmPredicates predicates, String field)	按条件获取指定列中匹配数据的最大值
	min(OrmPredicates predicates, String field)	按条件获取指定列中匹配数据的最小值
	avg(OrmPredicates predicates, String field)	按条件获取指定列中匹配数据的平均值
	sum(OrmPredicates predicates, String field)	按条件获取指定列中匹配数据的总和
	flush()	将保存在内存中的数据写入数据库
	getAlias()	获取与当前数据库上下文相关的存储别名
	close()	清除内存数据并释放存储区
事务操作	beginTransaction()	开启事务
	isInTransaction()	是否正在执行事务操作
	rollback()	回滚事务
	commit()	提交事务

续表

类型	方法	含义
数据库备份与恢复	backup(String destPath)	备份数据库到指定路径
	restore(String srcPath)	从指定的数据库文件中还原数据
数据变化监听	registerStoreObserver(String alias, OrmObjectObserver observer)	注册数据库变化回调
	registerContextObserver(OrmContext watchedContext, OrmObjectObserver observer)	注册上下文变化回调
	registerEntityObserver(String entityName, OrmObjectObserver observer)	注册数据库实体变化回调
	registerObjectObserver(OrmObject ormObject, OrmObjectObserver observer)	注册对象变化回调

在掌握相关概念后，下面通过实际代码学习如何使用 ORM 框架操作数据库。

新建 Empty Ability（Java）模板项目，在"Project Type"选区中选择"Application"单选按钮，在 com.example.orm 包路径下新建 model 目录。

1. 数据库创建

通过注解，创建数据库及数据库中包含的表。在本案例中，数据库名称为 School，该数据库中包含两个数据表：学生表（Student 表）、专业表（Major 表）。

在 model 目录下，新建 Major.java、School.java、Student.java 三个文件，如图 5-10 所示。

（1）School 类中的代码如下。

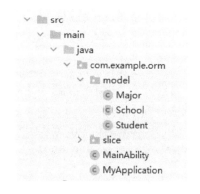

图 5-10 创建 model 目录

```
@Database(entities = {Student.class,Major.class}, version = 1)
public abstract class School extends OrmDatabase {
}
```

School 类继承自 OrmDatabase，接着加上@Database 注解，并通过 entities 属性来声明该数据库中包含的表，该值为数组，意味着这里可以包含多个数据表，数据库版本号为 1。

（2）Student 类中的代码如下。

```java
@Entity(tableName = "Student", ignoredColumns = {"description"},
        indices = {@Index(value = {"name"}, name = "name_index",
unique = true)})
public class Student extends OrmObject {
    //设置 userId 为自增的主键
    @PrimaryKey(autoGenerate = true)
    private Integer userId;
    private String name;
    private int age;
    private String majorName;
    private String description;

    public Integer getUserId() {
        return userId;
    }
    public void setUserId(Integer userId) {
        this.userId = userId;
    }
    public String getName() {
        return name;
    }
    public void setName(String name) {
        this.name = name;
    }
    public int getAge() {
        return age;
    }
    public void setAge(int age) {
        this.age = age;
    }
    public String getMajorName() {
        return majorName;
    }
    public void setMajorName(String majorName) {
        this.majorName = majorName;
    }
    public String getDescription() {
```

```
        return description;
    }
    public void setDescription(String description) {
        this.description = description;
    }
}
```

在上述代码中,首先使用@Entity 注解和其属性对 Student 类进行配置。tableName 属性用来指定 Student 类对应数据库中的哪张表,这里指定的数据表名为 Student。Student 类中的属性和 Student 表中的字段对应,在执行数据库操作时,会自动将类的属性映射到数据表字段上。ignoredColumns 属性用来标记哪些字段不会被映射到数据表中,这些属性虽然不在表里,却可能是在业务处理过程中或根据前端展示需要而存在的属性。indices 表示表的索引属性列表,可以包含多个索引的定义。这里定义了在 name 字段上创建名为 name_index 的唯一性索引。

@PrimaryKey 注解作用在字段上,表示该字段为表的主键。本例中使用 userId 作为 Student 表的主键,并且通过 autoGenerate = true 声明为自增长主键。

最后,实现了各个字段的 setter 和 getter 方法。

Major 表的操作和 Student 表的操作类似,本案例后续只使用 Student 表进行操作,不再对 Major 表进行代码编写。

在将数据库和数据表都声明完成后,使用 DatabaseHelper 对象完成数据库的创建。在 5.1.2 节使用 DatabaseHelper 对象操作 RdbStore 对象,这里使用 DatabaseHelper 对象来操作 OrmContext 对象。

表 5-11 为 DatabaseHelper 对象中关于 OrmContext 接口的方法。

表 5-11　DatabaseHelper 对象中关于 OrmContext 接口的方法

方法	含义
getOrmContext(String alias)	获取到具有指定别名的 ORM 数据库的 ORM 上下文映射
getOrmContext(String alias, String name, Class<T> ormDatabase, OrmMigration... migrations)	创建一个对象关系映射数据库并获取映射到该数据库的上下文
getOrmContext(OrmConfig ormConfig, Class<T> ormDatabase, OrmMigration... migrations)	创建一个对象关系映射数据库并获取映射到数据库的 OrmContext 接口

下面编写创建数据库和数据库表的代码，MainAbilitySlice 中的代码如下。

```java
public class MainAbilitySlice extends AbilitySlice {
    static final HiLogLabel LABEL_LOG = new HiLogLabel(HiLog.LOG_APP, 0xD001100, "Demo");
    @Override
    public void onStart(Intent intent) {
    super.onStart(intent);
        super.setUIContent(ResourceTable.Layout_ability_main);
        //创建数据库
        DatabaseHelper helper = new DatabaseHelper(this);
        OrmContext context = helper.getOrmContext("School","School.db", School.class);
    }
}
```

在实例化 DatabaseHelper 对象时，入参 context 的类型为 ohos.app.Context，注意不要使用 AbilitySlice.getContext()方法来获取 context，请直接传入当前 AbilitySlice 的 this 引用，否则会出现找不到类的报错。getOrmContext(String alias, String name, Class<T> ormDatabase, OrmMigration... migrations)方法的第一个参数指定 ORM 数据库别名，第二个参数为数据库名字，第三个参数为 ORM 数据库类对象，第四个参数为数据库升降级配置。

这里指定了数据库别名为 School，数据库文件名为 School.db 的数据库。

2. 新增数据

在 School 数据库的 Student 表中新增数据，实例化 Student 对象，并为对应的属性赋值，最后执行 OrmContext 接口的 insert()方法和 flush()方法将数据写入数据库。insert()方法将数据写入内存中，flush()方法将内存数据持久化到数据库中。

```java
//插入第一条数据
Student s1 = new Student();
s1.setName("张三");
s1.setMajorName("计算机");
s1.setAge(18);
context.insert(s1);
//插入第二条数据
```

```
    Student s2 = new Student();
    s2.setName("李四");
    s2.setMajorName("物联网");
    s2.setAge(19);
    context.insert(s2);
    //将数据写入数据库
    boolean isSuccess = context.flush();
    if(!isSuccess){
        HiLog.error(LABEL_LOG,"数据写入失败!");
        return;
    }
    HiLog.info(LABEL_LOG,"数据写入成功!");
    //遍历数据库中的内容进行展示
    List<Student> query = context.query(new OrmPredicates(Student.class));
    HiLog.info(LABEL_LOG,"数据量: "+query.size());
    for (int i =0;i<query.size();i++){
        Student student = query.get(i);
        HiLog.info(LABEL_LOG,"姓名: "+student.getName()+";年龄: "+student.getAge()+";专业: "+student.getMajorName()+"\n");
    }
```

在上述代码中，用 Student 类实例化了两个对象 s1 和 s2，分别为其属性进行赋值。然后，直接调用 insert()方法来操作 s1 和 s2，就可以将数据写入内存中，再通过调用 flush()方法，将内存中的数据持久化写入数据库中，就完成了数据的新增。考虑代码篇幅，省去了若干对语句执行结果成功与否的判断，但这些判断在实际应用中不可缺失。

然后查询数据库，将结果进行输出。图 5-11 是上述代码的执行结果。

图 5-11　新增数据的执行结果

3. 数据查询

数据查询使用 OrmContext 接口中的两个方法，见表 5-12。

表 5-12　OrmContext 接口中的数据查询方法

方法	返回值类型	含义
query(OrmPredicates predicates)	List<T>	查询数据库中满足条件的记录
query(OrmPredicates predicates, String[] columns)	ResultSet	按字段查询数据库中满足条件的记录

表 5-12 中的两个方法的区别在于是否指定数据表中被查询的字段。如果指定了被查询字段，那么返回值类型为 ResultSet。如果查询所有字段，那么返回值类型为 List<T>，将表里的字段都映射到对应的类对象中。

OrmPredicates 对象和 RdbPredicates 对象中包含的方法是类似的，这些方法对应了 SQL 语句中的条件表达式，包括逻辑运算、范围条件、等值与不等值条件、分组、排序、分页、连表等。只不过它们的使用场景不同，在关系对象映射这里使用 OrmPredicates 对象来完成查询条件的编写。

```
HiLog.info(LABEL_LOG,"指定张三的信息: ");
//设置查询条件
OrmPredicates predicates = new OrmPredicates(Student.class);
predicates.equalTo("name","张三");
//通过context查询
List<Student> students = context.query(predicates);
//遍历查询结果进行展示
for (int i =0;i<students.size();i++){
    Student student = students.get(i);
    HiLog.info(LABEL_LOG,"姓名: "+student.getName()+";年龄: "+student.getAge()+";专业: "+student.getMajorName()+"\n");
}
```

程序的执行结果如图 5-12 所示。

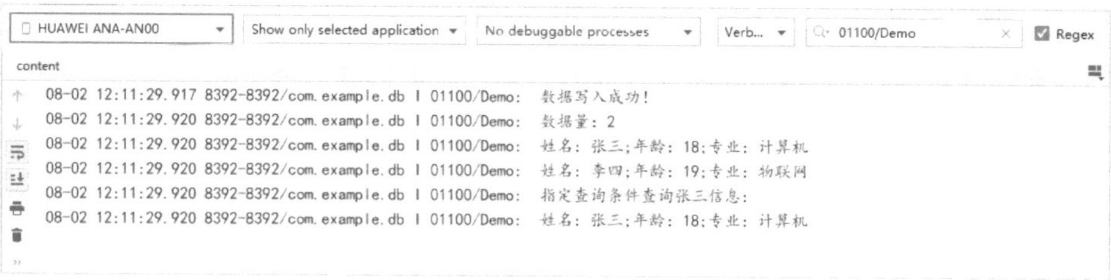

图 5-12 数据查询的执行结果

查询指定列的情况：

```
HiLog.info(LABEL_LOG,"指定查询条件和列查询张三信息：");
//设置查询条件
OrmPredicates predicates = new OrmPredicates(Student.class);
predicates.equalTo("name","张三");
//设置要查询的列
String[] conlumns = new String[]{"name","majorName"};
//通过context查询
ResultSet students = context.query(predicates, conlumns);
//遍历ResultSet输出查询结果
boolean hasNext = students.goToFirstRow();
if(hasNext){
    String name = students.getString(students.getColumnIndexForName("name"));
    String majorName=students.getString(students.getColumnIndexForName("majorName"));
    HiLog.info(LABEL_LOG,"姓名："+name+";专业："+majorName+"\n");
    hasNext = students.goToNextRow();
}
```

程序的执行结果如图 5-13 所示。

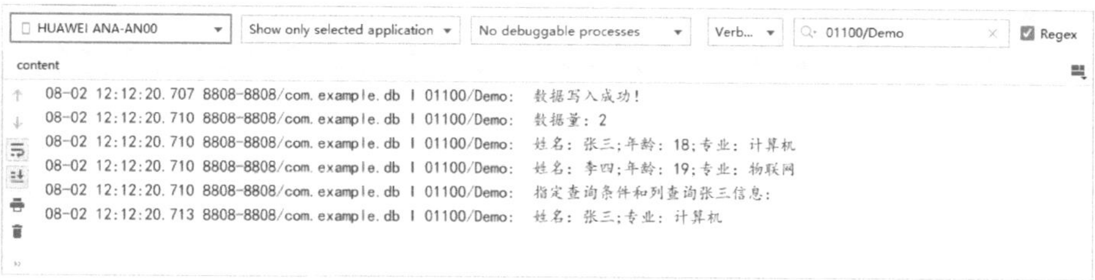

图 5-13 查询指定列的执行结果

4. 数据更新

数据更新使用 OrmContext 接口中的两个方法，见表 5-13。

表 5-13　OrmContext 接口中的数据更新方法

方法	返回值类型	含义
update(T object)	boolean	更新数据库中的记录，执行完后仅修改内存，需要调用 flush()方法将数据变化持久化
update(OrmPredicates predicates, ValuesBucket value)	int	根据指定条件，将 ValuesBucket 对象中的信息更新到指定的 OrmObject 实例

update(T object)接口操作的是实体类对象，需要先从数据库中查出来完整的对象数据，然后对指定字段的值进行修改。该方法执行后，会将对象保存到内存中，需要调用 flush()方法将更新后的数据持久化到数据库中。下面的代码实现了对"张三"专业名称的修改。

```
HiLog.info(LABEL_LOG,"指定查询条件查询张三信息：");
//查询要更新的信息
OrmPredicates predicates = new OrmPredicates(Student.class);
predicates.equalTo("name","张三");
List<Student> students = context.query(predicates);
//修改专业信息
Student student = students.get(0);
student.setMajorName("人工智能");
//将更新结果写入内存中
context.update(student);
//将更新结果持久化到数据库中
boolean updateFlag = context.flush();
if(!updateFlag){
    HiLog.error(LABEL_LOG,"数据更新失败！");
    return;
}
//再次查询数据库，观察是否更新成功
HiLog.info(LABEL_LOG,"数据更新成功！");
students = context.query(predicates);
HiLog.info(LABEL_LOG,"姓名："+students.get(0).getName()
```

```
        +";年龄: "+students.get(0).getAge()+";专业: "
    +students.get(0).getMajorName()+"\n");
```

程序的执行结果如图 5-14 所示。

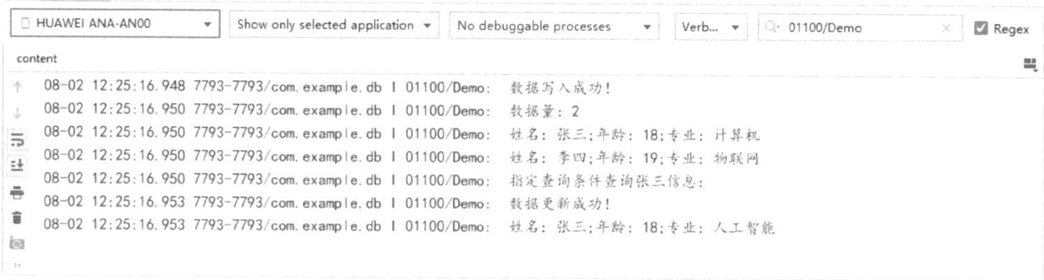

图 5-14 数据更新的执行结果

还可以通过 update(OrmPredicates predicates, ValuesBucket value)接口来更新数据,这种方式可以直接指定更新的字段,然后通过 OrmPredicates 对象来指定要更新的数据符合的条件,代码如下所示。

```
//设置更新的值和条件
OrmPredicates ormPredicates = context.where(Student.class).equalTo
("name", "张三");
ValuesBucket valuesBucket = new ValuesBucket();
valuesBucket.putString("majorName","大数据");
//更新数据库
int update = context.update(ormPredicates, valuesBucket);
if(update!=0){
    HiLog.info(LABEL_LOG,"数据使用 OrmPredicates 更新成功! ");
}
//再次查询数据库,观察是否更新成功
List<Student> students = context.query(predicates);
HiLog.info(LABEL_LOG,"姓名: "+students.get(0).getName()
        +";年龄: "+students.get(0).getAge()+";专业: "
    +students.get(0).getMajorName()+"\n");
```

更新后的日志如图 5-15 所示,最后显示"张三"的专业更新为"大数据",说明数据库已经更新成功。

图 5-15　更新指定字段的执行结果

5. 删除数据

数据删除使用 OrmContext 接口中的两个方法，见表 5-14。

表 5-14　OrmContext 接口中的 delete()方法

方法	返回值类型	含义
delete(T object)	boolean	删除数据库中的记录，执行完后仅修改内存，需要调用 flush()方法将数据变化持久化
delete(OrmPredicates predicates)	int	按条件删除数据库中的记录

delete(T object)接口操作的是实体类对象，需要先从数据库中查出来完整的对象数据，然后进行删除操作，最后调用 flush()方法删除数据库中的记录。

```
HiLog.info(LABEL_LOG,"删除李四的信息");
//查询要更新的信息
OrmPredicates delPredicates = new OrmPredicates(Student.class);
delPredicates.equalTo("name","李四");
List<Student> students1 = context.query(delPredicates);
//修改信息
Student student1 = students1.get(0);
context.delete(student1);
//将更新结果持久化到数据库中
boolean delFlag = context.flush();
if(!delFlag){
    HiLog.error(LABEL_LOG,"数据删除失败！");
    return;
}
//遍历删除数据后的数据库
```

```
List<Student> queryAll = context.query(new OrmPredicates(Student.class));
HiLog.info(LABEL_LOG,"删除数据后的数据库容量: "+queryAll.size());
for (int i =0;i<queryAll.size();i++){
    Student stu = queryAll.get(i);
    HiLog.info(LABEL_LOG,"姓名: "+stu.getName()+";年龄: "+stu.getAge()+";专业: "+stu.getMajorName()+"\n");
}
```

删除后的日志如图 5-16 所示。可以看到，李四的信息已经从数据库中删除。

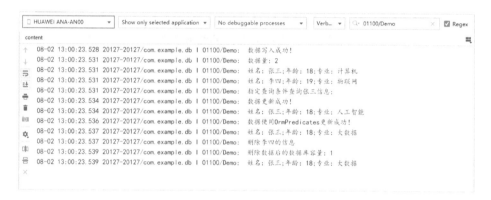

图 5-16 删除数据的执行结果（1）

还可以使用以下方式删除数据。

```
OrmPredicates ormPredicates1 = context.where(Student.class).equalTo("name", "张三");
int delete = context.delete(ormPredicates1);
if(delete!=0){
    HiLog.info(LABEL_LOG,"数据删除成功! ");
}
//遍历删除数据后的数据库
List<Student> queryDelAll = context.query(new OrmPredicates(Student.class));
HiLog.info(LABEL_LOG,"删除数据后的数据库容量: "+queryDelAll.size());
```

图 5-17 为删除数据后的日志。

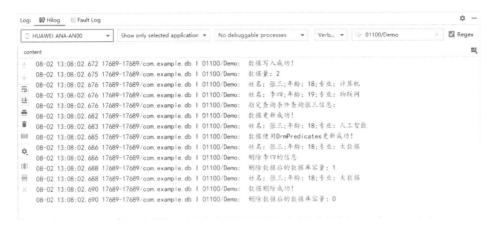

图 5-17 删除数据的执行结果（2）

5.1.4 Preferences

HarmonyOS 提供了轻量级数据存储方式——Preferences。Preferences 区别于数据库存储，它不保证遵循 ACID 特性，不采用关系模型来组织数据。它采用 Key-Value 结构的数据存储形式将信息保存到文件中。简单来说，这种轻量级数据存储方式，是将信息存储到一个文件中，适用于存储少量数据，例如用户名、密码、应用配置、自定义参数等。Preterences 提供了简便的 API，屏蔽了对底层文件的读写，为开发者提供了友好的接口来实现数据的存取。当应用运行时，Preferences 实例对应的文件会被加载到内存中，这使得访问 Preferences 文件的速度更快，存取效率更高。

从图 5-18 中可以看到，系统提供了轻量级数据存储的操作类 Preferences 来完成数据的存取，而数据的存取最终是对文件的读取。每个文件对应一个 Preferences 实例，一个应用可以有多个 Preferences 实例，意味着一个应用可以对应多个存储文件。应用可以对需要缓存的数据进行分类缓存，比如把与登录有关的数据放到一个 Preferences 实例中，把与系统配置有关的数据放到另一个 Preferences 实例中。这对数据管理是有好处的，比如用户在退出登录时，只需要将与登录有关的 Preferences 实例对应的文件删除即可。

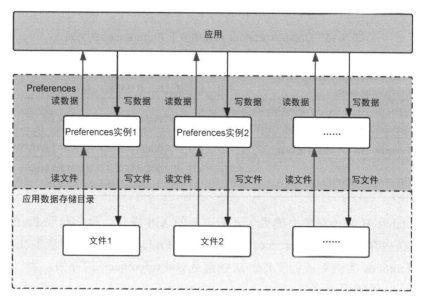

图 5-18　Preferences 实例的运行机制

通过 DatabaseHelper API，开发者可以将指定文件的内容加载到内存的 Preferences 实例中，系统会通过静态容器将该实例存储在内存中，直到应用主动从内存中移除该实例或者删除该文件。在获取到文件对应的 Preferences 实例后，应用可以借助相关 API，从 Preferences 实例中读取数据，最终再通过 flush() 方法或者 flushSync() 方法将内存中的 Preferences 实例的数据持久化到本地文件中保存。

Preferences 实例对应的文件的存储位置和实例化 DatabaseHelper 对象时使用的上下文环境有关。

```
DatabaseHelper databaseHelper = new DatabaseHelper(getContext());
```

数据文件存储路径：/data/data/{PackageName}/{AbilityName}/ preferences。

```
DatabaseHelper databaseHelper = new DatabaseHelper(getApplicationContext());
```

数据文件存储路径：/data/data/{PackageName}/preferences。

Preferences 实例中的 Key-Value 都必须是 String 类型的，Key 值为非空且长度不超过 80 个字符。Value 值可以为空但是长度不超过 8192 个字符。Preferences 应当遵循轻量的原则，不建议存储太多数据，这会增加内存的消耗。

表 5-15 为 DatabaseHelper 对象中关于 Preferences 的方法。

表 5-15　DatabaseHelper 对象中关于 Preferences 的方法

方法	含义
getPreferences(String name)	通过指定名称获取 Preferences 实例
movePreferences(Context sourceContext, String sourceName, String targetName)	移动 Preferences 实例对应的文件
removePreferencesFromCache(String name)	通过指定名称删除 Preferences 的内存实例
deletePreferences(String name)	通过指定名称在内存中删除 Preferences 实例，并删除 Preferences 实例对应的文件

DatabaseHelper 对象中提供了非常方便的 API 操作，包括获取 Preferences 实例、在内存中删除 Preferences 实例、删除 Preferences 实例对应的文件、移动 Preferences 实例对应的文件。这些都是对 Preferences 的操作，表 5-16 为 Preferences 的常用方法。

表 5-16　Preferences 的常用方法

方法	含义
putString(String key, String value)	在 Preferences 实例中存入字符串
putInt(String key, int value)	在 Preferences 实例中存入整型数据
putLong(String key, long value)	在 Preferences 实例中存入长整型数据
putFloat(String key, float value)	在 Preferences 实例中存入浮点数
putBoolean(String key, boolean value)	在 Preferences 实例中存入布尔值
putStringSet(String key, Set<String> value)	在 Preferences 实例中存入字符串集合
hasKey(String key)	在 Preferences 实例中检查是否有指定 Key 值
getString(String key, String defValue)	从 Preferences 实例中获取字符串
getInt(String key, int defValue)	从 Preferences 实例中获取整型数据
getLong(String key, long defValue)	从 Preferences 实例中获取长整型数据
getFloat(String key, float defValue)	从 Preferences 实例中获取浮点数
getBoolean(String key, boolean defValue)	从 Preferences 实例中获取布尔值
getStringSet(String key, Set<String> defValue)	从 Preferences 实例中获取字符串集合
getAll()	获取所有数据
delete(String key)	删除指定 Key 值的数据
clear()	删除所有数据
flush()	将 Preferences 数据异步保存到文件中

续表

方法	含义
flushSync()	将 Preferences 数据同步保存到文件中
registerObserver(Preferences.PreferencesObserver preferencesObserver)	注册观察者以监听 Preferences 实例的更改
unregisterObserver(Preferences.PreferencesObserver preferencesObserver)	解除对 Preferences 的监听

Preferences 对象提供了数据操作的方法，接下来通过一个实例学习一下 Preferences 的具体用法。

新建 Empty Ability（Java）模板项目，在"Project Type"选区中选择 "Application"单选按钮，在 MainAbilitySlice 中完成代码的编写。

1. 获取 Preferences 实例

```java
public class MainAbilitySlice extends AbilitySlice {
    static final HiLogLabel LABEL_LOG = new HiLogLabel(HiLog.LOG_APP, 0xD001100, "Demo");
    @Override
    public void onStart(Intent intent) {
        super.onStart(intent);
        super.setUIContent(ResourceTable.Layout_ability_main);
        //实例化 Preferences
        Context ctx = getContext();
        DatabaseHelper databaseHelper = new DatabaseHelper(ctx);
        Preferences preferences = databaseHelper.getPreferences("my_pref");
    }
}
```

使用 getContext()方法初始化 DatabaseHelper 对象，这时存储的 Preferences 实例对应的文件路径在 /data/data/{PackageName}/{AbilityName}/preferences 下，通过 getPreferences (String name)创建了 Preferences 实例，但此时还并未在上面的路径里创建文件。这时，对 Preferences 实例的操作都在内存中，只有执行完 flush()方法或 flushSync()方法后，才会将 Preferences 实例数据存储到文件中。my_pref 文件也是在执行完 flush()方法或 flushSync()方法后创建的，来看

下面的实例。

```java
public class MainAbilitySlice extends AbilitySlice {
    static final HiLogLabel LABEL_LOG = new HiLogLabel(HiLog.LOG_APP, 0xD001100, "Demo");
    @Override
    public void onStart(Intent intent) {
        super.onStart(intent);
        super.setUIContent(ResourceTable.Layout_ability_main);
        //实例化 Preferences
        Context ctx = getContext();
        DatabaseHelper databaseHelper = new DatabaseHelper(ctx);
        Preferences preferences = databaseHelper.getPreferences("my_pref");
        // 输出 Preferences 实例的保存目录
        HiLog.info(LABEL_LOG,ctx.getPreferencesDir().toString());
        //输出该目录下的文件的名称
        String[] list = ctx.getPreferencesDir().list();
        HiLog.info(LABEL_LOG,"创建 Preferences 实例后,该路径下的文件: ");
        for (int i =0;i<list.length;i++){
            HiLog.info(LABEL_LOG,list[i]);
        }
        //执行完 flushSync()方法后,输出该目录下的文件的名称
        preferences.flushSync();
        HiLog.info(LABEL_LOG,"执行 flushSync()方法后,该路径下的文件有:");
        String[] list1 = ctx.getPreferencesDir().list();
        for (int i =0;i<list1.length;i++){
            HiLog.info(LABEL_LOG,list1[i]);
        }
    }
}
```

在创建 Preferences 实例后,打印输出 /data/data/{PackageName}/{AbilityName}/preferences 下文件的文件名,这时,该目录下还没有创建 my_pref 文件。然后,在未对实例做任何数据操作的情况下,直接执行 preferences.flushSync()方法,再次输出该路径下所包含文件的文件名,此时可以发现 my_pref 文件被成功创建。程序的执行结果如图 5-19 所示。

第 5 章　数据管理　303

图 5-19　Preferences 本地文件的创建过程

2. 将数据写入文件中

要将数据写入文件中，首先要将数据写入内存的 Preferences 实例中，即通过 Preferences 的 put 方法，包括 putString()、putInt()、putLong()方法等，将数据写入 Preferences 中，然后通过 flush()方法或 flushSync()方法将数据从内存中写入文件中（见表 5-17）。在异步写入时没有返回值，在同步写入时可以通过返回值来判断数据写入成功或失败。

表 5-17　Preferences 的写文件方法

方法	返回值类型	含义
flush()	void	异步写入
flushSync()	boolean	同步写入

异步写入：

```
preferences.putString("name","张三");
preferences.putInt("id",101);
preferences.flush();
```

同步写入：

```
preferences.putString("name","张三");
preferences.putInt("id",101);
boolean result = preferences.flushSync();
if(result){
    HiLog.info(LABEL_LOG,"数据写入成功！");
}
```

异步写入数据的日志如图 5-20 所示。

图 5-20 异步写入数据

3. 从 Preferences 中读数据

表 5-18 为从 Preferences 中读数据的方法及其含义。

表 5-18 从 Preferences 中读数据的方法及其含义

方法	含义
getString(String key, String defValue)	读字符串
getInt(String key, int defValue)	读整数

下面使用 getString()方法和 getInt()方法完成案例，这两个方法都有两个入参，第一个参数为 Preferences 实例中数据的 Key 值，第二个参数为默认值，当没有找到此 Key 值时返回默认值。

```
String s = preferences.getString("name", "默认值");
HiLog.info(LABEL_LOG,"读 String 类型的 name 数据："+s);
//验证读 String 类型数据的默认值情况
String null_s = preferences.getString("null_name", "默认值");
HiLog.info(LABEL_LOG,"读 String 类型的 null_name 数据："+null_s);

int i = preferences.getInt("id", -1);
HiLog.info(LABEL_LOG,"读 int 类型的 id 数据："+i);
//验证读 int 类型数据的默认值情况
int null_id = preferences.getInt("null_id", -1);
HiLog.info(LABEL_LOG,"读 int 类型的 null_id 数据："+null_id);
```

图 5-21 为从 Preferences 中读数据的执行过程。

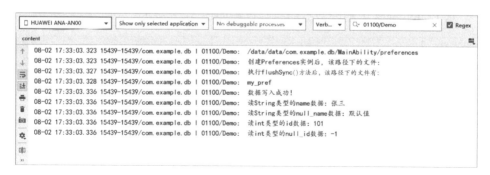

图 5-21 从 Preferences 中读数据的执行过程

由于之前已经对 Key 值为 name 和 id 的数据进行赋值，而 Preferences 中并没有存储 Key 值为 null_name 和 null_id 的数据，当获取不存在的 Key 值时，会返回读取数据时设置的默认值。

4. 从 Preferences 中删除数据

Preferences 提供了 delete(String key)方法来删除数据，如果要同步删除文件中的数据，那么还需要执行 flush()或 flushSync()方法将 Preferences 实例同步到文件中。

```
Preferences p = preferences.delete("name");
//使用delete()方法返回的Preferences实例读数据
int id = p.getInt("id", -1);
HiLog.info(LABEL_LOG,"读 int 类型的 id 数据: "+id);

//读key=name,但name已经被删除，会返回默认值
String name = p.getString("name", "默认值");
HiLog.info(LABEL_LOG,"读 String 类型的 name 数据: "+name);

HiLog.info(LABEL_LOG,preferences.toString());
HiLog.info(LABEL_LOG,p.toString());
//写入本地文件
p.flush();
```

delete(String key)方法返回了 Preferences 实例，从日志打印结果来看，这个实例和执行 delete()方法的 Preferences 实例是同一个，可以读取到前面存储的 int 类型数据。

从 Preferences 中删除数据的执行过程如图 5-22 所示。

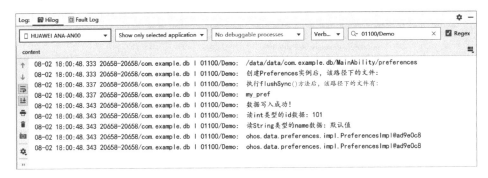

图 5-22 从 Preferences 中删除数据的执行过程

5．删除 Preferences 实例

（1）从内存中删除 Preferences 实例。调用 DatabaseHelper 对象的 removePreferencesFromCache()方法，将 Preferences 实例从内存中删除。这就把 Preferences 实例中包含的所有 Key-Value 信息也删除了。此方法的返回值类型为 void。

```
databaseHelper.removePreferencesFromCache("my_pref");
```

（2）删除 Preferences 实例对应的文件。调用 DatabaseHelper 对象的 deletePreferences(String name)方法。该方法首先在内存中删除 Preferences 实例，然后去本地路径内删除 Preferences 实例对应的文件。该方法的返回值类型为 boolean，如果 Preferences 的内存实例和对应的本地文件都被成功删除，那么返回 true，对于其他情况则返回 false。

```
boolean flag = databaseHelper.deletePreferences("my_pref");
if(flag){
    HiLog.info(LABEL_LOG,"my_pref 删除成功！");
}
```

6．移动 Preferences 实例对应的文件

DatabaseHelper 对象中提供了 movePreferences(Context sourceContext, String sourceName, String targetName)方法来移动 Preferences 实例对应的文件。该方法可以用来修改 Preferences 实例对应的文件的名称。

```
databaseHelper.movePreferences(ctx, "my_pref", "new");
```

为了看到效果，修改原来的程序：

```java
public class MainAbilitySlice extends AbilitySlice {
    static final HiLogLabel LABEL_LOG = new HiLogLabel(HiLog.LOG_APP, 0xD001100, "Demo");
    @Override
    public void onStart(Intent intent) {
        super.onStart(intent);
        super.setUIContent(ResourceTable.Layout_ability_main);
        //实例化 Preferences
        Context ctx = getContext();
        DatabaseHelper databaseHelper = new DatabaseHelper(ctx);
        Preferences preferences = databaseHelper.getPreferences("my_pref");
        HiLog.info(LABEL_LOG,ctx.getPreferencesDir().toString());
        String[] list = ctx.getPreferencesDir().list();
        HiLog.info(LABEL_LOG,"创建 Preferences 实例后，该路径下的文件：");
        for (int i =0;i<list.length;i++){
            HiLog.info(LABEL_LOG,list[i]);
        }
        preferences.flushSync();
        HiLog.info(LABEL_LOG,"执行flushSync()方法后,该路径下的文件有:");
        String[] list1 = ctx.getPreferencesDir().list();
        for (int i =0;i<list1.length;i++){
            HiLog.info(LABEL_LOG,list1[i]);
        }
        //修改文件名称
        databaseHelper.movePreferences(ctx, "my_pref", "new");
        HiLog.info(LABEL_LOG,"执行movePreferences()方法后,该路径下的文件有：");
        String[] list2 = ctx.getPreferencesDir().list();
        for (int i =0;i<list2.length;i++){
            HiLog.info(LABEL_LOG,list2[i]);
        }
    }
}
```

在上述代码执行完成后，日志如图 5-23 所示。

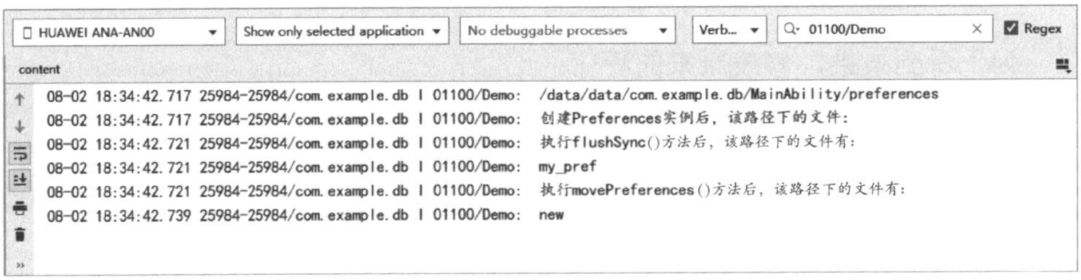

图 5-23 移动 Preferences 实例对应的文件

7. 注册观察者

开发者可以向 Preferences 实例注册观察者，实现 Preferences.PreferencesObserver 接口。在 Preferences 执行了 flushSync()或 flush()方法后，会回调 PreferencesObserver 接口中的 onChange()方法。

```
preferences.registerObserver(new Preferences.PreferencesObserver() {
    @Override
    public void onChange(Preferences preferences, String key) {
        HiLog.info(LABEL_LOG, "Preferences 中的" + key + "被修改，" + "修改后的值为：" + preferences.getString(key, ""));
    }
});
preferences.putString("name", "张三");
preferences.flush();
```

代码中通过匿名内部类的方式实现了监听的接口，在执行 flush()方法后，触发了 onChange()方法回调，打印了被修改字段的信息，日志如图 5-24 所示。

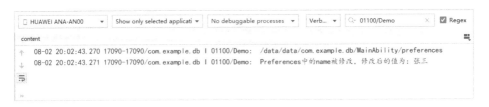

图 5-24 Preferences 的事件监听

unregisterObserver(Preferences.PreferencesObserver preferencesObserver)是用来解除监听事件的方法，该方法的入参是 PreferencesObserver 类型的，但是在上面的例子中，使用的是匿名内部类方式，无法传递 PreferencesObserver 对

象，所以如果需要解除监听事件，那么 PreferencesObserver 对象最好以类的形式进行定义。

```
private class PreferencesObserverImpl implements Preferences.
PreferencesObserver {
    @Override
    public void onChange(Preferences preferences, String key) {
        //监听事件回调
    }
}
```

在注册监听时：

```
PreferencesObserverImpl observer = new PreferencesObserverImpl();
preferences.registerObserver(observer);
```

解除监听：

```
preferences.unRegisterObserver(observer);
```

5.2 分布式数据管理

5.2.1 分布式数据服务

HarmonyOS 是面向未来全场景智慧生活方式的分布式操作系统，将生活场景中的各类终端进行能力整合，形成"超级终端"，以实现不同终端设备之间的连接、多端协同、资源共享。随着用户拥有的设备越来越多，每种设备都有其适用范围上的局限性。HarmonyOS 的分布式数据服务就提供了这样一种多设备间资源共享的能力。通过分布式数据服务，为开发具备分布式能力的应用提供底层数据共享、数据同步的基础。

从数据管理角度来看，HarmonyOS 提供了本地设备数据管理和跨设备的分布式数据管理。本地设备数据管理是对单机设备上的数据进行存取管理，用到了关系型数据库 SQLite 和数据存储方式 Preferences。分布式数据管理是HarmonyOS 的新特性，可以在多个设备间完成数据的存取、同步、共享。

分布式数据服务需要具备一定的条件：多个设备需要同时登录一个华为账号，设备间的网络为通过 Wi-Fi 或蓝牙组网的局域网，且分布式数据库只能在同一应用内同步。

分布式数据服务（Distributed Data Service，DDS）为应用提供设备间数据库数据的分布式同步能力，提供了 Key-Value 形式的数据存储模型。数据以键值对的形式进行组织、索引和存储，系统对外提供 Key-Value 形式访问接口。

HarmonyOS 提供了以下两种分布式数据库。

（1）单版本分布式数据库：数据在本地以 Key-Value 方式保存。每个 Key 值最多只对应一个 Value 值。当数据在本地被修改时，不管它是否已经被同步到别的设备中，均直接在这个数据上进行修改，然后进行数据同步，也就是说在网络内，该数据的版本只有最新的一份。对于单版本分布式数据库的每条记录来说，Key 值所占的存储空间≤1 KB，Value 值所占的存储空间<4 MB。

（2）设备协同分布式数据库：设备协同分布式数据库建立在单版本分布式数据库之上，Key-Value 数据中的 Key 值前面拼接了本设备的 DeviceId 标识符。这能保证每个设备产生的数据都会被明确区分。当数据被修改后，数据的 Key 值也会带有设备的 DeviceId，数据会根据 DeviceId 的不同形成多个版本。对于设备协同分布式数据库的每条记录来说，Key 值所占的存储空间≤896 Byte，Value 值所占的存储空间<4 MB。

图 5-25 是 HarmonyOS 分布式数据服务运作结构图。整体结构主要分为分布式数据服务接口和分布式数据服务组件。应用程序通过服务接口的调用来完成分布式数据服务的数据管理和同步策略。

（1）分布式服务数据接口：HarmonyOS 提供的管理分布式数据服务的一系列接口，包括数据库配置、数据管理、数据同步策略等。开发者主要在这一层进行开发。

（2）存储组件：负责数据的增、删、改、查，负责数据库加密、事务、数据冲突解决等。

（3）同步组件：连接存储组件和通信适配层，保持在线设备的数据库数据一致性，包括数据库数据的同步和合并。

（4）通信适配层：负责通信管道的创建、连接，接收设备上下线消息，维护在线设备列表，根据该列表进行数据同步，将数据进行封装并将其发送给已连接的设备。

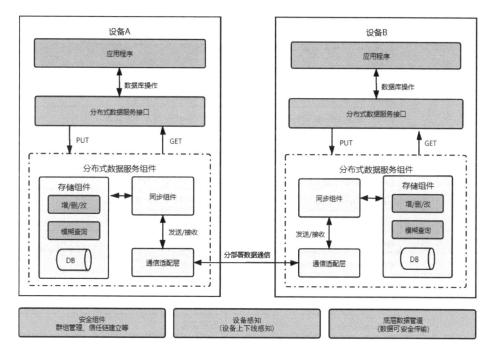

图 5-25 分布式数据服务运作结构图

图 5-25 的最下层还有三个组件：安全组件、设备感知、底层数据管道。它们都是支撑分布式数据服务的基础设施，提供了群组管理、信任链建立、设备上下线感知、数据安全传输等功能。

5.2.2 分布式数据服务开发

本节来完成分布式数据服务开发，包括分布式数据库的创建和多设备数据的增、删、改、查，经过本节的学习可以完成多设备的数据同步。目前，每个应用最多支持同时打开 16 个分布式数据库。

下面介绍需要用到的几个常用对象。

（1）KvStore。它是以 Key-Value 形式存储数据的分布式数据库，以接口形式提供了用于增、删、改、查和订阅分布式数据的方法，KvStore 的常用方法见表 5-19。

表 5-19　KvStore 的常用方法

分类	方法	含义
数据库操作	getStoreId()	获取当前 KvStore 数据库实例的 ID
数据操作	putString(String key, String value)	在 KvStore 中写入字符串
	putInt(String key, int value)	在 KvStore 中写入整型数据
	putFloat(String key, float value)	在 KvStore 中写入单精度浮点数
	putDouble(String key, double value)	在 KvStore 中写入双精度浮点数
	putBoolean(String key, boolean value)	在 KvStore 中写入布尔值
	putByteArray(String key, byte[] value)	在 KvStore 中写入字节数组
	putBatch(List<Entry> entries)	在 KvStore 中批量写入数据
	delete(String key)	根据 Key 值删除数据
	deleteBatch(List<String> keys)	根据 Key 值批量删除数据
数据库事务	startTransaction()	开启事务
	commit()	提交事务
	rollback()	回滚事务
数据订阅	subscribe(SubscribeType subscribeType, KvStoreObserver observer)	订阅数据库中数据的变化
	unSubscribe(KvStoreObserver observer)	取消订阅
数据同步	enableSync(boolean enabled)	是否允许数据同步
	setSyncRange(List<String> localLabels, List<String> remoteSupportLabels)	设置同步标签范围，决定与哪些设备进行同步

HarmonyOS 对 KvStore 接口方法的访问流量进行了控制。KvStore 的接口方法 1 秒最多访问 1000 次，1 分钟最多访问 10 000 次。

（2）KvManager。它提供用于管理 KvStore 数据库的方法，包括获取、关闭和删除 KvStore，是在数据库的维度进行管理的。KvManager 的常用方法见表 5-20。

表 5-20　KvManager 的常用方法

方法	含义
getKvStore(Options options, String storeId)	通过指定配置和 storeId 创建并获取 KvStore 数据库
getAllKvStoreId()	获取所有 KvStore 数据库的 storeId
closeKvStore(KvStore kvStore)	关闭 KvStore 数据库
deleteKvStore(String storeId)	根据 storeId 删除 KvStore 数据库

续表

方法	含义
getLocalDeviceInfo()	获取本地设备信息
getConnectedDevicesInfo(DeviceFilterStrategy strategy)	获取具有分布式功能的所有连接设备信息
registerDeviceChangeCallback(DeviceChangeCallback callback, DeviceFilterStrategy strategy)	监听设备状态变化
unRegisterDeviceChangeCallback(DeviceChangeCallback callback)	解除监听设备状态变化

HarmonyOS 对 KvManager 接口方法的访问流量进行了控制。KvManager 的接口方法 1 秒最多访问 50 次，1 分钟最多访问 500 次。

（3）Options。在创建数据库时，需要用到 Options 对象。Options 对象是数据库的配置项，包含数据库的类型声明、备份、是否加密、安全级别等配置内容。Options 对象的常用方法见表 5-21。

表 5-21　Options 对象的常用方法

方法	含义
setKvStoreType(KvStoreType kvStoreType)	设置分布式数据库的类型： DEVICE_COLLABORATION：设备协同分布式数据库。 SINGLE_VERSION：单版本分布式数据库
setAutoSync(boolean isAutoSync)	设置 KvStore 是否自动与其他设备同步
setBackup(boolean isBackup)	设置是否启用备份
setCreateIfMissing(boolean isCreateIfMissing)	设置当没有可用的 KvStore 时，是否创建新的 KvStore
setEncrypt(boolean isEncrypt)	设置 KvStore 是否加密
setSchema(Schema schema)	设置 KvStore 为 Schema Database
setSecurityLevel(SecurityLevel securityLevel)	设置 KvStore 的安全级别

以上是分布式数据服务主要用到的对象及常用方法，下面通过具体实例来完成分布式数据管理。

新建 Empty Ability（Java）模板项目，在"Project Type"选区中选择"Application"单选按钮，在 MainAbilitySlice 中编写代码。

本案例的流程如下：在设备 1 的分布式数据库中写入一个字符串，然后进行数据库同步，从设备 2 上的分布式数据库中读取该字符串。完成这个过程需要以下步骤。

1. 权限配置

在多设备之间进行数据交换，需要用到 ohos.permission.DISTRIBUTED_DATASYNC 多设备数据交换权限。

（1）在 config.json 文件中静态声明权限。在 config.json 文件中，使用 reqPermissions 字段来声明应用需要用到的权限，其位置在 module 节点下。

```
"reqPermissions": [
    {
        "name": "ohos.permission.DISTRIBUTED_DATASYNC"
    }
]
```

（2）在 MainAbility.java 文件中动态申请权限。

```
public class MainAbility extends Ability {
    @Override
    public void onStart(Intent intent) {
        super.onStart(intent);
        super.setMainRoute(MainAbilitySlice.class.getName());
        requestPermissions();
    }
    private void requestPermissions(){
        requestPermissionsFromUser(new String[]{
            "ohos.permission.DISTRIBUTED_DATASYNC"},0);
    }
}
```

图 5-26　多设备协同权限获取

在配置完权限后，将应用进行部署，打开应用会弹出如图 5-26 所示的提示信息，说明权限配置成功。

2. 构造 KvManager 实例

KvManager 用于管理 KvStore 数据库，包括 KvStore 数据库的创建。

```
public class MainAbilitySlice extends AbilitySlice {
```

```java
        static final HiLogLabel LABEL_LOG = new HiLogLabel(HiLog.LOG_APP,
0xD001100, "Demo");
        @Override
        public void onStart(Intent intent) {
            super.onStart(intent);
            super.setUIContent(ResourceTable.Layout_ability_main);
            //创建KvManagerConfig实例
            KvManagerConfig config = new KvManagerConfig(this);
            //创建分布式数据库管理对象实例
            KvManager kvManager = KvManagerFactory.getInstance().
createKvManager(config);
        }
}
```

3. 创建单版本分布式数据库实例

```java
//声明Options对象，对分布式数据库进行配置
Options option = new Options();
option.setKvStoreType(KvStoreType.SINGLE_VERSION)
        .setEncrypt(false)
        .setAutoSync(true)
        .setCreateIfMissing(true);
//实例化SingleKvStore对象
SingleKvStore singleKvStore = kvManager.getKvStore(option,
"single_kvstore");
```

SingleKvStore 为单版本分布式数据库对象。getKvStore(Options options, String storeId)方法的第一个参数为 options。它是分布式数据库的配置对象，通过 Options 对象可以设置数据库类型、是否加密、安全级别、数据库创建策略等。第二个参数为分布式数据库的标识符。这里设置的数据库类型为单版本分布式数据库 SINGLE_VERSION，所以此处的返回值为 SingleKvStore 对象。

Options 中 setAutoSync(boolean isAutoSync)默认为 true，即默认与其他设备进行自动数据同步。当取值为 false 时，意味着数据同步需要手动来完成，可以通过表 5-22 中的 sync()方法来同步数据。

值得一提的是，HarmonyOS 分布式数据库的数据同步保证了最终一致性，并非强一致性，数据同步会有延时。在强一致性的业务场景中，需要做数据一

致性的判断和处理。

SingleKvStore 对象继承自 KvStore 接口，实现了操作数据的 put 和 set 方法，根据单版本分布式数据库的特点，SingleKvStore 还包括表 5-22 中的方法。

表 5-22 　SingleKvStore 的方法

方法	含义
sync(List<String> deviceIdList, SyncMode mode)	同步 SingleKvStore 数据库
sync(List<String> deviceIdList, SyncMode mode, int allowedDelayMs)	将数据库于指定延时同步到指定设备
setSyncParam(int defaultAllowedDelayMs)	设置数据库同步所允许的默认延时
registerSyncCallback(SyncCallback syncCallback)	注册同步 SingleKvStore 数据库回调监听
unRegisterSyncCallback()	解除监听
removeDeviceData(String deviceId)	删除指定设备数据

4．单版本分布式数据库的数据写入

编写 ability_main.xml 布局文件，完成数据的写入和读取。

```xml
<?xml version="1.0" encoding="utf-8"?>
<DirectionalLayout
  xmlns:ohos="http://schemas.huawei.com/res/ohos"
  ohos:height="match_parent"
  ohos:width="match_parent"
  ohos:orientation="vertical">
  <DirectionalLayout
    ohos:height="match_content"
    ohos:width="match_parent"
    ohos:orientation="horizontal">
    <TextField
      ohos:id="$+id:content"
      ohos:height="match_content"
      ohos:width="250vp"
      ohos:top_margin="30vp"
      ohos:hint="请输入要写入的内容"
      ohos:padding="5vp"
      ohos:left_margin="15vp"
      ohos:text_size="25vp"
      ohos:background_element="#E2E2E2"
      ohos:layout_alignment="horizontal_center"/>
```

```xml
        <Button
            ohos:id="$+id:add"
            ohos:height="match_content"
            ohos:width="match_content"
            ohos:padding="5vp"
            ohos:text_color="#FFFFFF"
            ohos:top_margin="30vp"
            ohos:left_margin="5vp"
            ohos:background_element="$graphic:button_background"
            ohos:text="添加"
            ohos:text_size="25vp"
            ohos:layout_alignment="horizontal_center"/>
</DirectionalLayout>
<Button
    ohos:id="$+id:get"
    ohos:height="match_content"
    ohos:width="match_content"
    ohos:top_margin="30vp"
    ohos:padding="5vp"
    ohos:text_color="#FFFFFF"
    ohos:background_element="$graphic:button_background"
    ohos:text="获取分布式数据库信息"
    ohos:text_size="25vp"
    ohos:layout_alignment="horizontal_center"/>
<Button
    ohos:id="$+id:delete"
    ohos:top_margin="30vp"
    ohos:height="match_content"
    ohos:width="match_content"
    ohos:padding="5vp"
    ohos:text_color="#FFFFFF"
    ohos:background_element="$graphic:button_background"
    ohos:text="删除分布式数据库信息"
    ohos:text_size="25vp"
    ohos:layout_alignment="horizontal_center"/>
<Button
    ohos:id="$+id:close"
    ohos:top_margin="30vp"
    ohos:height="match_content"
    ohos:width="match_content"
    ohos:padding="5vp"
```

```
            ohos:text_color="#FFFFFF"
            ohos:background_element="$graphic:button_background"
            ohos:text="关闭分布式数据库信息"
            ohos:text_size="25vp"
            ohos:layout_alignment="horizontal_center"/>
    <Text
            ohos:id="$+id:show"
            ohos:height="300vp"
            ohos:width="match_parent"
            ohos:margin="20vp"
            ohos:padding="10vp"
            ohos:background_element="#E2E2E2"
            ohos:text_size="26vp"/>
</DirectionalLayout>
```

上述代码的布局样式如图 5-27 所示。在设备 1 的 TextField 组件中输入要写入分布式数据库的内容，点击"添加"按钮将其写入数据库。点击"获取分布式数据库信息"按钮将数据库的内容展示到下方的 Text 组件中。

布局的代码使用了自定义样式。在 graphic 目录下新建 button_background.xml 样式，该样式为蓝色背景的圆角矩形。

图 5-27　单版本分布式数据库的布局样式

```
<?xml version="1.0" encoding="UTF-8" ?>
<shape xmlns:ohos="http://schemas.huawei.com/res/ohos"
        ohos:shape="rectangle">
    <corners
        ohos:radius="20"/>
    <solid
        ohos:color="#007AFF"/>
</shape>
```

在 MainAbilitySlice 中，对 TextField、Button、Text 组件进行初始化，并添加对应的点击事件。

```
    public class MainAbilitySlice extends AbilitySlice {
        static final HiLogLabel LABEL_LOG = new HiLogLabel(HiLog.LOG_APP, 0xD001100, "Demo");
```

```java
    @Override
    public void onStart(Intent intent) {
        super.onStart(intent);
        super.setUIContent(ResourceTable.Layout_ability_main);
        ......
        //创建SingleKvStore实例
        SingleKvStore singleKvStore = kvManager.getKvStore(option, "single_kvstore");
        //在分布式数据库中添加数据
        Button add = (Button)findComponentById(ResourceTable.Id_add);
        //从分布式数据库中获取数据
        Button get = (Button)findComponentById(ResourceTable.Id_get);
        //从分布式数据库中删除数据
        Button delete = (Button)findComponentById(ResourceTable.Id_delete);
        //关闭分布式数据库
        Button close = (Button)findComponentById(ResourceTable.Id_close);
        //准备添加的数据
        TextField tf = (TextField)findComponentById(ResourceTable.Id_content);
        //展示从分布式数据库中获取的数据
        Text text = (Text)findComponentById(ResourceTable.Id_show);
        add.setClickedListener(new Component.ClickedListener() {
            @Override
            public void onClick(Component component) {
                //在分布式数据库中写入数据
                singleKvStore.putString("data",tf.getText());
            }
        });
        get.setClickedListener(new Component.ClickedListener() {
            @Override
            public void onClick(Component component) {
                //在分布式数据库中读取数据
                try{
                    text.setText(singleKvStore.getString("data"));
                }catch (Exception e){
```

```java
                new ToastDialog(getContext()).setText("data 为空!
").show();
            }
        }
    });
    delete.setClickedListener(new Component.ClickedListener() {
        @Override
        public void onClick(Component component) {
            //在分布式数据库中删除数据
            singleKvStore.delete("data");
        }
    });
    close.setClickedListener(new Component.ClickedListener() {
        @Override
        public void onClick(Component component) {
            //关闭分布式数据库
            kvManager.closeKvStore(singleKvStore);
        }
    });
    }
}
```

在单设备环境下，在 TextField 组件中输入一行文字，点击"添加"按钮。点击事件中使用我们初始化的分布式数据库实例 singleKvStore，通过 putString()方法将 TextField 组件中的内容写入 singleKvStore 中，并指定 Key 值为"data"。

然后点击"获取分布式数据库信息"按钮。该点击事件调用了 singleKvStore 的 getString()方法，获取 Key 值为"data"的数据，并将获取的内容展示到下方的 Text 组件中。

如果没有向分布式数据库中添加数据，那么直接获取某个 Key 值会导致异常。所以，在获取数据时，要做异常处理，防止某个 Key 值被删除后，程序仍然去获取这个 Key 值导致出现的问题。如果遇到异常情况，那么可以用 ToastDialog 组件给出提示。

5. 数据修改

数据修改只需要直接操作对应的 Key 值，重新通过对应类型的 put 方法写入新值即可。在上例中，分布式数据库中已经包含了 Key 值为"data"、Value 值为"hello"的数据，如图 5-28 所示。然后，在 TextField 组件中写入新的内容"hello world"，点击"添加"按钮，将修改的数据存储到分布式数据库中，再点击"获取分布式数据库信息"按钮。可以观察到，分布式数据库内的数据被直接修改了，如图 5-29 所示。

图 5-28　在单设备环境下读取分布式数据库信息

图 5-29　在单设备环境下分布式数据库内容修改

6. 多设备分布式数据库演示

启动分布式模拟器，直接将上面的程序部署到两台设备上。

当首次打开两个应用时，会提示是否允许设备使用多设备协同，点击"始终允许"按钮为应用赋予权限，如图 5-30 所示。

图 5-30　分布式数据库权限请求

然后，在左侧设备上的 TextField 组件中，输入"hello"，点击"添加"按钮。在右侧设备上点击"获取分布式数据库信息"按钮，在右侧设备的 Text 组件上，显示出在左侧设备中添加的信息，如图 5-31 所示。

我们的代码没有额外对数据进行分布式同步操作，但是右侧设备可以正确获取分布式数据库中的信息。由此可见，在左侧设备上写入分布式数据库的信息已经被同步到了右侧设备上。

然后，在右侧设备上对在左侧设备上添加的信息进行修改，输入"hello world"。点击"添加"按钮，在左侧设备上获取数据，修改后的数据也被同步到了左侧设备的分布式数据库中，Text 组件上显示的内容为"hello world"，如图 5-32 所示。这说明 Key 值为"data"的数据可以同时被其他设备进行修改，并在设备间进行数据同步。

图 5-31　分布式数据库内容读取

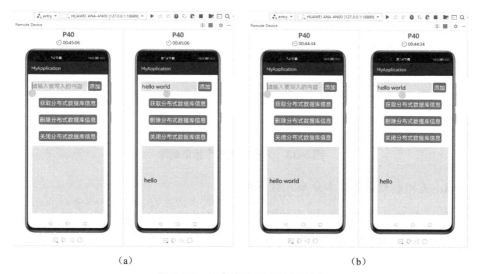

（a）　　　　　　　　　　　　　　　　（b）

图 5-32　分布式数据库数据修改

这里会遇到一个情况：多个设备同时对同一个 Key 值数据进行修改。由于数据在多设备间同步是需要时间的，这就涉及分布式数据库冲突的问题。HarmonyOS 采用默认冲突解决策略，基于提交数据时的时间戳，取时间戳较大的数据进行同步，当前不支持定制冲突解决策略。

7. 单版本分布式数据库数据删除

使用 SingleKvStored.delete(String key)方法可以将指定的 Key 值从分布式数据库中删除。这里删除 Key 值为"data"的数据。删除后再次点击"获取分布式数据库信息"按钮。

在右侧设备上点击"删除分布式数据库信息"按钮，再次点击"获取分布式数据库信息"按钮。此时，屏幕下方提示"data 为空！"。这说明分布式数据库中 Key 值为"data"的数据已经被删除，如图 5-33 所示。

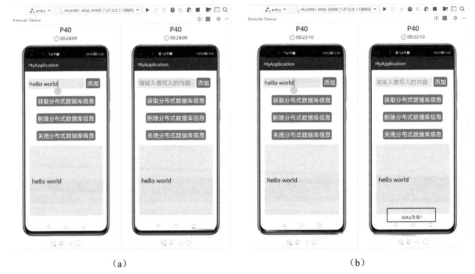

图 5-33　分布式数据库数据删除

8. 关闭和删除单版本分布式数据库

除了删除分布式数据库中的数据，还可以直接关闭分布式数据库。调用 kvManager.closeKvStore(KvStore kvStore)方法后，就释放了 KvStore 对象，此时就无法再对分布式数据库进行操作。

通过调用 KvManager 的 deleteKvStore(String storeID)方法，可以根据 storeID 将分布式数据库删除。删除后数据库中所包含的内容都会被释放，案例展示效果和数据删除的展示效果类似，此处不再赘述。

值得一提的是，KvStore 接口的数据操作方法的返回值是 void 类型的。这样的返回值让开发者无法通过 boolean 类型的返回值判断数据读写的结果，所以在实际使用 KvStore 的方法时，可以使用 try-catch 语句来进行异常处理，以使程序变得更健壮。

下面来看设备协同分布式数据库,它的创建方式如下:

```
//声明Options对象,对分布式数据库进行配置
Options option = new Options();
option.setKvStoreType(KvStoreType.DEVICE_COLLABORATION)
        .setEncrypt(false)
        .setAutoSync(true)
        .setCreateIfMissing(true);
//DeviceKvStore
DeviceKvStore deviceKvStore = kvManager.getKvStore(option,
"single_kvstore");
```

在创建过程中,指定分布式数据库的类型为 KvStoreType.DEVICE_COLLABORATION,通过 kvManager.getKvStore()方法,得到了 DeviceKvStore 实例。它的方法和 SingleKvStore 比较类似,但是多了一个 getResultSize(String deviceId, Query query)方法。该方法可以通过 DeviceId 统计数据数量,这一点与设备协同分布式数据库的特点有关系。由于其他的使用方式和 SingleKvStore 一样,此处不再赘述。

5.3 分布式文件服务

5.3.1 分布式文件服务概述

分布式文件服务提供了在多个设备之间对同一个文件的跨设备访问,依赖于分布式文件系统(Distributed File System,DFS)。分布式文件系统是一种跨设备管理文件的系统。传统的在单设备上运行的文件系统只能对自身设备上的文件进行操作。分布式文件系统通过网络实现了对在物理上隔离的设备的文件的统一管理,文件操作具有逻辑上统一、物理上分散的特点,可以方便地实现文件共享。用户不必关注文件具体保存在哪台设备上,只需要像使用本机设备上的文件一样操作远程设备上的文件。

目前,分布式文件系统的能力取决于系统间通信速率、安全机制、同步策略。这些因素会影响开发者操作分布式文件系统的体验。HarmonyOS 依托自身软总线的通信能力,可以以较高的速率实现跨设备文件访问,提供了同一个华为账号下,接入同一个 Wi-Fi 局域网的多个设备间共享文件的功能。为了保证

安全性，这种文件共享在应用之间是隔离的，只有在同一个应用内才可以访问。

图 5-34 是 HarmonyOS 分布式文件服务的运作示意图。应用通过 VFS（Virtual File System，虚拟文件系统）为分布式文件系统提供统一的抽象接口。在分布式文件中，元数据保存了文件的描述。通过与其他设备同步文件的元数据信息，就可以确定文件的路径信息。以图 5-34 为例，通过保存在左侧设备上的 dentryA cache 可以找到对应的文件在右侧设备上的路径，就可以实现跨设备的文件访问。

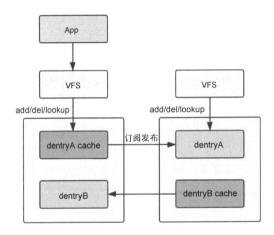

图 5-34　分布式文件服务的运作示意图

分布式文件服务需要申请 ohos.permission.DISTRIBUTED_DATASYNC 数据同步权限。分布式文件服务受网络影响较大，在网络情况不好时，需要注意读写失败的情况。

在实际使用分布式文件服务时，如果多台设备对同一个文件并发写操作，就会产生数据冲突，导致后写的数据会覆盖先写的数据，在此种情况下，需要在业务层面对文件进行访问控制。

由于分布式文件的元数据会在设备间同步，所以应当尽量避免文件名重复的情况，最好在文件命名时带上设备号或时间戳信息。

下面通过具体实例来完成分布式文件服务的相关功能。

5.3.2　分布式文件服务开发

分布式文件服务最重要的是获取分布式文件目录。

```
Context.getDistributedDir();
```

在获取到分布式文件目录后,便可以在这个目录下读写文件。这个目录下的文件会自动进行设备间同步。

新建 Empty Ability(Java)模板项目,在"Project Type"选区中选择"Application"单选按钮,在 MainAbilitySlice 中编写代码。

这个案例的流程如下:在设备 A 上创建文件,在设备 B 上对该文件进行读写操作。完成后,在设备 A 上观察文件内容的变化。完成这个案例需要以下步骤。

1. 权限配置

在多设备之间进行数据交换,需要用 ohos.permission.DISTRIBUTED_DATASYNC 多设备数据交换权限。

(1)在 config.json 文件中静态声明权限。在 config.json 文件中,使用 reqPermissions 字段来声明应用需要用的权限,其位置在 module 节点下。

```
"reqPermissions": [
    {
        "name": "ohos.permission.DISTRIBUTED_DATASYNC"
    }
]
```

(2)在 MainAbility.java 文件中动态申请权限。

```
public class MainAbility extends Ability {
    @Override
    public void onStart(Intent intent) {
        super.onStart(intent);
        super.setMainRoute(MainAbilitySlice.class.getName());
        requestPermissions();
    }
    private void requestPermissions(){
        requestPermissionsFromUser(new String[]{
            "ohos.permission.DISTRIBUTED_DATASYNC"},0);
    }
}
```

2. 编写布局文件 ability_main.xml

```xml
<?xml version="1.0" encoding="utf-8"?>
<DirectionalLayout
    xmlns:ohos="http://schemas.huawei.com/res/ohos"
    ohos:height="match_parent"
    ohos:width="match_parent"
    ohos:orientation="vertical">
    <TextField
        ohos:id="$+id:content"
        ohos:top_margin="30vp"
        ohos:height="300vp"
        ohos:width="250vp"
        ohos:hint="编辑框"
        ohos:padding="5vp"
        ohos:text_size="25vp"
        ohos:background_element="#E2E2E2"
        ohos:layout_alignment="horizontal_center"/>
    <DirectionalLayout
        ohos:height="match_content"
        ohos:width="match_content"
        ohos:layout_alignment="center"
        ohos:orientation="horizontal">
        <Button
            ohos:id="$+id:get"
            ohos:top_margin="30vp"
            ohos:height="match_content"
            ohos:padding="5vp"
            ohos:text_color="#FFFFFF"
            ohos:width="match_content"
            ohos:left_margin="5vp"
            ohos:background_element="$graphic:button_background"
            ohos:text="读取"
            ohos:layout_alignment="horizontal_center"
            ohos:text_size="25vp"/>
        <Button
            ohos:id="$+id:edit"
            ohos:top_margin="30vp"
            ohos:height="match_content"
            ohos:padding="5vp"
            ohos:text_color="#FFFFFF"
            ohos:width="match_content"
```

```
                ohos:left_margin="5vp"
                ohos:background_element="$graphic:button_background"
                ohos:text="写入"
                ohos:text_size="25vp"
                ohos:layout_alignment="horizontal_center"/>
    </DirectionalLayout>
</DirectionalLayout>
```

分布式文件管理案例的布局如图 5-35 所示。

布局文件很简单，包含一个 TextField 组件，用于输入文本信息以写入文件，通过下面两个按钮进行文件的读取和写入。

3. 编写按钮样式代码

布局中按钮的样式文件 button_background.xml 的代码如下。

```
<shape xmlns:ohos="http://schemas.huawei.com/res/ohos"
        ohos:shape="rectangle">
    <corners
        ohos:radius="20"/>
    <solid
        ohos:color="#007AFF"/>
</shape>
```

图 5-35　分布式文件管理案例的布局

4. 获取分布式文件系统目录

在 MainAbilitySlice 中编写以下代码。

```
public class MainAbilitySlice extends AbilitySlice {
    static final HiLogLabel LABEL_LOG = new HiLogLabel(HiLog.LOG_APP,
0xD001100, "Demo");
    @Override
    public void onStart(Intent intent) {
        super.onStart(intent);
        super.setUIContent(ResourceTable.Layout_ability_main);
        File distributedDir = getContext().getDistributedDir();
        HiLog.info(LABEL_LOG,"分布式文件服务目录
"+distributedDir.getPath());
    }
}
```

使用 Context 对象通过 getDistributedDir()方法获取了应用的分布式文件目录，图 5-36 打印出了目录的路径。可以看到，目录挂载到了/mnt/mdfs 路径下，路径中包含应用的包名和 Ability 名称。

图 5-36　分布式文件目录的路径

5．编写文件读写代码

在 MainAbilitySlice 中，添加按钮的监听事件，完成文件的读写。

```
public void onStart(Intent intent) {
    super.onStart(intent);
    super.setUIContent(ResourceTable.Layout_ability_main);
    //获得分布式目录
    File distributedDir = getContext().getDistributedDir();
    HiLog.info(LABEL_LOG,"分布式文件服务目录"+distributedDir.getPath());
    //拼接文件路径
    String filePath = distributedDir.getPath()+File.pathSeparator+"test.txt";
    //初始化组件
    Button get = (Button)findComponentById(ResourceTable. Id_get);
    Button edit = (Button)findComponentById(ResourceTable.Id_edit);
    TextField tf = (TextField)findComponentById(ResourceTable.Id_content);
    //将 TextField 组件中的内容写入文件
    edit.setClickedListener(new Component.ClickedListener() {
        @Override
        public void onClick(Component component) {
            FileWriter fileWriter = null;
```

```
            try {
                fileWriter = new FileWriter(filePath, false);
                fileWriter.write(tf.getText());
                fileWriter.close();
            HiLog.info(LABEL_LOG,"文件写入成功！");
            } catch (IOException e) {
                e.printStackTrace();
            }
        }
    });
    //读取分布式文件中的内容
    get.setClickedListener(new Component.ClickedListener() {
        @Override
        public void onClick(Component component) {
            char[] buffer = new char[1024];
            try {
                FileReader fileReader = new FileReader(filePath);
                BufferedReader reader = new BufferedReader (fileReader);
                String content = reader.readLine();
                tf.setText(content);
                fileReader.close();
                reader.close();
            }catch (IOException e){
                e.printStackTrace();
            }
        }
    });
}
```

6. 程序运行

打开分布式模拟器，将应用安装到两台设备上。打开左侧设备，在 TextField 组件里写入一个字符串"hello"，点击"写入"按钮。这样就会将该字符串写入分布式目录下的 test.txt 文件中。

在写入成功后，在右侧设备上点击"读取"按钮来获得分布式文件中的内容，如图 5-37 所示。

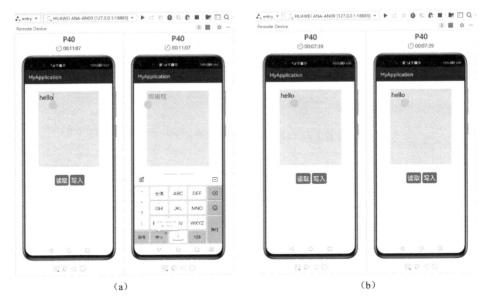

图 5-37 分布式文件读取测试

然后，在右侧设备上对文件进行操作，如图 5-38 所示。打开文件时设置的文件读取方式为 new FileWriter(filePath, false)，第二个参数为 false，代表从文件开始处写入数据，而不是在文件末尾处追加数据。文件虽然保存在左侧设备上，但是在右侧设备上不仅可以读取文件，还能对文件进行修改。在右侧设备的 TextField 组件中，输入新的字符串，点击"写入"按钮，这时在 HiLog 日志中打印出了"文件写入成功！"，如图 5-39 所示。

图 5-38 在右侧设备上修改分布式文件内容

第 5 章　数据管理　333

图 5-39　文件写入日志

回到左侧设备上，点击"读取"按钮，TextField 组件的内容被替换为新修改的字符串，如图 5-40 所示。可见，修改后的内容被成功地写入左侧设备的 test.txt 文件中。

图 5-40　分布式文件修改后的同步效果

到这里就完成了分布式文件的跨设备读写案例。最重要的是获取分布式文件目录，在这个目录下来完成文件的操作。

5.4　Data Ability

5.4.1　Data Ability 概述

本节讲解的 Data Ability 与在第 3 章中讲到的 Page Ability 和 Service Ability

都是 Ability 的一种。之所以把 Data Ability 放到这里来讲，是因为其与数据存储管理关系密切。它用于不同应用之间的数据共享，当然基于 HarmonyOS 分布式的架构，Data Ability 也支持跨设备的不同应用间的数据共享。

何为应用间的数据共享？比如，你开发的应用会读取联系人信息、相册照片等。联系人信息存储在电话应用中，照片存储在相册应用中。这时，你的应用访问联系人信息或照片都是在进行跨应用的数据访问。跨应用的数据访问中有两个角色，一个是数据提供方，另一个是数据读取方，数据提供方决定了要不要公开它的数据供其他应用访问。对外提供数据的应用需要使用 Data Ability 来对外提供其数据访问的接口。数据读取方需要根据一定的规则和约定好的接口来读取其他应用的数据，这就需要用 HarmonyOS 提供的 DataAbilityHelper 对象。

图 5-41 中包含应用 A 和应用 B，应用 A 通过 DataAbilityHelper 对象来读取应用 B 通过 Data Ability 共享的数据。反之，应用 A 也可以通过自己实现 Data Ability 来向应用 B 提供自身数据。实现 Data Ability 的应用，等于告诉大家可以来读数据。如果某个应用需要使用应用 A 的数据，就可以使用 DataAbilityHelper 对象来完成应用间数据的读取。本章将分别介绍 Data Ability 和 DataAbilityHelper 对象。

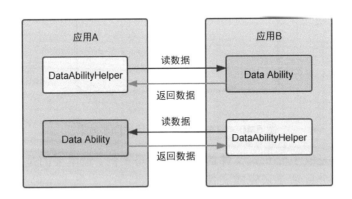

图 5-41 跨应用数据读取

5.4.2 Data Ability 的创建

下面来创建一个新的 Data Ability。在 DevEco Studio 中新建一个 HarmonyOS 项目，选中目录结构中的包目录，点击鼠标右键，选择"New"→

"Ability"→"Empty Data Ability"选项，如图 5-42 所示。

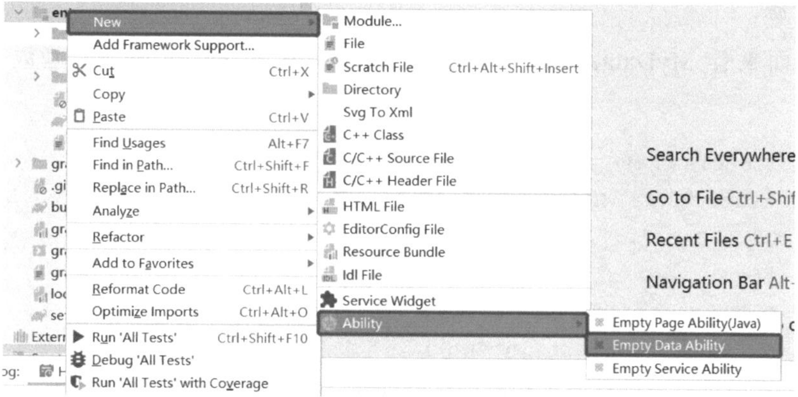

图 5-42 创建 Data Ability

这里需要开发者自己配置 Data Ability 的名称，如图 5-43 所示。

- Data Name：Data Ability 的名称。
- Package name：Ability 所在包的名称。如果没有这个包，系统就会自动创建。

图 5-43 Data Ability 的配置

点击"Finish"按钮后，系统为我们做了以下工作。

（1）在包路径下创建了 MyDataAbility.java 文件。

（2）在 src/main/config.json 文件中，新增了 Data Ability 的配置信息，其 type 类型为 data。

（3）在 src/main/resources/base/element 目录下增加了一些与新 Ability 相关的资源。

下面来看 MyDataAbility，它继承自 Ability，默认重写了一些数据操作方法。

```java
public class MyDataAbility extends Ability {
    static final HiLogLabel LABEL_LOG = new HiLogLabel(HiLog.LOG_APP, 0xD001100, "Demo");
    @Override
    public void onStart(Intent intent) {
        super.onStart(intent);
        HiLog.info(LABEL_LOG, "MyDataAbility onStart");
    }
    @Override
    public ResultSet query(Uri uri, String[] columns, DataAbilityPredicates predicates) {
        return null;
    }
    @Override
    public int insert(Uri uri, ValuesBucket value) {
        HiLog.info(LABEL_LOG, "MyDataAbility insert");
        return 999;
    }
    @Override
    public int delete(Uri uri, DataAbilityPredicates predicates) {
        return 0;
    }
    @Override
    public int update(Uri uri, ValuesBucket value, DataAbilityPredicates predicates) {
        return 0;
    }
    @Override
    public FileDescriptor openFile(Uri uri, String mode) {
        return null;
    }
    @Override
    public String[] getFileTypes(Uri uri, String mimeTypeFilter) {
```

```
            return new String[0];
    }
}
```

这些方法在整体上分为两类：访问文件的方法和访问数据库的方法。文件中的数据一般包括文本、图片、音乐等，数据库中的数据为结构化存储的数据。文件和数据库是 Data Ability 可以对外进行共享的两种数据。

表 5-23 所示是 Data Ability 中常用的方法。

表 5-23 Data Ability 中常用的方法

类型	方法	含义
数据库访问	query(Uri uri, String[] columns, DataAbilityPredicates predicates)	查询数据库
	insert(Uri uri, ValuesBucket value)	在数据库中插入单条数据
	int batchInsert(Uri uri, ValuesBucket[] values)	在数据库中插入批量数据
	delete(Uri uri, DataAbilityPredicates predicates)	删除数据库中的数据
	update(Uri uri, ValuesBucket value,DataAbilityPredicates predicates)	更新数据库数据
	DataAbilityResult[] executeBatch(ArrayList\<DataAbilityOperation\> operations)	批量操作数据库
文件访问	openFile(Uri uri, String mode)	操作文件
	getFileTypes(Uri uri, String mimeTypeFilter)	获取文件的 MIME 类型

通过 DevEco Studio 提供的图形化页面的方式创建 Data Ability，可以自动将 Data Ability 的配置写入 config.json 文件，下面来看 config.json 文件的 abilities 节点中关于 MyDataAbility 的配置。

```
{
    "permissions": [
        "com.example.db.DataAbilityShellProvider.PROVIDER"
    ],
    "name": "com.example.db.MyDataAbility",
    "icon": "$media:icon",
    "description": "$string:mydataability_description",
    "type": "data",
    "uri": "dataability://com.example.db.MyDataAbility"
}
```

在配置中，type 字段取值为 data，代表该 Ability 的类型为 Data Ability。permissions 表示访问此 Ability 的权限为 com.example.db.DataAbilityShellProvider.PROVIDER。

uri 字段表示统一资源定位（Uniform Resource Identifier，Uri），是按照一定的格式来对本地或网络上的资源进行标识的字符串，资源包括图片、视频、文件等。HarmonyOS 中的 Uri 基于 Uri 通用标准实现。Uri 格式如图 5-44 所示。

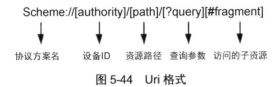

图 5-44　Uri 格式

（1）Scheme：协议方案名，在 Data Ability 里固定为"dataability"，代表使用 Data Ability 来进行数据共享。

（2）authority：用于在跨设备访问时标识目标设备。如果只是本地设备数据访问场景，则不需要填写。

（3）path：资源的路径信息，代表资源的位置信息。

（4）query：资源的查询条件。

（5）tragment：用于指示要访问的子资源。

下面通过实例来介绍 Data Ability 对文件和数据库的访问方法。

5.4.3　Data Ability 的文件访问

对文件的操作需要在 Data Ability 中重写 openFile(Uri uri, String mode)方法，第一个参数 uri 为资源的路径，第二个参数为文件打开方式，包括 r（读）、w（只写）、wt（截断写）、wa（写追加）、rw（读写）等。openFile()方法的返回值为 FileDescriptor 对象，它是用来描述文件的描述符，可以通过它来直接访问文件。

新建 Empty Ability（Java）模板项目，在"Project Type"选区中，选择"Application"单选按钮，在 MainAbilitySlice 中编写代码。

这个案例的流程如下：在一台 HarmonyOS 设备上，通过 DataAbilityHelper 对象来读取 Data Ability 暴露出来的文件数据。完成这个案例需要以下步骤。

1. 完成 ability_main.xml 布局文件的编写

```xml
<?xml version="1.0" encoding="utf-8"?>
<DirectionalLayout
    xmlns:ohos="http://schemas.huawei.com/res/ohos"
    ohos:height="match_parent"
    ohos:width="match_parent"
    ohos:orientation="vertical">
    <DirectionalLayout
        ohos:height="match_content"
        ohos:width="match_content"
        ohos:layout_alignment="center"
        ohos:orientation="horizontal">
        <Button
            ohos:id="$+id:get"
            ohos:top_margin="30vp"
            ohos:height="match_content"
            ohos:padding="5vp"
            ohos:text_color="#FFFFFF"
            ohos:width="match_content"
            ohos:left_margin="5vp"
            ohos:background_element="$graphic:button_background"
            ohos:text="读取"
            ohos:layout_alignment="horizontal_center"
            ohos:text_size="25vp"/>
        <Button
            ohos:id="$+id:edit"
            ohos:top_margin="30vp"
            ohos:height="match_content"
            ohos:padding="5vp"
            ohos:text_color="#FFFFFF"
            ohos:width="match_content"
            ohos:left_margin="5vp"
            ohos:background_element="$graphic:button_background"
            ohos:text="写入"
            ohos:text_size="25vp"
            ohos:layout_alignment="horizontal_center"/>
    </DirectionalLayout>
```

```
    <Text
        ohos:id="$+id:content_show"
        ohos:top_margin="10vp"
        ohos:height="300vp"
        ohos:width="250vp"
        ohos:hint="这里是从 DataAbility 中读取的文件数据"
        ohos:padding="5vp"
        ohos:text_size="20vp"
        ohos:multiple_lines="true"
        ohos:background_element="#E2E2E2"
        ohos:layout_alignment="horizontal_center"/>
</DirectionalLayout>
```

Data Ability 文件读取案例布局如图 5-45 所示。

在上述布局中，Text 组件的作用是显示由 Data Ability 提供的文件数据，有两个按钮用来控制具体的读写事件。

图 5-45 Data Ability 文件读取案例布局

2. 编写按钮的样式文件 button_background.xml

```
<shape xmlns:ohos="http://schemas.huawei.com/res/ohos"
    ohos:shape="rectangle">
    <corners
        ohos:radius="20"/>
    <solid
        ohos:color="#007AFF"/>
</shape>
```

3. 在 MainAbilitySlice 中编写写文件的代码

```
public class MainAbilitySlice extends AbilitySlice {
    static final HiLogLabel LABEL_LOG = new HiLogLabel(HiLog.LOG_APP, 0xD001100, "Demo");
    @Override
```

```
    public void onStart(Intent intent) {
        super.onStart(intent);
        super.setUIContent(ResourceTable.Layout_ability_main);
        String filePath=getFilesDir()+"/test.txt";
        Button edit = (Button)findComponentById(ResourceTable.Id_edit);
        edit.setClickedListener(new Component.ClickedListener() {
          @Override
          public void onClick(Component component) {
            FileWriter fileWriter = null;
            try {
                fileWriter = new FileWriter(filePath, false);
                fileWriter.write("今天天气很好！");
                fileWriter.close();
                HiLog.info(LABEL_LOG,"文件写入成功！");
            } catch (IOException e) {
                e.printStackTrace();
            }
          }
        });
    }
}
```

在上述代码中，filePath 路径为/data/user/0/com.example.db/files/test.txt。在 test.txt 文件中，我们写入了一串文本信息"今天天气很好！"。

4. 编写 MyDataAbility 中的 openFile()方法

```
public class MyDataAbility extends Ability {
    @Override
    public FileDescriptor openFile(Uri uri, String mode) throws FileNotFoundException {
        //获取文件目录及Uri中的查询参数
        File file = new File(getFilesDir(), uri.getDecodedQuery());
        if (mode == null || !"rw".equals(mode)) {
            boolean result = file.setReadOnly();
        }
        FileDescriptor fileDescriptor = null;
        try (FileInputStream fileInputStream = new FileInputStream
```

```
(file)) {
            //获取文件描述符
            fileDescriptor = fileInputStream.getFD();
            return MessageParcel.dupFileDescriptor
(fileDescriptor);
        } catch (IOException ioException) {
            HiLog.error(LABEL_LOG, "%{public}s", "openFile:
ioException");
        }
        return fileDescriptor;
    }
}
```

getFilesDir()方法返回了应用的文件路径：/data/user/0/com.example.db/files。这个路径为test.txt文件所在的目录，与步骤1中写文件的路径一致，如果路径不一致就找不到文件了。

uri.getDecodedQuery()方法是用来解析Uri请求的。它可以用来解析Uri中查询参数部分的信息，这里uri.getDecodedQuery()的返回值是test.txt。

ohos.rpc.MessageParcel类提供了一个静态方法，用于获取MessageParcel实例和进程间通信。使用dupFileDescriptor()方法复制待操作文件流的文件描述符进行返回，以供远端应用跨设备访问文件。

这里可以把提供数据的MyDataAbility称为服务端，把使用DataAbilityHelper对象从服务端取数据的称为客户端。客户端通过Uri向服务端发起读文件请求，服务端会根据Uri中的路径和查询条件查找是否存在该文件。如果存在该文件，就返回给客户端文件描述符FileDescriptor，客户端拿到FileDescriptor后便可以直接访问服务端的文件。

5. 通过DataAbilityHelper对象读取文件

在MainAbilitySlice中使用DataAbilityHelper对象完成对Data Ability的访问。这里不需要考虑跨设备问题。如果需要跨设备访问文件，那么只需要在进行文件访问时，将远程设备的ID拼接到图5-44所示的Uri的authority位置。

```
public class MainAbilitySlice extends AbilitySlice {
    static final HiLogLabel LABEL_LOG = new HiLogLabel(HiLog.LOG_APP,
0xD001100, "Demo");
```

```java
        @Override
        public void onStart(Intent intent) {
            super.onStart(intent);
            super.setUIContent(ResourceTable.Layout_ability_main);
            //写文件的点击事件
            ……
            //初始化DataAbilityHelper对象
            DataAbilityHelper databaseHelper = DataAbilityHelper.creator(this);
            //用来显示查询结果
            Text show =(Text)findComponentById(ResourceTable.Id_content_show);
        Button get = (Button)findComponentById(ResourceTable.Id_get);
            get.setClickedListener(new Component.ClickedListener() {
                @Override
                public void onClick(Component component) {
                    try {
                        //通过Uri获取文件的描述符
                        FileDescriptor fileDescriptor = databaseHelper.openFile(Uri.parse("dataability:///com.example.db.MyDataAbility/files?test.txt"), "r");
                        //读文件
                        FileInputStream fileInputStream = new FileInputStream(fileDescriptor);
                        BufferedReader bufferedReader = new BufferedReader(newInputStreamReader (fileInputStream));
                        String line;
                        StringBuilder stringBuilder = new StringBuilder();
                        while ((line = bufferedReader.readLine()) != null) {
                            stringBuilder.append(line);
                        }
                        //将文件内容进行显示
                        show.setText(stringBuilder.toString());
                    }catch (Exception exception) {
                        //异常处理
                        ……
                    }
                }
            });
```

```
        }
}
```

在 onClick()方法中，调用 DatabaseHelper 对象的 openFile()方法打开文件，入参为 Uri，下面来分析一下传入的 Uri。

```
dataability:///com.example.db.MyDataAbility/files?test.txt
```

Uri 的协议为 dataability。在 Data Ability 中，写法固定为"dataability"。三个斜杠"///"代表访问同一个设备应用的数据，如果将设备 ID 补全，Uri 就变成：

```
dataability://设备ID/com.example.db.MyDataAbility/files?test.txt
```

如果访问本地设备上的 Data Ability，那么要将设备 ID 置空，Uri 中"dataability:"后面就会出现三个斜杠的效果。

dataability:///com.example.db.MyDataAbility 这一部分要与 MyDataAbility 配置文件 config.json 中 Uri 属性指定的值一样。

files 为指定存储文件的目录。

test.txt 为 Uri 中查询参数部分，表示要在/files 目录里查询 test.txt 文件。

将应用部署到模拟器中，打开应用，点击"写入"按钮，在 HiLog 日志中打印出了"文件写入成功！"，如图 5-46 所示。

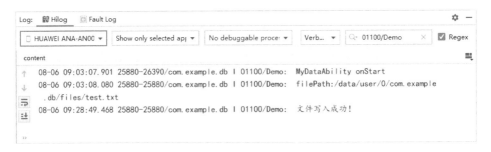

图 5-46　文件数据写入的日志

点击"读取"按钮，使用 DataAbilityHelper 对象通过 Uri 来获取文件描述符，读取文件数据并将其展示到 Text 组件上，如图 5-47 所示。

第 5 章　数据管理　345

图 5-47　通过 DataAbilityHelper 对象读取的文件数据

至此，我们已经完成了通过 DataAbilityHelper 对象来读取由 Data Ability 提供的文件数据。

5.4.4　Data Ability 的数据库访问

1. 创建 Data Ability

对数据库的操作需要在 Data Ability 中重写相应的数据库增、删、改、查方法。然后，在客户端使用 DataAbilityHelper 对象进行访问。Data Ability 中数据库操作的方法见表 5-24。

表 5-24　Data Ability 中数据库操作的方法

方法	含义
query(Uri uri, String[] columns, DataAbilityPredicates predicates)	查询数据库
insert(Uri uri, ValuesBucket value)	在数据库中插入单条数据
int batchInsert(Uri uri, ValuesBucket[] values)	在数据库中插入批量数据
delete(Uri uri, DataAbilityPredicates predicates)	删除数据库中的数据
update(Uri uri, ValuesBucket value,DataAbilityPredicates predicates)	更新数据库数据
DataAbilityResult[] executeBatch(ArrayList<DataAbilityOperation> operations)	批量操作数据库

下面来补充这些方法中的代码，完成数据的增、删、改、查操作。为了演示效果，本例使用 5.1.3 节中创建的数据库及数据表，在 Data Ability 的 onStart() 方法中对数据库和数据表进行初始化，并在 Student 表中写入 3 条记录。

```java
    public class MainAbilitySlice extends AbilitySlice {
        static final HiLogLabel LABEL_LOG = new HiLogLabel(HiLog.LOG_APP, 0xD001100, "Demo");
        //数据库上下文环境
        private OrmContext context = null;
        @Override
        public void onStart(Intent intent) {
            super.onStart(intent);
            HiLog.info(LABEL_LOG,"MyDataAbility----onStart");
            DatabaseHelper helper = new DatabaseHelper(this);
            OrmContext context = helper.getOrmContext("School","School.db", School.class);
            Student s1 = new Student();
            s1.setName("张三");
            s1.setMajorName("计算机");
            s1.setAge(18);
            context.insert(s1);

            Student s2 = new Student();
            s2.setName("李四");
            s2.setMajorName("物联网");
            s2.setAge(19);
            context.insert(s2);

            Student s3 = new Student();
            s3.setName("王小五");
            s3.setMajorName("大数据");
            s3.setAge(21);
            context.insert(s3);
            boolean isSuccess = context.flush();
            if(isSuccess){
                HiLog.info(LABEL_LOG,"数据写入成功！");
            }
        }
```

}

启动应用后，会执行 Data Ability 的 onStart()方法进行数据初始化。在MainAbilitySlice 的生命周期方法 onStart()中也打印了日志，程序首先执行的是 MyDataAbility 的 onStart()方法，然后才会执行 MainAbilitySlice 的 onStart()方法，如图 5-48 所示。

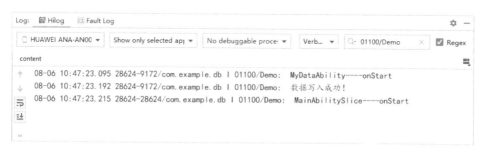

图 5-48　MyDataAbility 和 MainAbilitySlice 的 onStart()方法的执行顺序

下面分别完成数据库的相关操作。

（1）使用 Data Ability 进行数据查询。query(Uri uri, String[] columns, DataAbilityPredicates predicates)方法为 Data Ability 提供的数据查询接口，入参包含资源定位符 uri、被查询的字段的数组 columns 和查询条件 predicates。通过数据库上下文 OrmContext 对象进行查询，返回值为结果集。代码如下：

```
public ResultSet query(Uri uri, String[] columns,
DataAbilityPredicates predicates) {
    //查询数据库
    OrmPredicates ormPredicates = DataAbilityUtils.
createOrmPredicates(predicates,Student.class);
    ResultSet resultSet = context.query(ormPredicates, columns);
    if (resultSet == null) {
        HiLog.info(LABEL_LOG, "resultSet is null");
    }
    //返回结果
    return resultSet;
}
```

（2）使用 Data Ability 进行数据插入。insert(Uri uri, ValuesBucket value)方法为 Data Ability 提供的数据插入接口，入参包括资源定位符 uri 和要写入数据

库的值 value，由 ValuesBucket 对象封装，从 ValuesBucket 对象中可以解析到客户端传来的值。返回值为新插入数据的行号。代码如下。

```
public int insert(Uri uri, ValuesBucket value) {
    //构造插入数据
    Student student = new Student();
    student.setName(value.getString("name"));
    student.setMajorName(value.getString("majorName"));
    student.setAge(value.getInteger("age"));

    //插入数据库
    boolean isSuccess = context.insert(student);
    if(isSuccess){
        HiLog.info(LABEL_LOG,"DataAbility Insert()---数据写入成功！");
    }
    context.flush();
    //通知已注册的观察器数据发生变化
    DataAbilityHelper.creator(this, uri).notifyChange(uri);
    int id = Math.toIntExact(student.getRowId());
    return id;
}
```

Student 类继承自 OrmObject，在 OrmObject 对象中包含了 getRowId()方法，可以获取记录在数据库中的行号。

除了 insert，Data Ability 还提供了批量写数据的接口 batchInsert(Uri uri, ValuesBucket[] values)，与 insert 的区别在于入参为 ValuesBucket[]。它的作用是提高插入多条数据的效率。系统已实现，开发者可以直接调用。

```
@Override
public int batchInsert(Uri uri, ValuesBucket[] values) {
    return super.batchInsert(uri, values);
}
```

（3）使用 Data Ability 进行数据删除。delete(Uri uri, DataAbilityPredicates predicates)方法为 Data Ability 提供的数据删除接口，入参包括资源定位符 uri 和删除条件 predicates，服务端在接收到该参数之后可以从中解析出要删除的数据，然后到数据库中执行。根据传入的条件删除用户表数据，返回值为删除的数据行数。代码如下。

```
public int delete(Uri uri, DataAbilityPredicates predicates) {
    //数据删除
    OrmPredicates ormPredicates = DataAbilityUtils.
createOrmPredicates(predicates,Student.class);
    int value = context.delete(ormPredicates);
    //通知已注册的观察者数据发生变化
    DataAbilityHelper.creator(this, uri).notifyChange(uri);
    return value;
}
```

（4）使用 Data Ability 进行数据更新。update(Uri uri, ValuesBucket value, DataAbilityPredicates predicates)方法为 Data Ability 提供的数据更新接口，入参包括资源定位符 uri、要更新的数据信息 value 和更新条件 predicates，返回值为影响的数据行数。代码如下。

```
public int update(Uri uri, ValuesBucket value,
DataAbilityPredicates predicates) {
    //数据更新
    OrmPredicates ormPredicates = DataAbilityUtils.
createOrmPredicates(predicates,Student.class);
    int index = ormContext.update(ormPredicates, value);
    //通知已注册的观察者数据发生变化
    DataAbilityHelper.creator(this, uri).notifyChange(uri);
    return index;
}
```

以上内容为创建 Data Ability。创建完成后，就可以使用 Data Ability 提供的接口来访问数据库的数据了。

2. 访问 Data Ability

HarmonyOS 中提供了 DataAbilityHelper 对象来访问 Data Ability 提供的数据库，包含以下常用方法，见表 5-25。

表 5-25 DataAbilityHelper 的常用方法

方法	含义
query(Uri uri, String[] columns, DataAbilityPredicates predicates)	查询数据库
insert(Uri uri, ValuesBucket value)	向数据库中插入单条数据

续表

方法	含义
batchInsert(Uri uri, ValuesBucket[] values)	向数据库中插入多条数据
delete(Uri uri, DataAbilityPredicates predicates)	删除数据
update(Uri uri,ValuesBucket value, DataAbilityPredicates predicates)	更新数据库
executeBatch(ArrayList\<DataAbilityOperation> operations)	批量操作数据库

从名称上可以看到，DataAbilityHelper 对象中查询数据库的方法与 Data Ability 中提供的接口是对应一致的。

新建一个 Empty Ability（Java）模板项目，在"Project Type"选区中选择"Application"单选按钮，来完成本实例。

访问 Data Ability 需要的权限已经在 config.json 配置文件中自动声明。下面是 config.json 文件中关于 Data Ability 的配置信息。

```
{
    "permissions": [
        "com.example.db.DataAbilityShellProvider.PROVIDER"
    ],
    "name": "com.example.db.MyDataAbility",
    "icon": "$media:icon",
    "description": "$string:mydataability_description",
    "type": "data",
    "uri": "dataability://com.example.db.MyDataAbility"
}
```

上述代码的 permissions 字段指定了访问此 Data Ability 的权限。客户端如果需要访问该 Data Ability，就需要在权限中进行声明。

```
"reqPermissions": [
    {
        "name": "com.example.db.DataAbilityShellProvider.PROVIDER"
    }
]
```

权限声明完成后便可以使用 DataAbilityHelper 对象来访问对应的 Data Ability 完成数据库操作。

（1）使用 DataAbilityHelper 对象进行数据查询。在 MainAbilitySlice 中编写以下代码：

```java
public class MainAbilitySlice extends AbilitySlice {
    static final HiLogLabel LABEL_LOG = new HiLogLabel(HiLog.LOG_APP, 0xD001100, "Demo");
    String uri="dataability:///com.example.db.MyDataAbility";
    private DataAbilityHelper databaseHelper;
    @Override
    public void onStart(Intent intent) {
        super.onStart(intent);
        super.setUIContent(ResourceTable.Layout_ability_main);
        //构造 DataAbilityHelper 对象
        DataAbilityHelper helper = DataAbilityHelper.creator(this);
        //构造查询条件
        DataAbilityPredicates predicates = new DataAbilityPredicates();
        predicates.between("age", 18, 20);
        String[] columns= new String[]{"name","majorName"};
        //进行查询
        ResultSet resultSet = null;
        try {
            resultSet = helper.query(Uri.parse(uri), columns, predicates);
        } catch (DataAbilityRemoteException exception) {
            exception.printStackTrace();
        }
        //打印查询结果
        boolean b = resultSet.goToFirstRow();
        while(b){
            //在此处理 ResultSet 中的记录
            String name = resultSet.getString(resultSet.getColumnIndexForName("name"));
            String majorName = resultSet.getString(resultSet.getColumnIndexForName("majorName"));
            HiLog.info(LABEL_LOG,"姓名:"+name+"\t 专业:"+majorName);
```

```
            b = resultSet.goToNextRow();
        }
    }
}
```

启动应用后，从图 5-49 所示的日志中可以看到，数据已经被正常查询到。

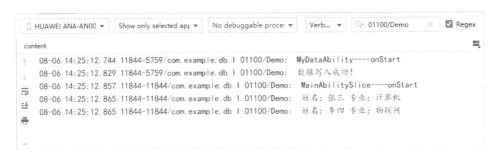

图 5-49 使用 DataAbilityHelper 对象进行查询

（2）使用 DataAbilityHelper 对象进行数据插入。在 onStart()方法中，继续完成数据插入操作。

```
//构造新增数据
HiLog.info(LABEL_LOG,"新增数据：");
ValuesBucket valuesBucket = new ValuesBucket();
valuesBucket.putString("name", "明朗");
valuesBucket.putInteger("age", 2);
valuesBucket.putString("majorName", "音乐");
try {
    int rowId = helper.insert(Uri.parse(uri), valuesBucket);
    HiLog.info(LABEL_LOG,"新增成功, 数据 rowId: "+rowId);
} catch (DataAbilityRemoteException exception) {
    exception.printStackTrace();
}
```

启动应用后，从图 5-50 所示的日志中可以看到，数据已经被正常写入数据库。由于原数据库中已经有 3 条记录，所以新增的第四条记录返回了 rowId 为 4。

图 5-50　使用 DataAbilityHelper 对象进行数据插入

批量新增数据，需要构造 ValuesBucket 数组，通过调用 batchInsert()方法来进行批量新增。

```
try {
    ValuesBucket[] values = new ValuesBucket[2];
    values[0] = new ValuesBucket();
    values[0].putString("name", "小红");
    values[0].putInteger("age", 12);
    values[1] = new ValuesBucket();
    values[1].putString("name", "小丽");
    values[1].putInteger("age", 14);
    helper.batchInsert(Uri.parse(uri),values);
} catch (DataAbilityRemoteException exception) {
    exception.printStackTrace();
}
```

（3）使用 DataAbilityHelper 对象进行数据修改。要进行数据修改，就需要构造 DataAbilityPredicates 修改条件，使用 ValuesBucket 对象将要修改的数据进行封装。

```
try {
    //构造修改条件
    DataAbilityPredicates updatePredicates = new DataAbilityPredicates();
    updatePredicates.equalTo("name", "张三");
    //构造更新数据
    ValuesBucket updateBucket = new ValuesBucket();
```

```
    updateBucket.putString("majorName", "体育");
    int effectUpdateRow = helper.update(Uri.parse(uri),
updateBucket, updatePredicates);
    HiLog.info(LABEL_LOG,"更新成功,影响行数: "+effectUpdateRow );

} catch (DataAbilityRemoteException exception) {
    exception.printStackTrace();
}
```

启动应用后,从图 5-51 所示的日志中可以看到,数据更新成功,影响行数为 1,说明数据修改成功了。

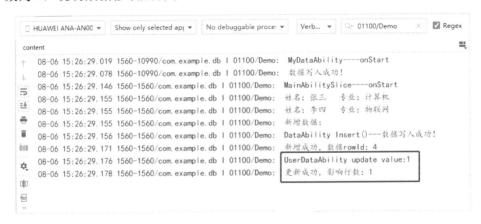

图 5-51 使用 DataAbilityHelper 对象进行数据修改

(4)使用 DataAbilityHelper 对象进行数据删除。要进行数据删除,就需要构造 DataAbilityPredicates 条件来指定删除的内容。

```
try {
    //构造删除条件
    DataAbilityPredicates delPredicates = new
DataAbilityPredicates();
    delPredicates.equalTo("name","李四");
    int effectDeleteRowId = helper.delete(Uri.parse(uri),
delPredicates);
    HiLog.info(LABEL_LOG,"删除成功,影响行数: "+effectDeleteRowId );

} catch (DataAbilityRemoteException exception) {
    exception.printStackTrace();
}
```

启动应用后,从图 5-52 所示的日志中可以看到,数据删除成功,影响行数为 1,代表删除了 1 行数据。

图 5-52 使用 DataAbilityHelper 对象进行数据删除

到这里,本案例已经完成了通过 DataAbilityHelper 对象对 Data Ability 提供的数据进行增、删、改、查。通过 Data Ability 共享出来的数据不仅在同一个应用内可以访问,而且只要配置好权限,跨设备、跨应用都可以进行读取。

5.5 本章小节

本章系统地介绍了 HarmonyOS 的数据管理,其中包括本地设备上的数据库访问和 Preferences 实例对应的文件访问,在数据库访问中又分为普通 API 访问和注解访问的方式,还支持直接运行 SQL 语句来完成数据读取。

然后,本章介绍了分布式数据服务,它可以以 Key-Value 形式在多个设备间同步数据,无须开发者编写数据同步代码。同样,它支持在应用中获取一个分布式目录,在这个目录下的文件会自动与其他登录同一个账号和网络内的同一个应用进行同步。这是多设备数据管理的两种方式。

最后,本章介绍了应用的数据共享和读取,通过 Data Ability,应用可以将自己的数据库和文件的数据对外共享,使用 Uri 来完成数据资源的定位,其他应用可以通过实现 DataAbilityHelper 对象来跨应用和设备读取数据。

数据管理是应用重要的功能之一,希望读者通过本章的学习,可以完成对数据管理的开发。下一章会介绍 HarmonyOS 的另外两个核心功能:公共事件和通知。

第 6 章 公共事件和通知

公共事件（CommonEvent）是 HarmonyOS 通过 CES（Common Event Service，公共事件服务）提供的事件发布、订阅、退订的技术，可以在应用之间进行信息传递。由系统发起的公共事件包括蓝牙连接、屏幕息屏与亮屏、Wi-Fi 联网、系统升级等。这些是由 HarmonyOS 发出的系统级公共事件通知。开发者可以设计在感知到这些通知时，完成某些操作。比如，如果感知到用户处于 Wi-Fi 网络内，那么可以询问用户是否将标清视频切换到高清。

除了系统级的公共事件通知，开发者还可以自定义公共事件来处理业务逻辑。例如，利用 HarmonyOS 多设备协同特性，消息提醒功能可以做到，当某一台设备收到一个消息后，发起一个事件通知，对所有接收到此消息的设备进行通知，实现多设备消息提醒功能。

通知（Notification）是一种应用外部的系统全局通知，可以在系统的通知栏中显示。当应用在后台运行，希望向用户发出一些提示时，就通过 Notification 来实现。当系统接收到 App 发出的通知时，通知信息以图标的形式显示在通知栏中，用户可以下拉通知栏查看通知的详细信息。比如，收到的短信、未接电话，无论你有没有打开应用，这些都会在通知栏中展示。这使得消息的推送变得非常便利，可以让用户及时收到应用传递的消息。通知的常见用途有以下几个。

（1）显示接收到的短信、即时通信应用的消息。

（2）显示应用的推送消息，如优惠活动、版本更新、热点新闻等。

（3）显示正在进行的任务，例如后台运行的程序（如音乐播放进度、下载进度等）。

此外，通知不仅可以提供消息提醒的能力，还可以提供与应用的交互能力。比如，可以在通知栏回复消息、控制音乐播放等。

6.1 公共事件

6.1.1 公共事件发布

对于公共事件通知，通常需要事件的发起方和事件的接收方，也就是事件发布者与事件订阅者。在 HarmonyOS 中，根据公共事件的不同功能，支持四种公共事件：标准公共事件、带权公共事件、有序公共事件、黏性公共事件。下面先来介绍事件发布阶段用到的两个最重要的对象，分别为事件数据对象 CommonEventData 和事件管理对象 CommonEventManager。

1. CommonEventData

公共事件的发布需要构造 CommonEventData 对象。CommonEventData 对象是事件构造、事件发布、事件分发、事件处理阶段用到的数据结构。它封装了公共事件的事件信息，包括事件的"名称"、用于有序公共事件的结果码和用于有序公共事件的结果信息。CommonEventData 对象的属性见表 6-1。

表 6-1 CommonEventData 对象的属性

属性	数据类型	含义
intent	Intent	事件信息
code	Integer	用于有序公共事件通知的结果码，在其他情况下值通常为-1
data	String	用于有序公共事件通知的结果信息，在其他情况下通常为空

可以看到，CommonEventData 对象中封装了 Intent 对象，它用来承载事件信息，code 和 data 属性可以用来做事件流程中的管理。到底什么是事件？其实事件的名称是一个字符串。开发者在发布事件时，通过这个字符串与事件订阅者进行约定，当收到消息后，触发对应的程序处理方法，这个字符串存储在 Intent 对象中，通过设置 Intent 对象中的 Action 字段来进行声明。

2. CommonEventManager

CommonEventManager 对象用来管理公共事件，提供了事件发布、订阅和取消订阅的接口。表 6-2 所示的方法都为静态方法，可以直接通过 CommonEventManager 对象进行调用。

表 6-2 CommonEventManager 对象的方法

方法	含义
publishCommonEvent(CommonEventData eventData)	发布一个标准公共事件
publishCommonEvent(CommonEventData event, CommonEventPublishInfo publishInfo)	发布一个带条件的公共事件，可以是有序公共事件、带权公共事件、黏性公共事件
publishCommonEvent(CommonEventData eventData, CommonEventPublishInfo publishInfo, CommonEventSubscriber resultSubscriber)	发布一个带条件的公共事件，可以是有序公共事件、带权公共事件、黏性公共事件，并指定最后一个处理事件的订阅者
subscribeCommonEvent(CommonEventSubscriber subscriber)	订阅公共事件
unsubscribeCommonEvent(CommonEventSubscriber subscriber)	退订公共事件

在 CommonEventManager 对象提供的接口中，publishCommonEvent()方法有三个重载方法，包括发布标准公共事件、发布带条件的公共事件（有序公共事件、带权公共事件、黏性公共事件）、发布指定最后一个订阅者来处理事件的公共事件。

下面来看具体的公共事件。

（1）标准公共事件。通用公共事件又被称为无序公共事件（相对于有序公共事件而言），是最简单的公共事件，在事件发布后，事件传播不会被中断（相对于有序公共事件通知可以在事件传播过程中进行主动中断而言）。当系统发布标准公共事件后，所有订阅了此事件的订阅者都会收到此消息，订阅者之间没有对消息处理的先后顺序要求，消息的处理是异步执行的，适合做通用公共事件发布。

发布标准公共事件只需要构造一个 CommonEventData 对象，事件从被发布到被订阅者接收的过程如图 6-1 所示。首先由事件发布者发布事件，事件被封装到 CommonEventData 对象中，然后通过 CommonEventManager 对象将事件发布出去，最终被订阅者接收。

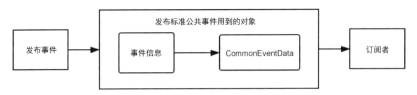

图 6-1 标准公共事件的处理过程

下面是发布一个标准公共事件的代码:

```
public void publicCommonEvent(String event){
    //声明Intent对象,保存事件信息
    Intent intent = new Intent();
    Operation operation = new Intent.OperationBuilder().withAction
("com.my.event").build();
    intent.setOperation(operation);
    //构造事件信息对象
    CommonEventData eventData = new CommonEventData(intent);
    try {
        //发布事件
        CommonEventManager.publishCommonEvent(eventData);
    } catch (RemoteException e) {
        //输出异常信息
        HiLog.error(MY_LOG, "标准公共事件发布失败!");
    }
}
```

在方法内首先定义 Intent 对象,构造 Operation 对象,封装与 Intent 对象相关的参数和操作。这里用 withAction("com.my.event")方法对 Action 参数进行配置,com.my.event 便是事件的名称,订阅者可以通过这个字段来获取该事件。

在构造完 Intent 对象后,通过 CommonEventData 对象的构造方法,初始化事件的数据对象。由于我们这里创建的是标准公共事件对象,所以在 CommonEventData 对象中不需要对 code 和 data 字段进行任何操作。

最后,通过 CommonEventManager.publishCommonEvent(eventData)方法将事件进行发布,到这里就完成了通用公共事件发布的整个过程。

(2) 带权公共事件。对于上面讲到的通用公共事件,当事件发布后,所有订阅者都可以对这个事件进行接收。如果你不希望发布的事件被所有人接收,就需要为发布的事件增加权限,只有拥有权限的订阅者才可以接收到该事件并处理。这就需要用到另一个对象 CommonEventPublishInfo,这个对象用来存储事件的相关属性,包括事件所需权限。带权公共事件的处理过程如图 6-2 所示。

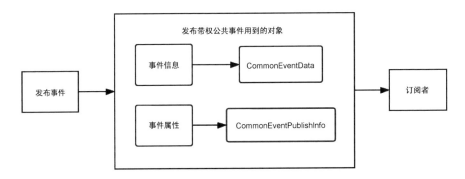

图 6-2 带权公共事件的处理过程

CommonEventPublishInfo 对象的属性包括事件类型（有序公共事件、黏性公共事件）、事件权限等信息。具体方法详见表 6-3。

表 6-3 CommonEventPublishInfo 对象的方法

方法	含义
CommonEventPublishInfo()	声明公共事件信息对象
CommonEventPublishInfo(CommonEventPublishInfo publishInfo)	拷贝一个公共事件信息
setSubscriberPermissions(String[] subscriberPermissions)	设置公共事件权限
setOrdered(boolean ordered)	设置是否有序公共事件
setSticky(boolean sticky)	设置是否黏性公共事件

下面是发布带权公共事件的代码：

```
public void publishPermissionEvent(String event) {
    //声明 Intent 对象，保存事件信息
    Intent intent = new Intent();
    Operation operation = new Intent.OperationBuilder().withAction("com.my.event").build();
    intent.setOperation(operation);
    //构造事件信息对象
    CommonEventData eventData = new CommonEventData(intent);
    //构造事件属性对象
    CommonEventPublishInfo publishInfo = new CommonEventPublishInfo();
    String[] permissions = {"com.my.event.permission"};
    publishInfo.setSubscriberPermissions(permissions);
```

```
    try {
        //发布事件
        CommonEventManager.publishCommonEvent(eventData,
publishInfo);
    } catch (RemoteException e) {
        //输出异常信息
        HiLog.error(MY_LOG, "带权公共事件发布失败！");
    }
}
```

与发布通用公共事件相比，带权公共事件多了 CommonEventPublishInfo 对象来保存事件的权限，在发布事件时，通过 CommonEventManager. publishCommonEvent (eventData, publishInfo)方法来发布。

权限信息是一个 String[]，可以声明多个权限来对事件进行更细粒度的权限管理。可以使用系统权限，也能声明自定义权限。如果需要用自定义权限，就需要先在 config.json 文件中自行定义，然后才可以申请使用。

```
"reqPermissions": [
  {
    "name": "com.my.event.permission",
    "usedScene": {
      "ability": [
        ".MainAbility"
      ],
      "when": "inuse"
    }
  }
]
```

上述配置文件中包含 ability 属性，该属性声明了需要该权限的 Ability，属性值可以为包名加 Ability 名称，也可以像上面配置中的写法，使用"."来替代前面的包名。

（3）有序公共事件。有序公共事件主要是指可以对消息的处理顺序进行设置，通过设置事件订阅者的优先级来区分先后处理顺序。高优先级的订阅者具有先处理事件的能力，可以修改事件处理的内容和结果，也可以将事件终止。如果高优先级的订阅者将事件终止，后面的订阅者就无法再收到事件的消息。

在这种情况下，低优先级的事件订阅者依赖于高优先级的事件订阅者对事件的处理结果。

还可以通过 publishCommonEvent 对象的重载方法指定最后一个事件处理的订阅者来处理事件。

```
publishCommonEvent(CommonEventData event, CommonEventPublishInfo publishInfo, CommonEventSubscriber resultSubscriber)
```

上述代码中的第三个参数可以传入事件订阅者，它将作为最后一个处理事件的订阅者。

下面是发布有序公共事件的代码：

```
public void publishPermissionEvent(String event) {
    //声明 Intent 对象，保存事件信息
    Intent intent = new Intent();
    Operation operation = new Intent.OperationBuilder().withAction("com.my.event").build();
    intent.setOperation(operation);
    //构造事件信息对象
    CommonEventData eventData = new CommonEventData(intent);
    //构造事件属性对象
    CommonEventPublishInfo publishInfo = new CommonEventPublishInfo();
    //只需要将 order 属性设置为 true 即可
    publishInfo.setOrdered(true);
    try {
        //发布事件
        CommonEventManager.publishCommonEvent(eventData, publishInfo);
    } catch (RemoteException e) {
        //输出异常信息
        HiLog.error(MY_LOG, "有序公共事件发布失败！");
    }
}
```

可以看到，与带权公共事件的声明相比，通过 publishInfo.setOrdered(true) 方法就可以将事件声明为有序公共事件，非常容易。

如果需要指定最后一个处理事件的订阅者，那么可以将上文代码的发布事件语句替换为以下语句。

```
CommonEventManager.publishCommonEvent(eventData, publishInfo, subscriber);
```

其中，subscriber 为事件订阅者的实例，它的声明方式见 6.1.2 节。

（4）黏性公共事件。事件订阅者通常要在事件发生前，对事件进行订阅，否则便无法接收到事件。这是一个时间顺序的问题，而黏性公共事件可以使事件订阅发生在公共事件发布后，让事件订阅者依然可以收到事件的通知。

发布黏性公共事件的代码如下：

```
public void publishPermissionEvent(String event) {
    //声明 Intent 对象，保存事件信息
    Intent intent = new Intent();
    Operation operation = new Intent.OperationBuilder().withAction
("com.my.event").build();
    intent.setOperation(operation);
    //构造事件信息对象
    CommonEventData eventData = new CommonEventData(intent);
    //构造事件属性对象
    CommonEventPublishInfo publishInfo = new
CommonEventPublishInfo();
    //只需要将 sticky 属性设置为 true 即可
    publishInfo.setSticky(true);
    try {
        //发布事件
        CommonEventManager.publishCommonEvent(eventData,
publishInfo);
    } catch (RemoteException e) {
        //输出异常信息
        HiLog.error(MY_LOG, "Publish PermissionEvent Exception!");
    }
}
```

要使用黏性公共事件，就需要向系统申请 ohos.permission.COMMONEVENT_STICKY 权限，在 config.json 文件中进行权限配置。

```
"reqPermissions": [
    {
        "name": "ohos.permission.COMMONEVENT_STICKY"
    }
]
```

6.1.2 事件订阅

本节介绍事件订阅。不论是系统公共事件，还是自定义的公共事件，都需要有对应的消费者来处理事件。我们不仅可以根据条件来订阅指定的事件，还可以针对不同设备上的事件进行订阅，这也是 HarmonyOS 分布式能力的体现。

事件订阅需要用到以下对象。

1. MatchingSkills

MatchingSkills 对象用于封装要订阅的事件信息，用来做事件筛选的条件。只有符合所有条件的事件才会被接收处理。我们需要把想订阅的信息通过 MatchingSkills 对象的方法进行封装。MatchingSkills 对象的方法见表 6-4。

表 6-4 MatchingSkills 对象的方法

方法	含义
addEvent(String event)	添加事件的 action 属性
addEntity(String entity)	添加事件的类别属性
addScheme(String scheme)	添加 scheme 条件
setIntentParams(IntentParams intentParams)	添加额外的 Intent 参数

2. CommonEventSubscribeInfo

CommonEventSubscribeInfo 对象用于设置事件订阅者的信息，包括事件订阅者的优先级、设备 ID、权限、线程模式。你可以把它当成事件订阅者处理事件的一些规则或过滤条件。CommonEventSubscribeInfo 对象的方法见表 6-5。

表 6-5 CommonEventSubscribeInfo 对象的方法

方法	含义
CommonEventSubscribeInfo(MatchingSkills matchingSkills)	使用 MatchingSkills 对象的方法构造 CommonEventSubscribeInfo 对象

续表

方法	含义
CommonEventSubscribeInfo(CommonEventSubscribeInfo subscribeInfo)	拷贝一个订阅信息
setThreadMode(ThreadMode threadMode)	设置线程模型，指订阅者运行回调方法的线程，支持以下四种模式。 ASYNC：异步线程。 BACKGROUND：在后台线程执行。 HANDLER：Ability 主线程。 POST：事件分发线程
setPermission(String permission)	设置订阅者权限
setDeviceId(String deviceId)	设置设备 ID，订阅者将只接收从指定设备发送的公共事件
setPriority(int priority)	设置订阅者优先级，高优先级的订阅者比低优先级的订阅者先处理有序公共事件

3. CommonEventSubscriber

CommonEventSubscriber 是事件订阅者对象。它封装了事件订阅者的相关参数，是一个抽象类，需要开发者自行实现，其主要方法见表 6-6。

表 6-6　CommonEventSubscriber 对象的主要方法

方法	含义
CommonEventSubscriber(CommonEventSubscribeInfo subscribeInfo)	使用 CommonEventSubscribeInfo 对象对事件订阅者进行初始化
onReceiveEvent(CommonEventData data)	事件订阅者接收到事件后的回调方法，不可以执行耗时操作，否则会阻塞 UI 线程
abortCommonEvent()	中止当前有序公共事件，此方法仅对有序公共事件有效，一旦执行此方法，所有事件订阅者就都不能接收到事件
clearAbortCommonEvent()	清除有序公共事件的中止状态
getAbortCommonEvent()	获取当前有序公共事件的中止状态
getCode()	获取有序公共事件的结果码
setCode(int code)	设置有序公共事件的结果码，下一个订阅者可以通过 getCode()方法来获取
getData()	获取当前有序公共事件的结果信息

续表

方法	含义
setData(String data)	设置当前有序公共事件的结果信息
setCodeAndData(int code, String data)	同时设置有序公共事件的结果码和结果信息
getSubscribeInfo()	获取在构造方法中传入的订阅者信息
goAsyncCommonEvent()	异步处理当前的有序公共事件
isOrderedCommonEvent()	是否有序公共事件
isStickyCommonEvent()	是否黏性公共事件

下面来声明一个事件订阅者。

```
class MyCommonEventSubscriber extends CommonEventSubscriber {
    MyCommonEventSubscriber(CommonEventSubscribeInfo info) {
        super(info);
    }
    @Override
    public void onReceiveEvent(CommonEventData commonEventData) {
    }
}
```

在 MyCommonEventSubscriber()方法中，传入了 CommonEventSubscribeInfo 对象，这个对象保存了事件订阅者的配置信息。然后，重写 onReceiveEvent() 方法，接收到的事件会在这个方法中进行回调，开发者需要在这个方法中实现事件处理相应的业务逻辑。

最后，通过 CommonEventManager 对象来完成公共事件的订阅。

（1）订阅通用的标准公共事件的代码如下。

```
public void subscribeEvent() {
    //要订阅的事件信息
    MatchingSkills matchingSkills = new MatchingSkills();
    matchingSkills.addEvent("com.my.event");
    //使用 MatchingSkills 初始化事件订阅者的配置信息
    CommonEventSubscribeInfo subscribeInfo = new CommonEventSubscribeInfo(matchingSkills);
    //使用 CommonEventSubscribeInfo 对象来初始化事件订阅者
    MyCommonEventSubscriber subscriber = new MyCommonEventSubscriber(subscribeInfo);
```

```
    try {
        //事件订阅
        CommonEventManager.subscribeCommonEvent(subscriber);
    } catch (RemoteException e) {
        //异常信息输出
        HiLog.error(MY_LOG, "事件订阅失败! ");
    }
}
```

上述代码首先声明 MatchingSkills 对象，添加要订阅的事件，然后声明事件订阅者，通过 CommonEventManager 对象来订阅事件。

（2）订阅带权公共事件的代码如下。

```
public void subscribeEvent() {
    ...
    //通过 subscribeInfo 设置权限
    MyCommonEventSubscriber subscriber = new
MyCommonEventSubscriber(subscribeInfo);
    subscribeInfo.setPermission("com.my.event.permission");
    ...
    CommonEventManager.subscribeCommonEvent(subscriber);
}
```

订阅带权限的公共事件，需要订阅者具有事件所要求的权限。通过 CommonEventSubscriber 对象的方法可以为订阅者赋予权限。

同时，在订阅者所在模块的 config.json 文件中添加对应的权限。

```
"reqPermissions": [
    {
        "name": "com.my.event.permission",
        "usedScene": {
            "ability": [
                ".MainAbility"
            ],
            "when": "inuse"
        }
    }
]
```

（3）订阅有序公共事件的代码如下。

```
public void subscribeEvent() {
    ...
    //通过subscribeInfo设置订阅者的优先级
    MyCommonEventSubscriber subscriber = new
MyCommonEventSubscriber(subscribeInfo);
    subscribeInfo.setPriority(100);
    ...
    CommonEventManager.subscribeCommonEvent(subscriber);
}
```

同样，使用 CommonEventSubscriber 对象的方法来为订阅者添加优先级。因为是有序事件，事件的处理具有先后顺序，较高优先级的订阅者可以先对事件进行处理。Priority 的取值范围为[-100，1000]，默认值为 0。

（4）耗时操作事件处理。在对事件进行处理时，有些订阅的事件需要一定的时间才能处理完毕，属于耗时操作。比如，请求网络或进行数据库读写。在 onReceiveEvent()方法中执行耗时操作可以通过 goAsyncCommonEvent()方法来异步处理事件。为了完成与异步处理结果的交互，需要用到 HarmonyOS SDK 提供的另一个对象 AsyncCommonEventResult，它的方法和 CommonEventSubscriber 对象的方法比较相似，见表 6-7。

表 6-7 AsyncCommonEventResult 对象的方法

方法	含义
abortCommonEvent()	中止当前的有序公共事件，是 CommonEventSubscriber 对象的 abortCommonEvent()方法的异步版
clearAbortCommonEvent()	清除有序公共事件的中止状态，是 CommonEventSubscriber 对象的 clearAbortCommonEvent()方法的异步版
getAbortCommonEvent()	获取当前的有序公共事件的中止状态，是 CommonEventSubscriber 对象的 getAbortCommonEvent()方法的异步版
getCode()	获取有序公共事件的结果码，是 CommonEventSubscriber 对象的 getCode()方法的异步版
setCode(int code)	设置有序公共事件的结果码，是 CommonEventSubscriber 对象的 setCode(int code)方法的异步版，下一个订阅者可以通过 getCode()方法来获取该结果码
getData()	获取当前的有序公共事件的结果信息，是 CommonEventSubscriber 对象的 getData()方法的异步版

续表

方法	含义
setData(String data)	设置当前的有序公共事件的结果信息，是 CommonEventSubscriber 对象的 setData(String data)方法的异步版
setCodeAndData(int code, String data)	同时设置有序公共事件的结果码和结果信息，是 CommonEventSubscriber 对象的 setCodeAndData(int code, String data)方法的异步版
finishCommonEvent()	在异步处理完事件后，调用此方法

AsyncCommonEventResult 对象处理耗时操作的代码如下：

```
public void onReceiveEvent(CommonEventData commonEventData) {
    AsyncCommonEventResult asyncCommonEventResult =
goAsyncCommonEvent();
    new Thread(new Runnable() {
        @Override
        public void run() {
            //耗时操作
            ...
            //结束处理
            asyncCommonEventResult.finishCommonEvent();
        }
    }).start();
}
```

在事件执行完 goAsyncCommonEvent()方法后，表示该事件可以在另一个线程中处理耗时操作，执行完耗时操作后，调用 finishCommonEvent()方法来标识耗时操作结束。

6.1.3 公共事件退订

公共事件退订需要用到在 6.1.2 节中讲到的 CommonEventManager 对象，其 API 操作和订阅流程类似。只需要调用 unsubscribeCommonEvent()方法来退订，但只能退订已经订阅的事件。代码如下：

```
public void unSubscribeEvent() {
    try {
        CommonEventManager.unsubscribeCommonEvent(subscriber);
    } catch (RemoteException e) {
        //异常信息输出
        HiLog.error(MY_LOG, "取消订阅失败！");
    }
}
```

6.2 通知

在 HarmonyOS 中，根据不同的应用场景，通知可以分为以下六种：普通文本通知、长文本通知、多行文本通知、带图片通知、会话通知、媒体通知。它们的区别在于通知栏里的样式和能力不同，下面分别来介绍这六种通知的开发方式。

通知的主要开发流程为构建通知消息对象 NotificationRequest，设置通知的提醒方式 NotificationSlot，使用 NotificationHelper 对象进行通知发布、更新和取消。通知开发中相关对象的关系结构如图 6-3 所示。

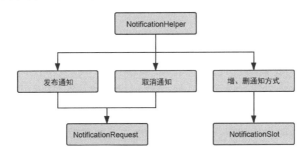

图 6-3 通知开发中相关对象的关系结构

1. NotificationRequest

它是设置通知的对象，包括设置通知内容、通知图标、通知样式、通知时间等，表 6-8 是 NotificationRequest 对象的常用方法。

表 6-8 NotificationRequest 对象的常用方法

方法	含义
NotificationRequest()	通知的构造方法
NotificationRequest(NotificationRequest request)	以现有通知的参数构造新的通知
NotificationRequest(int notificationId)	指定 id 的构造方法
setNotificationId(int notificationId)	设置通知 id
setContent(NotificationRequest.NotificationContent content)	设置通知内容
setBigIcon(PixelMap bigIcon)	设置通知的大图标，在通知右侧显示
setLittleIcon(PixelMap smallIcon)	设置通知的小图标，在通知左上角显示

续表

方法	含义
setDeliveryTime(long deliveryTime)	设置通知的发送时间
setAutoDeletedTime(long time)	设置通知的删除时间
setGroupValue(String groupValue)	设置通知分组，相同分组可被合并
addActionButton(NotificationActionButton actionButton)	设置通知的 ActionButton
setIntentAgent(IntentAgent agent)	为通知添加 IntentAgent
setColor(int color)	设置通知的背景颜色
setTapDismissed(boolean tapDismissed)	设置是否在点击后自动删除通知
setCustomView(ComponentProvider view)	设置通知的自定义视图
setCustomBigView(ComponentProvider view)	设置通知展开时的自定义视图
setClassification(String classification)	设置通知的分类，包括电话、日历、事件、短消息、错误等类别
setAlertOneTime(boolean isAlertOnce)	设置通知只提醒一次
setSlotId(String slotId)	绑定通知的提醒方式

表 6-8 展示的仅为 NotificationRequest 对象的部分方法，事实上，NotificationRequest 对象的方法很多，可以为通知设置非常丰富的属性。这些方法大多围绕着通知的样式、功能、类别等来设置。开发者可以通过这些方法实现多种多样的通知提醒方式。

在众多的 NotificationRequest 对象的方法中，setContent(NotificationRequest.NotificationContent content)是一个比较重要的设置通知内容的方法。该方法的入参为一个 NotificationContent 对象，这个对象为通知的具体内容。在对 NotificationContent 对象实例化时，可以通过不同的构造方法实现不同种类的通知，见表 6-9。

表 6-9 通知类型

通知类型	含义
NotificationNormalContent	普通文本通知
NotificationLongTextContent	长文本通知
NotificationPictureContent	带图片通知
NotificationMultiLineContent	多行文本通知
NotificationConversationalContent	会话通知，使用 ConversationalMessage 对象构造会话
NotificationMediaContent	媒体通知

这些通知包括表 6-10 所示的常用方法。

表 6-10 通知的常用方法

方法	含义
setTitle(String title)	设置通知标题
setText(String text)	设置通知内容
setAdditionalText(String additionalText)	设置补充通知内容
setBriefText(String briefText)	设置通知概要
setExpandedTitle(String expandedTitle)	设置通知展开时的标题
setBigPicture(PixelMap bigPicture)	设置通知的图片内容
setLongText(String longText)	设置通知显示的长文本
setConversationTitle(String conversationTitle)	设置会话通知的标题
addSingleLine(String line)	在当前通知中添加一行文本
setAVToken(AVToken avToken)	将媒体通知绑定到指定的媒体会话
setShownActions(int[] actions)	设置媒体通知待展示的按钮

2. NotificationSlot

它用于设置通知的提醒方式，可以对提示音、振动、呼吸灯、锁屏提醒进行设置。用户使用手机时，经常会收到应用的提示信息。有些提示信息会直接弹窗进行提醒，有些提示信息会在后台静默提醒。提醒方式还包括声音、振动等多种感官提醒方式。这些提醒方式都可以通过 NotificationSlot 对象来进行设置。NotificationSlot 对象可以细粒度地管理通知的提醒方式。

在手机的"设置"→"通知管理"页面中，可以针对应用的通知的提醒方式进行手动设置，按照信息的重要程度来设置提醒方式，以便得到更好的用户体验。图 6-4 为今日头条的通知的提醒方式设置。开发者可以针对自己的应用通知的特点，提供最优的提醒方式，否则如果用户感觉到被打扰，手动关闭了应用的通知权限，通知就失去了意义。所以，要尽可能站在用户的角度来设置通知的提醒方式。

图 6-4 应用通知管理

表 6-11 是 NotificationSlot 对象的常用方法。

表 6-11　NotificationSlot 对象的常用方法

方法	含义
NotificationSlot(String id, String name, int level)	通过 id、name 和 level 构造 NotificationSlot 对象
setLevel(int level)	设置 NotificationSlot 对象的级别
setName(String name)	设置 NotificationSlot 对象的名称
setDescription(String description)	设置 NotificationSlot 对象的描述信息
enableBypassDnd(boolean bypassDnd)	设置是否绕过系统免打扰模式
setEnableVibration(boolean vibration)	设置是否可振动提醒
setVibrationStyle(long[] vibrationValues)	设置通知的振动样式
setLockscreenVisibleness(int visibleness)	设置是否可锁屏提醒
setEnableLight(boolean isLightEnabled)	设置是否开启呼吸灯
setLedLightColor(int color)	设置呼吸灯的颜色
setSlotGroup(String groupId)	设置 NotificationSlot 对象所属的组别

表 6-11 中的方法涉及 NotificationSlot 对象的级别。开发者可以通过枚举值来设置通知的提示范围。通知级别包括以下几种。

（1）LEVEL_NONE：表示通知不发布。

（2）LEVEL_MIN：表示通知可以发布，但是不显示在通知栏中，不自动弹出，无提示音，该级别不适用于前台服务的场景。

（3）LEVEL_LOW：表示通知可以发布且显示在通知栏中，不自动弹出，无提示音。

（4）LEVEL_DEFAULT：表示通知发布后可在通知栏中显示，不自动弹出，触发提示音。

（5）LEVEL_HIGH：表示通知发布后可在通知栏中显示，自动弹出，触发提示音。

以上就是 NotificationSlot 对象的相关内容。总结一下，NotificationSlot 对象是用来对通知的提醒方式进行设置的，通过它可以设置多种通知方式。

3. NotificationHelper

它的作用是管理通知。它可以对通知进行发布、更新、取消，也可以用来实现负一屏展示应用消息。表 6-12 是 NotificationHelper 对象的常用方法。

表 6-12　NotificationHelper 对象的常用方法

方法	含义
addNotificationSlot(NotificationSlot slot)	创建一个 NotificationSlot 对象
getNotificationSlot(String slotId)	根据 slotId 获取 NotificationSlot 对象
removeNotificationSlot(String slotId)	根据 slotId 移除 NotificationSlot 对象
isAllowedNotify()	检查应用是否有权发布通知
publishNotification(NotificationRequest request)	发布通知
publishNotificationtring label, NotificationRequest request)	发布带标签的通知
publishNotification(NotificationRequest request, String deviceId)	向指定的远程设备发送通知
cancelNotification(int notificationId)	取消指定 notificationId 的通知
cancelNotification(String label, int notificationId)	取消指定 notificationId 和标签的通知
cancelAllNotifications()	取消所有通知
getActiveNotifications()	获取当前应用的所有活动通知
getActiveNotificationNums()	获取当前应用的所有活动通知的个数
setNotificationBadgeNum(int num)	设置通知角标
setNotificationBadgeNum()	设置当前应用中活跃状态通知的数量并将其显示在角标

使用 publishNotification() 方法就可以实现通知发布。它有多个重载方法，其中最简单的重载方法只有一个入参 NotificationRequest。这意味着只需要构建好 NotificationRequest，便可以通过 NotificationHelper 对象来发布通知。

在下面的例子中，通过自定义通知来完成一般通知的发布。

首先，新建一个 Empty Ability（Java）模板项目，在"Project Type"选区中选择"Application"单选按钮来完成本案例。

（1）创建普通通知。普通通知是最简单的通知方式，可以用来显示简单的文本信息。使用 NotificationNormalContent 对象构造通知内容。下面按照创建通知消息、创建通知内容、设置提醒方式、发布通知的流程来完成普通通知的发布。

创建普通通知的代码如下：

```java
public class MainAbilitySlice extends AbilitySlice {
    @Override
    public void onStart(Intent intent) {
        super.onStart(intent);
        super.setUIContent(ResourceTable.Layout_ability_main);
        //创建通知消息
        NotificationRequest.NotificationNormalContent content = new NotificationRequest.NotificationNormalContent();
        content.setTitle("通知的标题");
        content.setText("通知的内容");
        content.setAdditionalText("补充通知内容");
        //创建提醒方式
        NotificationSlot normalSlot = new NotificationSlot("normalSlot","一般通知",NotificationSlot.LEVEL_DEFAULT);
        //设置NotificationSlot对象的描述信息
        normalSlot.setDescription("一般通知的描述信息");
        //设置是否可振动提醒
        normalSlot.setEnableVibration(true);
        //设置是否可绕过系统免打扰模式
        normalSlot.enableBypassDnd(true);
        //设置是否可锁屏提醒
        normalSlot.setLockscreenVisibleness(NotificationRequest.VISIBLENESS_TYPE_PUBLIC);
        //设置是否开启呼吸灯
        normalSlot.setEnableLight(true);
        //设置呼吸灯的颜色
        normalSlot.setLedLightColor(Color.RED.getValue());
        try {
            NotificationHelper.addNotificationSlot(normalSlot);
        } catch (RemoteException e) {
            e.printStackTrace();
        }
        //创建通知对象
        NotificationRequest request = new NotificationRequest();
        //设置通知的内容
        request.setContent(new NotificationRequest.NotificationContent(content));
        //绑定通知的提醒方式
```

```
        request.setSlotId("normalSlot");
        //发布通知
        try {
        //发布通知
            NotificationHelper.publishNotification(request);
        } catch (RemoteException e) {
            e.printStackTrace();
        }
    }
}
```

在上述代码中，创建了 NotificationSlot 对象来自定义通知的提醒方式，设置可锁屏提醒、呼吸灯的颜色、振动提醒等提醒方式。如果只构造了 NotificationSlot 对象，那么它是不能被 NotificationRequest 对象使用的，需要通过 NotificationHelper.addNotificationSlot(normalSlot)方法来创建 NotificationSlot 对象，然后通过指定的 slotId 与 NotificationRequest 对象进行绑定才可以使用。

下面将程序运行起来，我们可以在通知栏中看到对应的通知消息，如图 6-5 所示。通知栏中的标题、内容和补充通知都正常显示了。在应用的通知管理中，也可以看到刚才添加的通知类别。这里还可以通过 NotificationHelper.addNotificationSlot()方法来添加多个 NotificationSlot 对象。

（a）　　　　　　　　　　　　（b）

图 6-5　普通通知

（2）创建长文本通知。长文本通知用来显示较长的文本。与普通通知相比，长文本通知可以展开，以显示更多的信息。长文本通知使用 NotificationLongTextContent 对象构造通知内容，包含 setLongText()方法来设置显示信息。

创建长文本通知的代码如下：

```
public class MainAbilitySlice extends AbilitySlice {
    @Override
    public void onStart(Intent intent) {
        super.onStart(intent);
        super.setUIContent(ResourceTable.Layout_ability_main);
        //创建长文本通知消息
        NotificationRequest.NotificationLongTextContent content =
new NotificationRequest.NotificationLongTextContent();
        content.setTitle("长文本通知标题");
        content.setLongText("这是一段非常长的文本，以至于通知栏一行都无
                法显示全，需要点击上方的展开按钮，才能看到我");
        content.setAdditionalText("补充通知内容");
        content.setExpandedTitle("长文本通知展开后的标题");
        //创建通知对象
        NotificationRequest request = new NotificationRequest();
        request.setContent(new NotificationRequest.
NotificationContent(content));
        try {
            //发布通知
            NotificationHelper.publishNotification(request);
        } catch (RemoteException e) {
            e.printStackTrace();
        }
    }
}
```

程序的运行效果如图 6-6 所示，点击右上角的角标，可以展开通知看到全部内容，展开后，通知标题也随之改变。

（3）创建多行文本通知。多行文本通知和长文本通知不一样的地方在于，长文本通知是一行信息，或者说是一段信息，虽然看上去有很多行，但是其实并没有分段。多行文本通知可以将信息显示为多行。多行文本通知使用 NotificationMultiLineContent 对象构造通知内容，包括添加行的方法 addSingleLine()。

(a)　　　　　　　　　　　　　　　　(b)

图 6-6　长文本通知

创建多行文本通知的代码如下：

```java
public class MainAbilitySlice extends AbilitySlice {
    @Override
    public void onStart(Intent intent) {
        super.onStart(intent);
        super.setUIContent(ResourceTable.Layout_ability_main);
        //创建多行文本通知消息
        NotificationRequest.NotificationMultiLineContent content =
new NotificationRequest.NotificationMultiLineContent();
        content.setTitle("多行文本通知的标题");
        content.setAdditionalText("补充通知内容");
        content.setExpandedTitle("多行文本通知展开后的标题");
        content.setText("这是展开前显示的内容");
        content.addSingleLine("展开后第一行");
        content.addSingleLine("展开后第二行");
        content.addSingleLine("展开后第三行");
        NotificationRequest request = new NotificationRequest();
        //设置通知内容
        request.setContent(new NotificationRequest.
NotificationContent(content));
        try {
            //发布通知
            NotificationHelper.publishNotification(request);
        } catch (RemoteException e) {
            e.printStackTrace();
        }
    }
}
```

程序的运行效果如图 6-7 所示，点击右上角的角标，可以展开通知看到所有行的内容。

图 6-7 多行文本通知

（4）创建会话通知。会话通知是在通知栏中显示对话消息的，使用 NotificationConversationalContent 对象构造通知内容，还需要用到 ConversationalMessage 对象构造对话消息。

创建会话通知的代码如下：

```
public class MainAbilitySlice extends AbilitySlice {
    @Override
    public void onStart(Intent intent) {
        super.onStart(intent);
        super.setUIContent(ResourceTable.Layout_ability_main);
        //创建会话对象
        MessageUser user1 = new MessageUser();
        user1.setName("小明");
        MessageUser user2 = new MessageUser();
        user2.setName("小朗");
        //创建会话通知消息
        NotificationRequest.NotificationConversationalContent content = new NotificationRequest.NotificationConversationalContent(user1);
        content.setConversationTitle("会话标题");
        //添加会话内容
        content.addConversationalMessage(new NotificationRequest
                .NotificationConversationalContent
                .ConversationalMessage("hello",Time.getCurrentTime(),user1));
        content.addConversationalMessage(new NotificationRequest
                .NotificationConversationalContent
                .ConversationalMessage("你好呀！", Time.getCurrentTime(),user2));
```

```
            NotificationRequest request = new NotificationRequest();
            request.setContent(new NotificationRequest.Notification
Content(content));
        try {
            //发布通知
            NotificationHelper.publishNotification(request);
        } catch (RemoteException e) {
            e.printStackTrace();
        }
    }
}
```

程序的运行效果如图 6-8 所示。

图 6-8　会话通知

（5）创建图片通知。图片通知是指通知可以携带图片，使用 NotificationPictureContent 对象构造通知内容，可以通过 setBigPicture()方法来添加展开后显示的图片。

创建图片通知的代码如下：

```
public class MainAbilitySlice extends AbilitySlice {
    @Override
    public void onStart(Intent intent) {
        super.onStart(intent);
        super.setUIContent(ResourceTable.Layout_ability_main);
        //设置图片通知
        NotificationRequest.NotificationPictureContent content =
new NotificationRequest.NotificationPictureContent();
        content.setTitle("图片通知的标题");
        content.setBriefText("图片介绍");
        content.setText("图片通知的内容");
        content.setAdditionalText("补充通知内容");
```

```
            content.setExpandedTitle("展开后的标题");
            content.setBigPicture(getPixelMap(ResourceTable.
Media_pic));
            NotificationRequest request = new NotificationRequest();
            request.setContent(new NotificationRequest.
NotificationContent(content));
            try {
                //发布通知
                NotificationHelper.publishNotification(request);
            } catch (RemoteException e) {
                e.printStackTrace();
            }
        }
    }
```

程序的运行效果如图 6-9 所示。

图 6-9　图片通知

上述代码在获取图片时，使用了 getPixelMap(ResourceTable.Media_pic)方法。这是封装的获取图片的方法，通过资源 id 来获取图片的 PixelMap 对象。代码如下：

```
    private PixelMap getPixelMap(int drawableId) {
        InputStream drawableInputStream = null;
        try {
            drawableInputStream = getResourceManager().getResource
(drawableId);
            ImageSource.SourceOptions sourceOptions = new ImageSource.
```

```
SourceOptions();
        sourceOptions.formatHint = "image/jpeg";
        ImageSource imageSource = ImageSource.create
(drawableInputStream,sourceOptions);
        return imageSource.createPixelmap(null);
    } catch (Exception e) {
      e.printStackTrace();
    } finally {
      try{
          if (drawableInputStream != null){
              drawableInputStream.close();
          }
      }catch (Exception e) {
          e.printStackTrace();
      }
    }
    return null;
}
```

（6）创建媒体通知。媒体通知是指在通知中可以绑定媒体信息，从而对媒体播放进行控制。它使用 NotificationMediaContent 对象构造通知内容，调用 setAVToken (AVToken avToken)方法与相关的媒体播放控制对象 AVSession 建立交互通道，以达到实现媒体控制的能力。此部分内容实现的前提是实现基础的媒体播放器，其他设置选项与普通通知相似，关于样式的设置就不再过多介绍。

媒体通知通常也需要与通知所属的应用进行事件交互，需要用到 IntentAgent 对象来实现，在 6.3 节会介绍使用 IntentAgent 对象来完成通知的点击跳转事件。

6.3 IntentAgent

6.3.1 IntentAgent 概述

介绍完以上六种通知，下面来看通知的点击事件。在日常使用手机时，我们在通知里看到有意思的新闻，通常会点击通知，然后跳转到应用内查看内容详情或者通过通知内的按钮与应用进行交互，例如快速回复消息、控制媒体播放，这就需要用到本节的内容——IntentAgent 对象。

IntentAgent 对象是对 Intent 对象的封装，但它不是立刻执行某个行为，而是满足某些触发条件后才执行指定的行为。在创建 IntentAgent 对象时，会预先把 Intent 对象创建好，等到用的时候再通过 triggerIntentAgent()方法主动触发使用。IntentAgent 对象可以用来完成 Ability 页面跳转和发布公共事件。

看起来 IntentAgent 对象与一般的 Intent 对象好像没有区别，这样做多此一举。但其实并不然，IntentAgent 对象的使用场景和 Intent 对象不同，通常是跨进程的，比如点击通知跳转到应用内的 Ability，或者在桌面点击服务卡片跳转到应用内的 Ability。在设置通知的跳转动作时，通常在应用内完成，当应用发出通知后，我们希望系统能够帮我们完成点击通知，跳转到应用内的 Ability 这个动作。也就是说，A 应用希望 B 应用帮它来触发 Intent 对象跳转，本质上还是 Intent 对象跳转，但 Intent 对象的使用者变了。

6.3.2 IntentAgent 开发

HarmonyOS 中提供了多个与 IntentAgent 对象开发相关的对象，如图 6-10 所示。

图 6-10 与 IntentAgent 对象开发相关的对象

1. IntentAgentHelper

图 6-10 中最上面的 IntentAgentHelper 对象用于获取、触发、取消和比较 IntentAgent 对象。细心的读者可以回忆一下，在通知里，管理通知的类叫 NotificationHelper。在数据库中，管理数据库的对象叫 DatabaseHelper。它们都是以"Helper"结尾的，这些类大部分都是用来做相关对象管理的。

表 6-13 是 IntentAgentHelper 对象的常用方法。

表 6-13 IntentAgentHelper 对象的常用方法

方法	含义
triggerIntentAgent(Context context,IntentAgent agent, IntentAgent.OnCompleted onCompleted,EventHandler handler, TriggerInfo paramsInfo)	触发 IntentAgent 对象的实例

续表

方法	含义
cancel(IntentAgent agent)	取消 IntentAgent 对象的实例
getUid(IntentAgent agent)	获取 IntentAgent 对象的实例的用户 ID
getIntentAgent(Context context, IntentAgentInfo paramsInfo)	创建 IntentAgent 对象的实例
getBundleName(IntentAgent agent)	获取 IntentAgent 对象的包名
getHashCode(IntentAgent agent)	获取 IntentAgent 对象的哈希值
judgeEquality(IntentAgent agent, IntentAgent otherAgent)	判断两个 IntentAgent 对象是否一样

因为 IntentAgent 对象没有构造方法，所以只能通过 IntentAgentHelper.getIntentAgent()方法来创建 IntentAgent 对象。这个方法有两个参数，第一个参数为上下文环境，第二个参数为 IntentAgentInfo，它保存了 Intent 对象的具体信息。

triggerIntentAgent()方法表示触发 IntentAgent 对象。调用此方法后，将执行 IntentAgent 对象中的 Intent 对象保存的信息，比如跳转 Ability 或发送公共事件。

应用还可以主动取消 IntentAgent 对象。取消 IntentAgent 对象后，拿到此 IntentAgent 对象的应用便无法执行对应的跳转动作。这就好像授权登录账号一样，当你授权给对方登录权限后，对方便可以登录你的账号。同样，你也可以取消授权，在修改密码后，对方就无法登录你的账号。

2. IntentAgentInfo

IntentAgentInfo 对象用于封装 Intent 对象和相关配置信息，IntentAgentInfo 对象包含三个构造方法，见表 6-14。

表 6-14　IntentAgentInfo 对象的构造方法

方法	含义
IntentAgentInfo(IntentAgentInfo paramInfo)	复制其他 IntentAgentInfo 参数来构造一个 IntentAgentInfo 对象
IntentAgentInfo(int requestCode, IntentAgentConstant.OperationType operationType, List<IntentAgentConstant.Flags> flags, List<Intent> intents, IntentParams extraInfo)	通过指定参数构造 IntentAgentInfo 对象
IntentAgentInfo(int requestCode, IntentAgentConstant.OperationType operationType, IntentAgentConstant.Flags flag, List<Intent> intents, IntentParams extraInfo)	通过指定参数构造 IntentAgentInfo 对象

第一个构造方法是通过复制其他 IntentAgentInfo 参数来构造一个新的 IntentAgentInfo 对象。第二个和第三个构造方法比较相似，区别在于第三个参数 IntentAgentConstant.Flags 是否为 List 类型的。下面分别来看 IntentAgentInfo 对象的构造方法的各个入参的含义。

（1）requestCode：设置 IntentAgent 对象的结果码，由开发者自己定义。

（2）operationType：操作类型。IntentAgentConstant.OperationType 的枚举值见表 6-15。

表 6-15　IntentAgentConstant.OperationType 的枚举值

枚举值	含义
UNKNOWN_TYPE	不识别的类型
START_ABILITY	开启一个有页面的 Ability
START_ABILITIES	开启多个有页面的 Ability
START_SERVICE	开启一个无页面的 Ability
SEND_COMMON_EVENT	发送一个公共事件

在使用这个参数时，按照要启动的 Ability 类型来选择对应的操作类型就可以了。

（3）flags：这个参数是 IntentAgent 对象的一些标识符，用来配置 IntentAgent 对象和 Intent 对象的属性。它的取值与 IntentAgentConstant.OperationType 参数有对应关系。IntentAgentConstant.Flags 的枚举值见表 6-16。

表 6-16　IntentAgentConstant.Flags 的枚举值

枚举值	含义
ONE_TIME_FLAG	IntentAgent 对象仅能使用一次。只在 OperationType 取以下值时使用：START_ABILITY、START_SERVICE、SEND_COMMON_EVENT
NO_BUILD_FLAG	如果 IntentAgent 对象不存在，那么返回 null。只在 OperationType 取以下值时使用：START_ABILITY、START_SERVICE、SEND_COMMON_EVENT
CANCEL_PRESENT_FLAG	生成新的 IntentAgent 对象前取消已存在的 IntentAgent 对象。只在 OperationType 取以下值时使用：START_ABILITY、START_SERVICE、SEND_COMMON_EVENT
UPDATE_PRESENT_FLAG	用新的 IntentAgent 对象的参数替换现有的参数。只在 OperationType 取以下值时使用：START_ABILITY、START_SERVICE、SEND_COMMON_EVENT
CONSTANT_FLAG	IntentAgent 对象不可被改变

续表

枚举值	含义
REPLACE_ELEMENT	IntentAgent 对象被触发后，当前 Intent 对象的 element 属性可被替换
REPLACE_ACTION	IntentAgent 对象被触发后，当前 Intent 对象的 action 属性可被替换
REPLACE_URI	IntentAgent 对象被触发后，当前 Intent 对象的 uri 属性可被替换
REPLACE_ENTITIES	IntentAgent 对象被触发后，当前 Intent 对象的 entities 属性可被替换
REPLACE_BUNDLE	IntentAgent 对象被触发后，当前 Intent 对象的 bundleName 属性可被替换

也就是说，可以通过设置 IntentAgentConstant.Flags 来控制跳转时的参数是否可被替换，这样既保留了 IntentAgent 对象的基本功能，又可以灵活地配置 IntentAgent 对象的跳转动作。

（4）intents：意图信息，List 类型。用于启动 Ability 或发布事件通知。当 OperationType 为 START_ABILITY、START_SERVICE、SEND_COMMON_EVENT 时，该值只允许包含一个 Intent 对象。当 OperationType 为 START_ABILITIES 时，该参数可以包含多个 Intent 对象。

（5）extraInfo：它的类型是 IntentParams，表示传递的自定义参数，信息以键值对的形式保存。

3. TriggerInfo

最后要介绍的对象是 TriggerInfo。在触发 IntentAgent 对象时，入参需要传递这个对象。它封装了触发 IntentAgent 对象所包含的信息。可以通过表 6-17 所示的构造方法来构建 TriggerInfo 对象。

表 6-17 TriggerInfo 对象的构造方法

方法	含义
TriggerInfo(String permission, IntentParams extraInfo, Intent intent, int code)	通过参数来构造 TriggerInfo 对象
TriggerInfo(TriggerInfo paramInfo)	使用其他 TriggerInfo 对象的参数来构造 TriggerInfo 对象

在上面的构造方法中，最重要的是第一个构造方法，它包含四个入参。

（1）permission：设置 IntentAgent 对象的接收者需要拥有的权限。

（2）extraInfo：保存以键值对形式存储的自定义数据。

（3）intent：额外的 Intent 对象的信息，在上面介绍 IntentAgentConstant.Flags 时，有很多标志位表示可替换 Intent 对象的信息，intent 用来替换 Intent 对象中的参数，如果需要替换原始 Intent 对象的信息，那么可以通过这个参数来设定。

（4）code：IntentAgent 对象的结果码。

下面完成一个案例，通过点击通知跳转到应用内的 Ability，来介绍 IntentAgent 对象的开发步骤。

新建一个 Empty Ability（Java）模板项目，在"Project Type"选区中选择"Application"单选按钮。本实例实现了在应用发布通知后，用户点击通知栏中的通知，跳转到应用内的页面的功能。完成这个功能需要以下步骤。

（1）在 MainAbilitySlice 中，新增方法 getIntentAgent()用来初始化 IntentAgent 对象。

```java
public IntentAgent getIntentAgent(){
    //指定要启动的Ability的信息
    Intent intent = new Intent();
    Operation operation = new Intent.OperationBuilder()
            //表示本地设备
            .withDeviceId("")
            //设置包名
            .withBundleName(getBundleName())
            //设置Ability名称
            .withAbilityName(MainAbility.class.getName())
            .build();
    intent.setOperation(operation);
    //按照APT要求，把Intent对象定义为List<Intent>类型的
    List<Intent> intentList = new ArrayList<>();
    intentList.add(intent);
    //定义请求码
    int requestCode = 1;
    //设置flags, List类型
    List<IntentAgentConstant.Flags> flags = new ArrayList<>();
    //设置IntentAgent对象不可被修改
    flags.add(IntentAgentConstant.Flags.CONSTANT_FLAG);
    //初始化IntentAgentInfo对象，设置OperationType为启动一个Ability
    IntentAgentInfo paramsInfo = new IntentAgentInfo(requestCode,
        IntentAgentConstant.OperationType.START_ABILITY, flags,
```

```
intentList, null);
        //获取IntentAgent对象的实例
        IntentAgent intentAgent = IntentAgentHelper.getIntentAgent
(this, paramsInfo);
        return intentAgent;
    }
```

在这个方法里，前面 Intent 对象的设置方法与一般的 Intent 对象的设置方法一样，没有特殊的地方。这里需要按照 API 要求，开发者需要定义一个 List<Intent>类型的对象来存储 Intent 对象。然后，通过 IntentAgentInfo 对象将 Intent 对象的信息和其他必要参数进行整合，最后由 IntentAgentHelper.getIntentAgent()方法来构造 IntentAgent 对象。IntentAgent 对象自身没有构造方法，只能通过这个方法来创建。

（2）创建一个通知，将 IntentAgent 对象与通知绑定，当点击通知栏中的通知时，就会跳转到应用的指定页面。

```
    public class MainAbilitySlice extends AbilitySlice {
        @Override
        public void onStart(Intent intent) {
            super.onStart(intent);
            //创建普通通知
            NotificationRequest request = new NotificationRequest();
            NotificationRequest.NotificationNormalContent content=
new NotificationRequest.NotificationNormalContent();
            //设置通知内容
            content.setText("点击跳转到应用");
            //设置通知标题
            content.setTitle("点击跳转到应用");
            request.setContent(new NotificationRequest.Notification
Content(content));
            //为通知添加IntentAgent对象
            request.setIntentAgent(getIntentAgent());
            try {
                //发布通知
                NotificationHelper.publishNotification(request);
            } catch (RemoteException e) {
                e.printStackTrace();
            }
        }
    }
```

将程序运行,在通知栏中已经出现发布的通知了,点击通知,可以跳转到通知所属应用的 MainAbility,如图 6-11 所示。

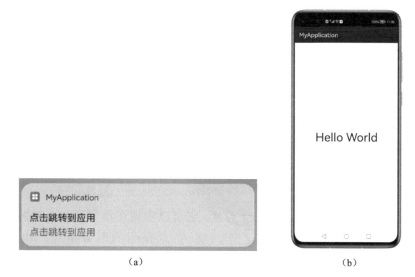

图 6-11 点击通知跳转到应用页面

再来看 triggerIntentAgent()方法,它可以用于主动触发 IntentAgent 对象。在布局中添加一个按钮,并为其设置点击事件:

```
Button button =(Button)findComponentById(ResourceTable.Id_button);
button.setClickedListener(new Component.ClickedListener() {
    @Override
    public void onClick(Component component) {
        IntentAgentHelper.triggerIntentAgent(getContext(),
getIntentAgent(), null, null,new TriggerInfo(null, null, null, 1));
    }
});
```

当主动触发 IntentAgent 对象时,可以通过 triggerIntentAgent()方法的入参 TriggerInfo 对 getIntentAgent()方法获得的 IntentAgent 对象的 Intent 对象的参数做一些修改,具体修改的内容可以参见 IntentAgentConstant.Flags 中的标志位和 TriggerInfo 对象的构造参数。

6.4 本章小结

本章介绍了公共事件和通知的开发方法，HarmonyOS 对这两种技术做了良好的封装，开发者在使用 API 时代码量不多。公共事件可以在应用之间或系统和应用之间进行消息的传递。系统的事件通知种类非常丰富，程序可以针对系统通知来做页面、服务上的改变，以提高用户的使用体验，比如 UI 颜色模式、进入 Wi-Fi 环境后播放高清视频等。

通知不仅可以进行消息提醒，还可以进行后台服务保活，功能十分强大，但滥用通知也会使用户关闭应用通知权限，这就失去了通知的意义。总之，一切应用功能的开发，都要考虑用户的感受。

最后，本章介绍了 IntentAgent 对象。它可以实现在不同场景下触发页面跳转，这是应用开发的常用技术之一。第 7 章介绍的服务卡片，也会使用 IntentAgent 对象。

第 7 章　服务卡片与原子化服务

服务卡片（简称卡片）是一种在桌面上放置的卡片页面，是 FA 的一种页面展现形式。应用中的页面可以通过卡片达到服务直达、减少页面打开层级的目的。卡片属于应用页面的一种，只是这种页面可以展示到桌面，提供信息交互的能力，在不打开应用的前提下对用户进行应用内容展示和与用户进行交互。开发者可以将应用的亮点信息用卡片来展示。所以，卡片的设计非常重要，良好的卡片设计可以提高卡片的桌面留存率，使其成为重要的流量入口。

原子化服务是 HarmonyOS 提出的一个新的概念。从名称上来看，原子通常被理解为最小的单元，是不可再分的。原子化服务就是将服务粒度降到最小，满足一个页面只做一件事的目标。

目前，市场上的应用通常在做加法。为了满足人们多样化的需求，一个预订车票的应用，通常还支持酒店预订、旅行团预订、游记分享等功能。这使得应用变得越来越复杂。但在万物互联时代，人们持有的设备越来越多，开发应用也会变得复杂。常见的智能设备有手机、车机、电视、手表等，流量入口越来越丰富，这也导致开发不同设备上的应用变得复杂。为了解决这个问题，HarmonyOS 希望应用越来越简单、专注，让服务的获取变得越来越方便，所以提出了原子化服务的概念。

7.1　卡片

卡片可以提供内容显示，使用户不必打开应用，也可以看到应用提供的服务，如图 7-1 所示。用户可以通过上滑应用的桌面图标来拉起卡片页面，长按卡片可以将卡片固定到桌面上。卡片可以包含多种尺寸和样式，以适应多种桌面样式，提供不同的功能。通过与卡片交互，用户无须打开应用即可使用部分应用内的操作。

图 7-1 卡片的效果

在 HarmonyOS 中，卡片的尺寸有 4 种，见表 7-1。

表 7-1 卡片尺寸

卡片尺寸	宫格数
微卡片	1 宫格×2 宫格
小卡片	2 宫格×2 宫格
中卡片	2 宫格×4 宫格
大卡片	4 宫格×4 宫格

卡片可以独立在系统桌面上存在，即使卡片所在的应用没有启动，也可以按照指定的周期进行数据更新，能根据卡片的路由来跳转应用内的指定页面。在进行卡片开发前，首先需要了解卡片提供方、卡片使用方、卡片管理服务。开发者，也就是卡片提供方，只需要关注卡片的开发就可以，卡片使用方和卡片管理服务的功能都是由系统来完成的，开发者无须关注。

（1）卡片提供方：指的是提供卡片的应用或原子化服务。卡片提供方控制卡片的显示内容、更新频率、组件布局及组件点击事件。

（2）卡片使用方：卡片使用方为卡片的宿主应用，一般来说就是系统桌面和服务中心。在桌面上可以直接对卡片进行添加、删除、请求更新、移动位置等操作。在服务中心，也可以搜索到非常多的服务。服务中心提供了卡片直达能力。

（3）卡片管理服务：卡片管理服务是管理卡片的系统级服务，不用开发者关注。卡片管理方可以管理卡片的周期性更新、缓存、使用对象、生命周期等。

图 7-2 为卡片运作机制图，卡片提供方、卡片管理服务和卡片使用方通过底层通信适配层进行 RPC 通信。开发者主要作为卡片提供方来完成卡片的创建、删除、更新。

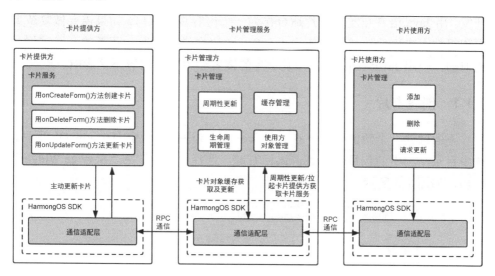

图 7-2　卡片运作机制图

卡片管理服务的功能非常丰富，可以实现卡片的周期性更新。在卡片提供方的配置文件中，可以设置卡片的更新周期，由卡片管理服务具体完成更新卡片的动作。卡片的显示内容可以被卡片管理服务缓存，这样在下次获取卡片时，不需要重新加载数据，从而增加了卡片的使用流畅感。卡片与 FA 一样，都有自己的生命周期。卡片的生命周期过程包括卡片显示、隐藏、升级、关闭、数据更新和清理等，这些都由卡片管理服务来进行管理。在卡片管理中，还包括卡片使用方对象管理，用于对使用方的请求进行校验和对卡片更新后的回调处理。

卡片管理服务的最下层是通信适配层，负责与卡片使用方和卡片提供方进行 RPC 通信。

卡片提供方最重要的功能是创建卡片，由开发者自己来实现，通过 onCreateForm()方法创建卡片，通过 onUpdateForm()方法更新卡片，通过 onDeleteForm()方法删除卡片。开发者还可以在配置文件中对卡片的更新周期进行配置。最下层的通信适配层由系统提供，负责与卡片管理服务通信，不需要开发者关注。

开发者只需要作为卡片提供方进行卡片内容的开发，卡片使用方和卡片管理服务由系统自动处理。

本节介绍用 Java 语言进行卡片开发，卡片还可以使用 JavaScript 语言进行开发。用 Java 语言开发的卡片适合作为一个内容直达入口，如果需要做复杂页面和组件点击事件，就需要使用 JavaScript 语言进行开发。两者的开发过程是相似的，使用 JavaScript 语言开发卡片的读者学习本节内容不受影响。

7.1.1 创建卡片

下面创建一个新的卡片。在 DevEco Studio 中新建一个 HarmonyOS 项目，选中目录结构中的包目录，点击鼠标右键，选择"New"→"Service Widget"选项，如图 7-3 所示。

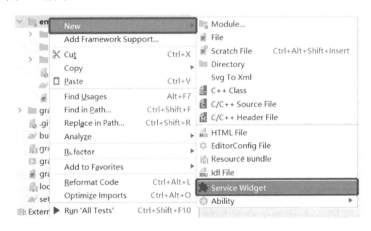

图 7-3　创建卡片

进入卡片选择页面，如图 7-4 所示，选择卡片的模板。模板整体上分为两类：一类是基础布局（包括图文、列表、网格等类型）的卡片，另一类是特定场景功能的卡片（包括电话、联系人、音乐、日程等场景的布局）。开发者可以根据具体的需要来选择特定类型的布局。

需要注意的是，这些模板并非全部都支持 Java 语言，有些模板只支持 JavaScript 语言，有些模板也并非包括四种尺寸。比如，Circular Data 模板只包含 2 宫格×2 宫格尺寸的卡片，如图 7-5 所示，右上角只显示"2*2"，代表了这个模板支持的卡片尺寸。

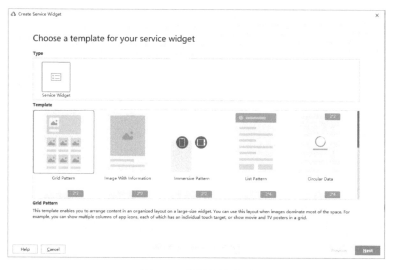

图 7-4　选择卡片类型

下面选择 Image With Information 模板来完成卡片的配置。如图 7-6 所示,卡片配置项包括以下几个。

• Service Widget Name：卡片的名称。在同一个 Ability 下,卡片名称不能重复,而且只能包含数字、字母和下画线。

• Description：卡片的描述信息。

• Module Name：模块名称。

图 7-5　Circular Data 模板

• Select Ability/New Ability：卡片所归属的 Ability。可以默认选择 MainAbility,也可以新建一个 Ability。

• Type：开发卡片使用的语言。

• Support Dimensions：卡片的尺寸。可以多选,但有些卡片模板只有固定的尺寸,卡片的尺寸要根据所选择的卡片模板来确定。

点击"Finish"按钮后,系统自动完成了以下操作。

（1）在 MainAbility 中,重写了卡片的相关方法,包括 onCreateForm()、onUpdateForm()、onDeleteForm()等方法。系统会默认实现 onTriggerFormEvent() 方法,这个方法目前只支持 JavaScript 语言开发的卡片调用。

表 7-2 是 Ability 中卡片相关的常用方法。

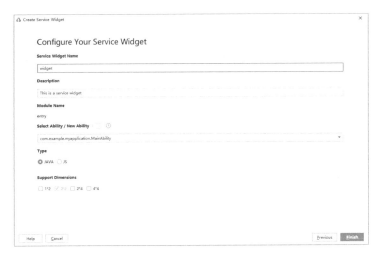

图 7-6　卡片配置

表 7-2　Ability 中卡片相关的常用方法

方法	含义
onCreateForm(Intent intent)	卡片创建时回调
onUpdateForm(long formId)	卡片更新时回调
onDeleteForm(long formId)	卡片删除时回调
updateForm(long formId, ComponentProvider component)	卡片提供方主动更新卡片
onCastTempForm(long formId)	卡片提供方接收临时卡片转常态卡片通知
onEventNotify(Map<Long, Integer> formEvents)	卡片提供方接收查询卡片状态通知接口，默认返回卡片的初始状态

① onCreateForm()。它是在卡片创建时首先执行的方法，通常用来加载布局、请求数据、持久化卡片信息。这个方法的用法相当于 AbilitySlice 的 onStart() 方法。onCreateForm() 方法的入参为 Intent，里面包含了卡片的一些属性。开发者可以直接通过枚举值来获取对应属性的属性值，Intent 中对应的枚举值见表 7-3。

表 7-3　Intent 中对应的枚举值

参数	枚举值	含义
ohos.extra.param.key.form_id	AbilitySlice.PARAM_FORM_ID_KEY	卡片 ID，已被弃用，使用 ohos.extra.param.key.form_identity 替代

续表

参数	枚举值	含义
ohos.extra.param.key.form_identity	AbilitySlice.PARAM_FORM_IDENTITY_KEY	卡片ID，long类型
ohos.extra.param.key.form_name	AbilitySlice.PARAM_FORM_NAME_KEY	卡片名称，String类型
ohos.extra.param.key.form_temporary	AbilitySlice.PARAM_FORM_TEMPORARY_KEY	临时卡片标记，boolean类型
ohos.extra.param.key.form_dimension	AbilitySlice.PARAM_FORM_DIMENSION_KEY	卡片外观规格信息，枚举值，分别对应"Support Dimensions"选区的以下四个复选框。 (1) 1*2。 (2) 2*2。 (3) 2*4。 (4) 4*4

② onUpdateForm()。该方法用于更新卡片、持久化存储卡片内容等。当卡片定时更新、定点更新或卡片使用方请求更新时，调用此方法。

③ onDeleteForm()。该方法在删除卡片时调用。可以在这个方法中释放系统资源。

④ updateForm()。该方法可以用来主动更新卡片信息，由卡片提供方使用。

⑤ onCastTempForm()。该方法为卡片提供方接收临时卡片转常态卡片通知。

⑥ onEventNotify()。该方法为卡片提供方接收查询卡片状态通知接口，仅系统应用才会回调。

（2）在包目录下新建了widget目录，该目录下包含controller目录和widget目录。controller目录下包含卡片的控制类FormController和FormController的管理类FormControllerManager。FormController是卡片的管理器，是抽象类，它的具体实现为WidgetImpl对象，存储于widget目录下。WidgetImpl是具体的卡片管理器，不同的卡片可以对应创建不同的卡片管理实现类，比如Card1Impl、Card2Impl等，这样就可以实现对卡片的独立管理。

（3）在src/main/resources/base/layout目录下创建了form_image_with_information_widget_2_2.xml和form_image_with_information_widget_2_4.xml两个文件。这两个文件是根据创建卡片时配置卡片的Support Dimensions创建的，

在创建卡片时我们勾选了尺寸为"2*2"和"2*4",系统就会自动创建这两种尺寸的卡片的布局文件。

Java 卡片的 XML 布局支持的组件有 Text、Image、DirectionalLayout、PositionLayout、DependentLayout。

(4)在 src/main/resources/base/media 目录下增加了图片资源。

(5)在 src/main/resources/base/element 目录下的 string.json 文件中增加了一些 string 资源。

(6)在 src/main/config.json 文件中,增加了卡片的配置声明。我们指定了卡片所在的 Ability 为 MainAbility。那么在 MainAbility 配置下,就会增加两个配置项:第一个为 formsEnabled: true,表示该 Ability 包含卡片。第二个为 forms 属性,包括卡片的布局、尺寸、更新周期等配置项。

配置文件的内容如下:

```
"abilities": [
{
  "name": "com.example.myapplication.MainAbility",
  ……
  "formsEnabled": true,
  "forms": [
    {
      "landscapeLayouts": [
        "$layout:form_image_with_information_widget_2_2",
        "$layout:form_image_with_information_widget_2_4"
      ],
      "isDefault": true,
      "scheduledUpdateTime": "10:30",
      "defaultDimension": "2*2",
      "name": "widget",
      "description": "This is a service widget",
      "colorMode": "auto",
      "type": "Java",
      "supportDimensions": [
        "2*2",
        "2*4"
      ],
      "portraitLayouts": [
        "$layout:form_image_with_information_widget_2_2",
        "$layout:form_image_with_information_widget_2_4"
      ],
```

```
                "updateEnabled": true,
                "updateDuration": 1
            }
        ]
    }
]
```

config.json 文件中卡片的配置项见表 7-4。

表 7-4 config.json 文件中卡片的配置项

属性	含义	是否可缺省
name	卡片名称	否
description	卡片描述	是，默认为空
isDefault	是否默认卡片	否
type	卡片类型：Java 或 JavaScript	否
colorMode	卡片的主题样式： auto：自适应。 dark：深色主题。 light：浅色主题	是，默认为 auto
supportDimensions	卡片支持的外观尺寸，取值范围如下： 1*2：表示 1 行 2 列的二宫格。 2*2：表示 2 行 2 列的四宫格。 2*4：表示 2 行 4 列的八宫格。 4*4：表示 4 行 4 列的十六宫格	否
defaultDimension	卡片的默认外观规格	否
landscapeLayouts	卡片对应的横向布局	否
portraitLayouts	卡片对应的竖向布局	否
updateEnabled	是否支持更新	否
scheduledUpdateTime	定点更新时刻，采用 24 小时制，精确到分钟	是，默认为 0:0
updateDuration	定时更新的更新周期，单位为 30 分钟，更新周期为 $N×30$ 分钟	是，默认为 0
formConfigAbility	卡片的编辑页面，格式为 ability://ability 名字	是

属性的含义解释得很清晰，这里要说明一下 formConfigAbility 属性。它用来指定卡片的编辑页面，比如对于一个天气预报的卡片来说，就需要编辑地点来控制卡片显示哪个城市的天气。这就需要为卡片提供一个编辑页面来修改城市。

7.1.2 卡片的开发

1. 卡片创建

卡片的开发主要是重写卡片的相关回调方法（包括 onCreateForm()、onUpdateForm()、onDeleteForm()）、编写卡片的布局、持久化存储卡片、设置卡片中组件的事件等，要完成卡片开发，需要掌握几个常用的对象。

（1）ProviderFormInfo。ProviderFormInfo 是用于提供卡片信息的对象，可以用来管理卡片要显示的布局、组件的点击事件等。对于用 Java 语言开发的卡片，其可用的方法不多。ProviderFormInfo 对象的常用方法见表 7-5。

表 7-5 ProviderFormInfo 对象的常用方法

方法	含义
ProviderFormInfo(int resId, Context context)	ProviderFormInfo 对象的构造方法
getComponentProvider()	获取 ComponentProvider 对象，ComponentProvider 对象可以用来修改卡片内容
mergeActions(ComponentProvider componentProviderActions)	合并对卡片设置的动作操作

可供 Java 类型的卡片调用的方法不多，除了构造方法，最重要的是 getComponentProvider()方法，该方法用于获取 ComponentProvider 对象，下面来看 ComponentProvider 对象的功能。

（2）ComponentProvider。通过 ProviderFormInfo 对象的 getComponentProvider() 方法可以获取 ComponentProvider 对象，它是用来修改远程组件内容的对象。远程组件包括通知栏中的通知、桌面或主屏幕上的小部件、卡片、负一屏组件等。卡片是远程组件的一种，所以可以用 ComponentProvider 来修改卡片中的内容。ComponentProvider 对象的常用方法见表 7-6。

表 7-6 ComponentProvider 对象的常用方法

方法	含义
ComponentProvider()	ComponentProvider 对象默认的构造方法
ComponentProvider(int layoutId, Context context)	使用布局 ID 和上下文来构造 ComponentProvider 对象
setText(int componentId, String text)	为一个组件设置 text 属性

续表

方法	含义
setTextSize(int componentId, int size)	为一个组件设置字号
setTextColor(int componentId, Color color)	为一个组件设置字体颜色
setTextAlignment(int componentId, int textAlignment)	为一个组件设置字体排列方式
setVisibility(int componentId, int visibility)	为一个组件设置可见/不可见属性
setString(int componentId, String methodName, String value)	调用组件中的指定方法，传入 String 类型值
setInt(int viewId, String methodName, int value)	调用组件中的指定方法，传入 int 类型值
setLong(int componentId, String methodName, long value)	调用组件中的指定方法，传入 long 类型值
setDouble(int componentId, String methodName, double value)	调用组件中的指定方法，传入 double 类型值
setImageContent(int componentId, int resId)	设置图片组件的资源
setBackgroundPixelMap(int componentId, PixelMap pixelMap)	设置背景图片
setComponentContainerLayoutConfig(int componentId, ComponentContainer.LayoutConfig params)	设置外层布局的配置参数
setProgressBar(int componentId, int max, int progress, boolean indeterminate)	设置进度条的进度
setVisibility(int componentId, int visibility)	设置组件的可见性
setIntentAgent(int viewId, IntentAgent intent)	设置组件的 IntentAgent 对象，可以用来做点击跳转页面操作
getActions()	获取所有对组件的操作
getAllComponents()	获取所有组件
mergeAction(ComponentProvider.Action action)	将所有组件操作合并到 ComponentProvider 对象中

表 7-6 中的方法十分丰富，涵盖了修改组件属性的各种方法，下面来看如何进行卡片的开发。

在创建完卡片后，DevEco Studio 自动在 MainAbility 中生成了一些代码。当前包目录的结构如图 7-7 所示。

在创建完成后，系统新增了 FormController、FormControllerManager 和 WidgetImpl 文件。其中，FormController 为卡片控制类，是一个抽象类，具体实现方法由 WidgetImpl 文件来完成。FormControllerManager 为卡片管理类，它的作

图 7-7 包目录的结构

用是优化卡片的使用，实现了使用 Preferences 存储 FormController 实例。下面先来学习卡片最基础的功能实现。

在 MainAbility 中，系统自动重写了 onCreateForm()方法。当用户上滑应用图标，或长按应用图标显示所有卡片时，会触发此方法调用。由于篇幅有限，下面列出部分代码：

```java
    public class MainAbility extends Ability {
        //卡片尺寸的枚举值
        private static final int DIMENSION_1X2 = 1;
        private static final int DEFAULT_DIMENSION_2X2 = 2;
        static final HiLogLabel LABEL_LOG = new HiLogLabel(HiLog.LOG_APP,
0xD001100, "Demo");
        @Override
        protected ProviderFormInfo onCreateForm(Intent intent) {
            //获取卡片 ID
            long formId = intent.getLongParam(AbilitySlice
.PARAM_FORM_IDENTITY_KEY, INVALID_FORM_ID);
            //获取卡片名称
            String formName = intent.getStringParam(AbilitySlice.
PARAM_FORM_NAME_KEY);
            //获取卡片尺寸
            int dimension = intent.getIntParam(AbilitySlice
.PARAM_FORM_DIMENSION_KEY, DEFAULT_DIMENSION_2X2);
            HiLog.info(LABEL_LOG,"onCreateForm:"+formName+",dimension:
"+dimension);
            //管理卡片
            if (formName.equals("form_card")) {
                if (dimension == DIMENSION_1X2) {
                    return new ProviderFormInfo(ResourceTable
                        .Layout_form_image_with_info_form_card_1_2, this);
                }
                if (dimension == DEFAULT_DIMENSION_2X2) {
                    return new ProviderFormInfo(ResourceTable
                        .Layout_form_image_with_info_form_card_2_2, this);
                }
            }
            return null;
        }
    }
```

通过传进来的 Intent 获取 formName 和 dimension。这两个值由系统自动传入，在 Intent 中已经存在，只需要通过对应的 Key 值来获取。在一个 Ability 中最多可以创建 16 张卡片，每张卡片又可以有多种不同的尺寸。首先，通过 formName 判断卡片，然后再根据卡片的 dimension 为不同尺寸的卡片指定相应的布局，通过 ProviderFormInfo 对象的构造方法构建卡片。

上面是基本的创建卡片的流程，但有一个问题就是每次调用 onCreateForm() 方法都会创建一遍卡片，显然这有些浪费资源。在 DevEco Studio 提供的卡片代码模板中，以缓存和单例的方式来避免多次重复创建卡片对象。使用下面的代码来代替上面代码的"管理卡片"部分。

```
//初始化 FormControllerManager 对象，用来管理卡片
FormControllerManager formControllerManager = FormControllerManager.getInstance(this);
//从缓存中查找 FormController 对象
FormController formController = formControllerManager.getController(formId);
//如果为空，那么创建新的，并将其序列化后保存到 Preferences 中
formController = (formController == null) ? formControllerManager.createFormController(formId,formName, dimension) : formController;
if (formController == null) {
    HiLog.error(TAG, "Get null controller. formId: " + formId + ", formName: " + formName);
    return null;
}
//返回 ProviderFormInfo 对象，里面包含卡片的布局
return formController.bindFormData();
```

FormControllerManager 对象是单例的，在应用运行时只会存在一个 FormControllerManager 对象，通过卡片 formId 来获取 FormController 对象。该对象是卡片控制器，保存在 HashMap<Long, FormController>结构中。这样，每次都去集合中找到 FormController 对象来复用，最后通过 formController.bindFormData()方法来返回 ProviderFormInfo 对象，在这个方法中实现了卡片布局的加载。

上面的代码中包含两种卡片，将程序运行到模拟器上观察。安装好应用后，在应用图标位置上滑，会唤起卡片页面，点击右上角图钉可以将卡片固定到桌

面上。长按卡片会弹出菜单,这时可以选择移除卡片或选择更多服务卡片,如图 7-8 所示。

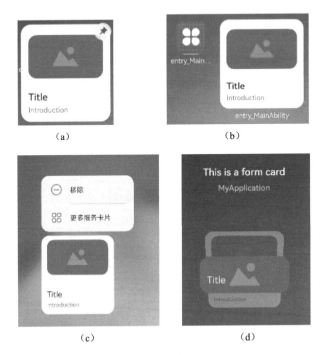

图 7-8 卡片演示

可以看到,我们设置的两个卡片都出现了。用户可以选择不同的卡片,将其放到桌面上显示,并且可以重复添加。

在点击"更多服务卡片"按钮时,每个被定义的卡片都会执行一遍 onCreateForm()方法。这里有两个卡片,那么 onCreateForm()方法便会执行两次。onCreateForm()方法的执行过程如图 7-9 所示。

图 7-9 onCreateForm()方法的执行过程

在日志中打印出两种 dimension,代表我们定义的两种尺寸的卡片。以

dimension=DIMENSION_1X2 为例，它加载了 form_image_with_info_form_card_1_2.xml 布局文件。该布局文件的代码如下，包含一个 Image 组件和一个 Text 组件。Image 组件引用了 media 中的图片资源。

```xml
<?xml version="1.0" encoding="utf-8"?>
<DependentLayout
    xmlns:ohos="http://schemas.huawei.com/res/ohos"
    ohos:height="match_parent"
    ohos:width="match_parent"
        ohos:remote="true">

    <Image
        ohos:height="match_parent"
        ohos:width="match_parent"
        ohos:image_src="$media:form_image_with_info_form_card_default_image_1"
            ohos:scale_mode="clip_center"/>

    <Text
        ohos:id="$+id:content"
        ohos:height="match_content"
        ohos:width="match_parent"
        ohos:align_parent_bottom="true"
        ohos:bottom_margin="12vp"
        ohos:start_margin="12vp"
        ohos:text="$string:form_card_title"
        ohos:text_color="#E5FFFF"
        ohos:text_size="16fp"
        ohos:text_weight="500"
        ohos:truncation_mode="ellipsis_at_end"/>
</DependentLayout>
```

该布局的最终显示效果如图 7-10 所示。

1 宫格×2 宫格

图 7-10　1 宫格×2 宫格卡片的效果演示

2. 卡片内容修改

下面来对卡片的内容进行修改，通过 ProviderFormInfo 对象来获取 ComponentProvider 对象。ComponentProvider 对象中包含很多修改组件内容、样式的方法，接口非常灵活。这里通过 setText()方法，修改 Text 组件的显示内容。修改 Text 组件内容的代码如下：

```
if (dimension == DIMENSION_1X2) {
    //为卡片设置布局
    ProviderFormInfo providerFormInfo = new ProviderFormInfo
(ResourceTable.Layout_form_image_with_info_form_card_1_2, this);
    //获取ComponentProvider对象
    ComponentProvider componentProvider = providerFormInfo.getComponentProvider();
    //修改Text组件的内容
    componentProvider.setText(ResourceTable.Id_content,"我是一个Text");
    //将操作合并到卡片的内容提供者，这一步为了让对卡片的修改生效
    providerFormInfo.mergeActions(componentProvider);
    return providerFormInfo;
}
```

图 7-11 修改卡片的显示内容

将程序运行到模拟器上，可以看到在 1 宫格×2 宫格的卡片上，Text 组件的内容被成功修改，如图 7-11 所示。

这里只修改了 Text 组件的显示内容，还可以通过 ComponentProvider 对象来修改其他组件的内容、样式、背景等属性。下面使用另外一种方式来修改 Text 组件的内容，代码如下：

```
if (dimension == DIMENSION_1X2) {
    //为卡片设置布局
    ProviderFormInfo providerFormInfo = new ProviderFormInfo
(ResourceTable.Layout_form_image_with_info_form_card_1_2, this);
    //获取ComponentProvider对象
    ComponentProvider componentProvider = providerFormInfo.getComponentProvider();
```

```
        //通过setString()方法修改Text组件的内容
        componentProvider.setString(ResourceTable.Id_content,
"setText","第二种方式设置 Text");
        //使对组件的改变生效
        providerFormInfo.mergeActions(componentProvider);
        return providerFormInfo;
    }
```

这次使用 ComponentProvider 对象的 setString(int componentId, String methodName, String value)方法修改 Text 组件的内容。该方法包含三个参数：第一个参数 componentId 为要修改的组件的 ID；第二个参数为 methodName，代表要执行该组件中包含的方法的名称，改变 Text 组件的显示内容使用的是 Text 组件的 setText()方法，所以传值为"setText"；第三个参数为 String 类型的值，代表的含义是要给第二个参数里的方法传的入参。使用 ComponentProvider 对象可以通过方法名和方法的参数来运行指定方法。

ComponentProvider 对象被设计成可以修改 HarmonyOS 中的组件属性。组件的属性非常多，如果重写所有组件的方法，那么会显得 ComponentProvider 对象过于臃肿。只通过修改方法名和方法的参数的方式来操作组件的属性，可以减少对许多接口的重复定义。

将程序运行到模拟器上，进入选择卡片页面，卡片的 Text 组件的内容也被修改成功了，如图 7-12 所示。

图 7-12　修改组件内容

3. 卡片更新

卡片更新分为定时更新、定点更新和主动更新。定时、定点更新需要在配置文件中配置，是一种后台定时任务。主动更新是指卡片提供者可以主动地更新卡片信息。

(1)定时、定点更新。卡片可以根据周期或在规定时间点触发 onUpdateForm()方法更新。在 config.json 文件的 forms 配置中，有三个属性可以用来设置卡片的更新。

• scheduledUpdateTime：定点更新，onUpdateForm()方法会在指定的时间点回调。

- updateDuration：定时更新，按设置的时间周期定时触发 onUpdateForm() 方法，为了限制频繁更新导致的性能问题，更新周期只能设置为 30 分钟的整数倍，如果 updateDuration=2，那么代表每 60 分钟更新一次。
- updateEnabled：开关项，代表是否支持周期性更新。

推荐优先选择定时更新，可以通过 config.json 文件中的 updateEnabled 属性来配置。config.json 文件中卡片更新的相关配置见表 7-7。

表 7-7　config.json 文件中卡片更新的相关配置

属性	含义
scheduledUpdateTime	定点更新，采用 24 小时制，精确到分钟
updateDuration	定时更新的更新周期，单位为 30 分钟，更新周期为 $N×30$ 分钟
updateEnabled	是否支持周期性更新

在 config.json 文件中，设置 scheduledUpdateTime 属性的卡片更新时间为当前时间稍后 2 分钟，以便观察定时执行效果。

```
"abilities": [
    {
        "name": "com.example.myapplication.MainAbility",
        ……
        "formsEnabled": true,
        "forms": [
            {
                ……
                "updateEnabled": true,
                "scheduledUpdateTime": "17:48",
                "updateDuration": 0
            }
        ]
    }
]
```

在 onUpdateForm()方法中打印日志。

```
@Override
protected void onUpdateForm(long formId) {
    HiLog.info(LABEL_LOG,"======定点更新======");
    super.onUpdateForm(formId);
    //获取 ComponentProvider 对象
```

```
    ComponentProvider componentProvider = new ComponentProvider
(ResourceTable.Layout_form_image_with_info_form_card_1_2, this);
    //修改 Text 组件的内容
    componentProvider.setString(ResourceTable.Id_content,
"setText","定点更新");
    //更新卡片
    updateForm(formId, componentProvider);
}
```

将程序运行，等待指定的更新时间。到时间后，控制台中打印出了日志，并且卡片的内容被修改成功，如图 7-13 所示，说明程序按照规定的时间触发了 onUpdateForm()方法。

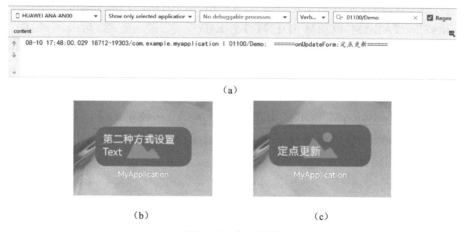

图 7-13　定点更新

（2）主动更新。卡片提供方可以主动更新卡片内容。当点击卡片跳转到卡片所属的 MainAbility 时，MainAbility 的 onStart(Intent intent)方法的入参 Intent 中便携带了卡片的信息（如果直接通过应用图标进入应用，该 Intent 中不会存在卡片信息）。可以通过 AbilitySlice.PARAM_FORM_IDENTITY_KEY 字段来获取卡片 ID。值得一提的是，在 MainAbility 包含的 MainAbilitySlice 的 onStart(Intent intent)方法中也可以获取到卡片 ID。

```
    if (intent.hasParameter(AbilitySlice.PARAM_FORM_IDENTITY_KEY)) {
    //获取卡片 ID
    long formId = intent.getLongParam(AbilitySlice.PARAM_FORM_
IDENTITY_KEY, -1);
    //获取 ComponentProvider 对象
    ComponentProvider componentProvider = new ComponentProvider
```

```
(ResourceTable.Layout_form_image_with_info_form_card_1_2,
getContext());
    String formData = "主动更新卡片信息";
    //修改卡片中 Text 组件的内容
    componentProvider.setText(ResourceTable.Id_content, formData);
    try {
        //调用 Ability 的 updateForm()方法来主动更新卡片
        getAbility().updateForm(formId, componentProvider);
    } catch (FormException e) {
        e.printStackTrace();
    }
}
```

上面的代码首先判断了是否存在卡片信息，也就是判断 Intent 中是否存在 AbilitySlice.PARAM_FORM_IDENTITY_KEY 字段。然后，声明了 ComponentProvider 对象，通过 setText()方法更新卡片信息。通过 getAbility() 方法调用 Ability 的 updateForm(long formId, ComponentProvider component)方法可以主动更新卡片。该方法有两个参数，第一个参数为卡片的 ID，也就是上面 AbilitySlice.PARAM_FORM_IDENTITY_KEY 字段里的值，第二个参数为 ComponentProvider，里面保存了更新卡片的操作。将程序运行，主动更新的卡片信息如图 7-14 所示。

（a）
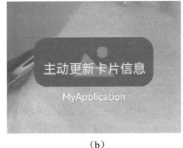
（b）

图 7-14　主动更新的卡片信息

如果不通过点击卡片进入 MainAbility，就无法通过 Intent 对象获取卡片的 formId，如果想更新卡片信息，就需要获取 formId。这时，需要在卡片的 onCreateForm()方法中将 formId 进行持久化保存，当使用时再从数据库或 Preferences 文件中读取，这样可以随时来更新卡片。关于卡片信息持久化保存的内容在"5.数据持久化"中进行讲解。

4. 卡片删除

卡片删除不仅仅是删除放到桌面上的卡片。在卡片删除的回调方法中打印日志可以看到以下三种触发卡片删除回调的情况。

首先，在 onDeleteForm()中打印日志。

```
@Override
protected void onDeleteForm(long formId) {
    HiLog.info(LABEL_LOG,"======onDeleteForm:删除======"+formId);
    super.onDeleteForm(formId);
}
```

（1）长按应用，点击"服务卡片"按钮，进入卡片选择页面，如图 7-15 所示。

然后，按返回键，输出了两次删除卡片的日志，如图 7-16 所示。从日志中也可以看到，由于配置的卡片有两种尺寸，所以 onCreateForm()方法执行了两次。从卡片选择页面退出，onDeleteForm()方法也执行了两次。

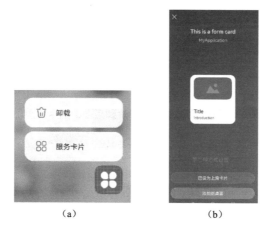

图 7-15　应用服务的卡片选择页面

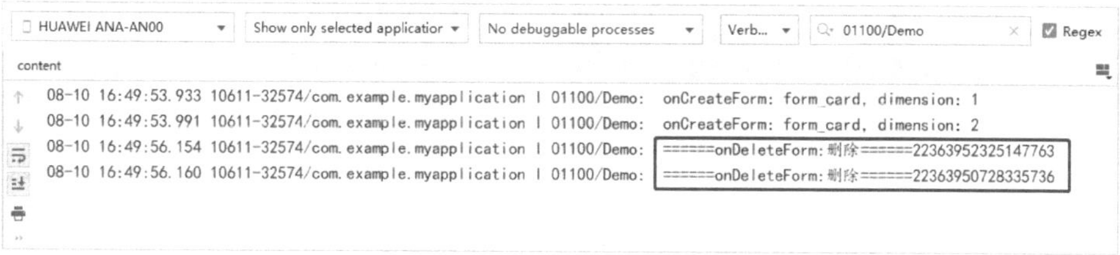

图 7-16　从卡片选择页面直接返回时的卡片删除事件回调

（2）在卡片选择页面中，选择一个卡片，点击"添加到桌面"按钮，如图 7-17 所示。

这时，只打印出了一次 onDeleteForm() 方法中的日志，如图 7-18 所示。这说明将其中一个卡片添加到桌面上，其他卡片由于没有被使用，系统就调用了它们的 onDeleteForm()方法。如果有 N 个卡片进入卡片选择页面，就会调用 N 次 onCreateForm()方法，在将其中一个卡片添加到桌面后，会再次调用 N-1 次 onDeleteForm()方法。

图 7-17　选择卡片，将其添加到桌面上

图 7-18　在卡片选择页面中添加卡片到桌面上的卡片删除事件回调

（3）在桌面上直接删除卡片。长按卡片，点击"移除"按钮，如图 7-19 所示。

（a）

（b）

图 7-19　在桌面上移除卡片的卡片删除事件回调

这时，onDeleteForm()方法中的日志只打印了一次，说明卡片被删除了，

如图 7-20 所示。

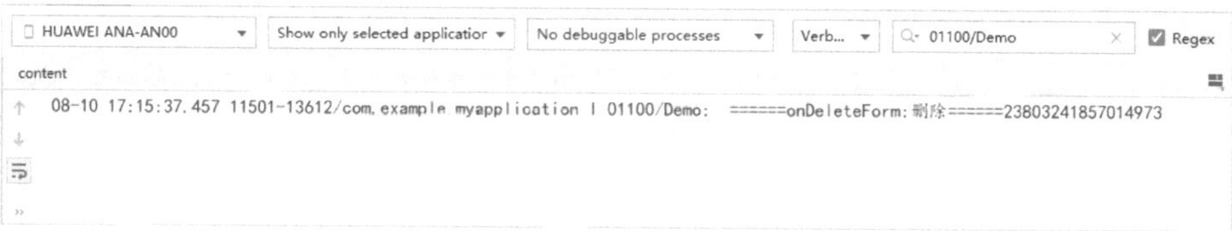

图 7-20 卡片删除事件回调

以上就是卡片删除的几种场景。可见，如果不对卡片进行缓存，那么多次执行卡片的创建和删除会非常消耗性能，所以在创建卡片时，DevEco Studio 为开发者自动生成了 FormController、FormControllerManager 和相应的 FormController 实现类。这些代码为开发者提供了卡片持久化存储和删除的相应处理，可以提高卡片服务的性能。

5. 数据持久化

在 onCreateForm()方法中，可以在传进来的 Intent 中获取卡片的 ID、名称、尺寸等信息。卡片可以有多个，且卡片的 ID 可以唯一确定一个卡片。卡片提供方通常不是常驻服务，只是在被用到时才会打开。卡片提供方，也就是卡片所属的应用，在需要对卡片进行数据更新时，就要获取卡片的 ID 来更新卡片。所以，卡片提供方通常需要对卡片按照其 ID 进行持久化管理，以便后续对卡片进行操作。

还有另外一种情况，有些数据接口需要用户登录后才可以访问。在卡片请求获取数据时，需要携带用户的登录信息。这些也需要进行持久化存储，以便卡片进行数据请求。同时，还需要配合 onDeleteForm()方法，当移除卡片时对卡片的临时数据进行删除。

卡片数据持久化可以使用 Preferences 来实现，下面来看具体代码。

```
public class MainAbility extends Ability {
    //卡片尺寸的枚举值
    private static final int DIMENSION_1X2 = 1;
    private static final int DEFAULT_DIMENSION_2X2 = 2;
    @Override
    protected ProviderFormInfo onCreateForm(Intent intent) {
        //获取卡片名称
        String formName = intent.getStringParam(AbilitySlice.PARAM_FORM_NAME_KEY);
        //获取卡片尺寸
```

```
            int dimension = intent.getIntParam(AbilitySlice.PARAM_FORM_
DIMENSION_KEY, DEFAULT_DIMENSION_2X2);
        //获取卡片 ID
        long formId = intent.getLongParam(AbilitySlice.PARAM_FORM_
IDENTITY_KEY, INVALID_FORM_ID);
        //初始化数据库
        DatabaseHelper databaseHelper = new DatabaseHelper
(getApplicationContext());
        //获取 Preferences 实例
        Preferences preferences = databaseHelper.getPreferences
("card");
        //存储卡片 ID 和尺寸
        preferences.putLong("formId-"+dimension,formId);
        preferences.putString("formName"+dimension,formName);
        //持久化保存到文件中
        preferences.flushSync();
    }
}
```

上述代码将卡片 ID 和名称存储在 Preferences 中，并调用 flushSync()方法将信息持久化。在使用卡片 ID 时，就可以通过以下代码获取尺寸为 1 宫格×2 宫格的卡片 ID。

```
    DatabaseHelper databaseHelper = new DatabaseHelper
(getApplicationContext());
    Preferences preferences = databaseHelper.getPreferences("card");
    Long formId = preferences.getLong("formId-"+1,-1);
```

如果你需要在卡片提供方的程序中主动更新卡片信息，就可以通过这样的方式来获取卡片的 ID。

6. 卡片的点击事件

为卡片设置 IntentAgent 对象，可以用来实现点击卡片后的页面跳转。在上面介绍的 ComponentProvider 对象的方法列表里，有一个方法叫 setIntentAgent(int viewId, IntentAgent intent)，该方法有两个入参：第一个参数为组件的 ID，代表了需要为哪个组件添加点击动作。第二个参数为 IntentAgent 对象，它是点击组件后要执行的 IntentAgent 对象。

下面来实现点击卡片内的组件，打开应用中指定的 Page Ability。为了实现本案例，我们新创建了一个 Page Ability，即 MainAbility2。点击卡片上的 Text

组件会跳转到 MainAbility2。

```java
public class MainAbility extends Ability {
    @Override
    protected ProviderFormInfo onCreateForm(Intent intent) {
        ......
        if (dimension == DIMENSION_1X2) {
            //获取 ProviderFormInfo 对象
            ProviderFormInfo providerFormInfo = new ProviderFormInfo(ResourceTable.Layout_form_image_with_info_form_card_1_2, this);
            //获取 ComponentProvider 对象
            ComponentProvider componentProvider = providerFormInfo
                    .getComponentProvider();
            //为 Text 组件设置 IntentAgent 对象
            componentProvider.setIntentAgent(ResourceTable.Id_content, getIntentAgent());
            //使对组件的改变生效
            providerFormInfo.mergeActions(componentProvider);
            return providerFormInfo;
        }
    }
}
```

在上述代码中，我们将获得 IntentAgent 对象的方法进行了封装，通过 getIntentAgent()方法来构造 IntentAgent 对象。

```java
//构造 IntentAgent 实例
private IntentAgent getIntentAgent() {
    //构造 Intent 对象
    Intent intent = new Intent();
    Operation operation = new Intent.OperationBuilder()
            //表示本地设备
            .withDeviceId("")
            //设置包名
            .withBundleName("com.example.myapplication")
            //设置 Ability 名称
            .withAbilityName("com.example.myapplication.MainAbility2")
            .build();
    intent.setOperation(operation);
    //按 API 要求，创建 List<Intent>保存 Intent 对象
    List<Intent> intentList = new ArrayList<>();
    //定义请求码
```

```
    int requestCode = 1;
    intentList.add(intent);
    //设置 flags, List 类型
    List<IntentAgentConstant.Flags> flags = new ArrayList<>();
    //设置 IntentAgent 对象不可被修改
    flags.add(IntentAgentConstant.Flags.CONSTANT_FLAG);
    //设置 IntentAgent 对象的参数
    IntentAgentInfo paramsInfo = new IntentAgentInfo(requestCode ,
IntentAgentConstant.OperationType.START_ABILITY, flags, intentList,
null);
    //获取 IntentAgent 实例
    IntentAgent intentAgent = IntentAgentHelper.getIntentAgent
(this, paramsInfo);
    return intentAgent;
}
```

在上面的代码中，首先通过 componentProvider.setIntentAgent()方法为指定的组件添加了 IntentAgent 对象，在 getIntentAgent()方法中，封装了对 Intent 对象的配置，指定了要启动的包名和 Ability 名称，然后，用 Intent 对象来构造 IntentAgent 对象，并进行返回。

将程序运行，将卡片添加到桌面上，点击卡片中的 Text 组件，就可以跳转到 MainAbility2 了，如图 7-21 所示。

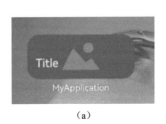

（a）　　　　　　　　　　　　　（b）

图 7-21　点击卡片进行页面跳转

7.2 原子化服务

7.2.1 原子化服务概述

原子化服务是面向未来万物互联的一种应用的使用方式,提供了应用免安装的能力,提供了便利的流量入口和精准的服务分发。原子化服务支持运行在"1+8+N"设备上,供用户在合适的场景和设备中使用服务。用户在服务中心可以查找想要的服务,点击服务即可运行程序,系统在后台会自动完成服务的下载、安装,只是不提供显式的程序安装过程,从而给用户应用免安装的使用感受。这也给原子化服务程序的大小带来要求,要求服务不能太大。如果服务太大,那么服务的下载和安装的时间会变长,从而影响用户使用体验的流畅性。

在原子化服务的思想下,一个购物应用可以被拆分为多个小的服务,可以包括"商品浏览""购物车""支付"等多个原子化服务。用户可以免安装来使用这些服务。

最重要的是,原子化服务具有随处可见、免安装直达、分布式流转等特性。用户可以通过扫描 HarmonyOS 的 Connect 标签、"碰一碰"、设备服务中心和桌面来快速启动原子化服务。

从手机桌面底部两侧上滑,可以进入服务中心(如图 7-22 所示)。在服务中心可以搜索原子化服务,这里的服务提供了免安装的使用方式。原子化服务还能以卡片形式添加到桌面上,以便下次使用时直接从桌面进入服务,如图 7-22 所示。

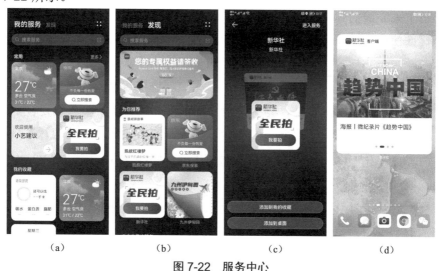

(a)   (b)   (c)   (d)

图 7-22 服务中心

原子化服务和传统需要安装的应用有些不同。原子化服务由 1 个或多个 HAP 组成，1 个 HAP 对应 1 个 FA 或 1 个 PA。每个 FA 或 PA 均可独立运行，可以完成 1 个特定功能。1 个或多个功能（对应 FA 或 PA）组合可以完成 1 个特定的便捷服务。也就是说，原子化服务既可以单独运行，也可由几个服务共同构成一个大的功能。

原子化服务具有可分割、可合并、可流转、免安装的特征，如图 7-23 所示，由原子化服务平台（Huawei Ability Gallery）管理和分发，这一点区别于一般的应用分发平台。原子化服务并没有桌面图标，但可以通过卡片的方式固定到桌面上。

图 7-23　原子化服务特征

原子化服务的跨设备特性支持手机、平板电脑等设备，支持跨设备服务分享，用户可以分享原子化服务到其他设备上。原子化服务支持跨端迁移，比如把手机上未完成的邮件迁移到平板电脑上继续编辑。原子化服务还支持多端协同，比如使用手机配合智慧大屏做演示。

7.2.2　原子化服务开发

根据原子化服务的特征，要想为用户提供秒开的体验，服务就要轻量。同时，为了统一用户对原子化服务的体验，服务开发需要满足一定的开发规范。

（1）原子化服务内的所有 HAP（包括 Entry HAP 和 Feature HAP）均需满足免安装要求。

（2）免安装的 HAP 大小不能超过 10MB，以便提供秒开体验。超过此大小限制的 HAP 不符合免安装要求，无法在服务中心展示。

（3）如果服务的入口需要在服务中心展示，那么该服务对应的 HAP 必须包含 FA，且 FA 中必须指定一个唯一的 Page 类型的 Ability 作为入口。该 Ability 中需要包含一个 2 宫格×2 宫格的默认卡片，用于在服务中心显示。

原子化服务并非新的技术，只要满足以上要求的应用就可以被看作一个原子化服务。原子化服务只是对程序开发规范进行了约束，这样的约束可以给用户带来新的应用使用体验。

要完成原子化服务开发，就需要完成以下步骤。

（1）创建项目，并配置服务快照，以便将原子化服务显示在服务中心。既可以创建新的项目来创建原子化服务，也可以在已有的项目上创建新的 module 节点来创建原子化服务。

在"Project Type"选区中选择"Service"单选按钮，选择好支持的设备类型，并勾选"Show in Service Center"选项，如图 7-24 所示。在项目创建完后，目录结构如图 7-25 所示。在 entry 目录的同级目录下增加了 EntryCard 目录，在 entry 目录下的包内增加了 widget 目录，里面包含卡片的程序代码。

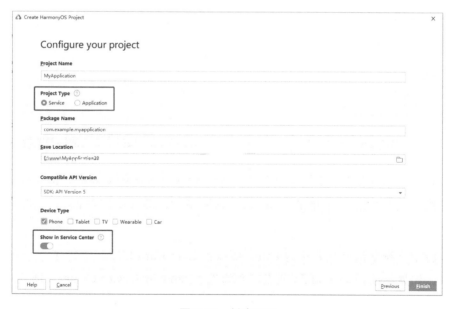

图 7-24　创建项目

EntryCard 目录保存了服务的快照图片。快照图片是与原子化服务相关联的小尺寸卡片的截图，截图中应该包括服务的图标和描述，以便使用户通过卡片截图知道服务的内容。对于快照图片，开发者需提供分辨率为 600px×600px 的直角方图，在展示时直角方图会由系统自动完成圆角裁切。开发者不需要提供圆角图片，该快照图片最终会展示到服务中心，如图 7-26 所示。

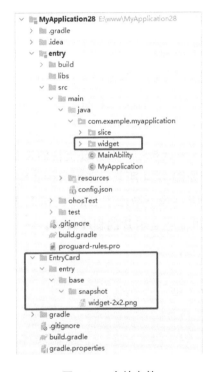

图 7-25　卡片文件

图 7-26　服务中心内的快照图片

每个 EntryCard 的模块都会生成一个与模块名相同的文件夹，同时还会默认生成一张 2 宫格×2 宫格的 EntryCard 快照图片，图片格式为 png，如图 7-27 所示。

应用系统默认模块名称为 entry，所以在 EntryCard 目录下添加了一个 entry 目录。如果继续创建 module 节点，并勾选 "Show in Service Center" 选项，那么在该目录下会继续添加相应的目录，如图 7-28 所示，entry 模块和 myapplication1 模块都在 EntryCard 目录下有对应名称的文件夹。

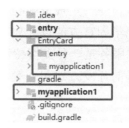

图 7-27　默认的快照图片　　　　图 7-28　包含多个模块的 EntryCard 目录结构

开发者需要自己制作服务的快照图片，样式参考如图 7-27 所示的系统默认生成的图片。在快照图片准备好后，将其放到对应的目录下，替换系统默认生成的图片。新的图片的命名方式也要与默认生成的图片保持一致，遵循格式"服务卡片名-2x2.png"。

如果需要为已有的模块添加 EntryCard 目录，就只能通过手工的方式，在 EntryCard 目录下逐级创建对应的目录结构，并将快照图片放入对应的文件夹中。

下面来看卡片的 config.json 文件的配置项。

```
{
    ...
    "name": "com.example.myapplication.MainAbility",
    "icon": "$media:icon",
    "description": "$string:mainability_description",
    "label": "$string:entry_MainAbility",
    "type": "page",
    "launchType": "standard"
}
```

作为入口的 MainAbility 包括图标（icon）、名称（label）、描述（description）等配置项。其中，图标为服务在服务中心展示的图标，名称为服务对用户显示的名称，描述为服务的简要描述。图 7-29 为服务中心展示的服务信息，展示了当前热门服务的图标和名称。

这就完成了基本的卡片配置。原子化服务更多的是一种开发规范，而非新的技术。原子

图 7-29　服务中心展示的服务信息

化服务可以被看作受一定规范限制的应用。如果需要在服务中心展示原子化服务，就需要按照华为官方的设计规范完成卡片设计、快照截图和 FA 开发。简而言之，原子化服务是一种支持特定功能的免安装的应用。在遵循规范的基础上，原子化服务的开发方式和一般应用与卡片的开发方式一样。

7.3　本章小结

本章介绍了 HarmonyOS 中的新特性，包括卡片和原子化服务。卡片的方便之处在于可以跳过页面层级，直达特定页面，并可以在未打开应用的前提下，为用户提供桌面化的服务。此外，本章还介绍了卡片的开发流程和方式。

原子化服务更多的是一种开发规范，而非新的技术。在遵循统一规范的前提下，可以达到一致的服务体验。原子化服务跨设备的特性也为其未来的应用带来非常多的想象空间。

本章的内容就到这里，在下一章中会介绍 HarmonyOS 中的高级组件。在掌握这些高级组件开发后，可以完成更为复杂和高效的页面开发。

第 8 章 高级编程

前 7 章都是针对 HarmonyOS 的基础知识和概念进行讲解的。掌握好这些知识可以开发简单的 App，本章将介绍一些高级组件（包括列表组件、页面切换组件、网页组件、Fraction 容器等）的开发。

8.1 ListContainer

8.1.1 ListContainer 的使用

虽然现在各种设备的屏幕尺寸越来越大，但是毕竟屏幕空间还是有限的，这就限制了屏幕显示的信息量。很多应用通常会在一个页面中显示一个列表，列表中包含若干子项，支持滚动，这样就扩展了单屏能够显示的信息量。在 HarmonyOS 中，这种列表被称为 ListContainer，是一种单标签组件。

ListContainer 继承自 ComponentContainer，拥有 ComponentContainer 通用的 XML 属性，其他自有属性见表 8-1。

表 8-1 ListContainer 的自有属性

属性	含义
ohos:rebound_effect	开启/关闭回弹效果
ohos:shader_color	着色器颜色
ohos:orientation	列表方向，包括以下两种： horizontal：水平。 vertical：垂直。 默认为垂直

既然 ListContainer 继承自 ComponentContainer，就说明 ListContainer 中可以包含其他组件和布局。ListContainer 可以根据数据的不同动态显示子项中的

布局。需要显示的子项布局和数据由 BaseItemProvider 对象提供。可以说，ListContainer 就是一个布局列表的容器，它的每个子项都可以存储相同或不同的布局。布局可以根据数据的不同动态改变。

BaseItemProvider 是一个抽象类。在实际使用时，需要自定义 Provider 并继承 BaseItemProvider。BaseItemProvider 对象的常用方法见表 8-2。

表 8-2 BaseItemProvider 对象的常用方法

方法	含义
getCount()	获取数据集的总数量
getItem(int position)	获取数据集中指定位置的数据，用于将数据集中的数据与子项布局对应
getItemId(int position)	获取指定数据在列表中的位置
getItemComponentType(int position)	根据位置获取数据集中数据项的组件类型
notifyDataChanged()	主动刷新组件数据
getComponent(int position, Component convertComponent, ComponentContainer parent)	获取指定位置要显示的组件，当每次打开 ListContainer 或子项滑进屏幕内时调用

以图 8-1 为例，这是一个 App 首页设计图。首页包含一个文章列表，列表的每一项都包含了一种布局和数据，每一项中都包括文章标题、文章图片、文章来源、点赞和评论数。外层的列表就是这里的 ListContainer，列表子项的布局需要单独来编写，并通过自定义的 Provider 类（需继承 BaseItemProvider）将布局和数据适配到 ListContainer 的每一项中。

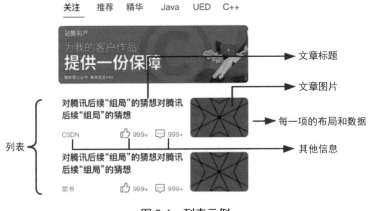

图 8-1 列表示例

下面来看 ListContainer 的具体用法。新建一个 Empty Ability（Java）模板项目，在"Project Type"选区中选择"Application"单选按钮。实现 ListContainer 的具体步骤如下。

（1）在 ability_main.xml 布局文件中添加 ListContainer。

```xml
<?xml version="1.0" encoding="utf-8"?>
<DirectionalLayout
    xmlns:ohos="http://schemas.huawei.com/res/ohos"
    ohos:height="match_parent"
    ohos:width="match_parent"
    ohos:alignment="center"
    ohos:orientation="vertical">
    <ListContainer
        ohos:id="$+id:list_container"
        ohos:width="match_parent"
        ohos:height="match_parent"
        ohos:orientation="vertical"
        ohos:rebound_effect="true"/>
</DirectionalLayout>
```

在布局中添加了 ListContainer。前面已经提到，ListContainer 是一个单标签组件。为 ListContainer 指定 id，将其宽度和高度都设定为 match_parent。这样 ListContainer 就可以占满整个父布局空间。ohos:rebound_effect 属性设置了在 ListContainer 拉到顶部或底部后的回弹效果。列表方向设置为垂直方向，也就是 ohos:orientation="vertical"。ListContainer 还有一个属性叫 ohos:shader_color，它可以为列表设置过渡颜色，感兴趣的读者可以自己试验一下。

（2）创建 ListContainer 中每一项的布局文件 item_layout.xml。

```xml
<?xml version="1.0" encoding="utf-8"?>
<DirectionalLayout
    xmlns:ohos="http://schemas.huawei.com/res/ohos"
    ohos:height="match_content"
    ohos:width="match_parent"
    ohos:left_margin="16vp"
    ohos:right_margin="16vp"
    ohos:orientation="horizontal">
```

```xml
    <Text
        ohos:id="$+id:item_index"
        ohos:height="match_content"
        ohos:width="match_content"
        ohos:padding="14vp"
        ohos:weight="1"
        ohos:text="Item0"
        ohos:text_size="26vp"
        ohos:layout_alignment="center"/>
    <Image
        ohos:image_src="$media:icon"
        ohos:width="match_content"
        ohos:height="match_content"
        ohos:padding="14vp"
        ohos:weight="1"/>
</DirectionalLayout>
```

列表中每一项的布局如图 8-2 所示。该布局中包含一个 Text 组件和一个 Image 组件。Text 组件设置了 id，用来显示文本信息。Image 组件引用了 src/main/resources/base/media 目录下的 icon.png 图片。这个布局用作 ListContainer 中子项的布局。

（3）创建 ItemProvider 类，它继承自 BaseItemProvider，用于将数据和子项布局进行绑定。继承 BaseItemProvider 后默认实现的接口方法如下。

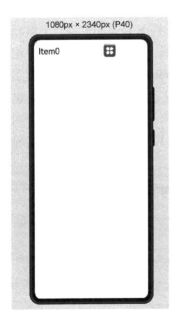

图 8-2 列表中每一项的布局

```java
public class ItemProvider extends BaseItemProvider {
    @Override
    public int getCount() {
        return 0;
    }
    @Override
    public Object getItem(int position) {
        return null;
    }
    @Override
```

```
        public long getItemId(int position) {
            return 0;
        }
        @Override
        public Component getComponent(int position, Component
convertComponent, ComponentContainer componentContainer) {
            return null;
        }
    }
```

在 ItemProvider 类继承 BaseItemProvider 后，需要重写上面四个方法，各个方法的含义见表 8-2。

ListContainer 显示的是列表数据，我们要将需要被显示的数据集传给 ItemProvider。数据集中的每一项数据都与列表中的子项对应。在构造 ItemProvider 时，我们可以通过 ItemProvider 的构造方法将数据传入，然后按照 BaseItemProvider 中接口的含义修改各个方法的返回值，具体的代码如下。

```
public class ItemProvider extends BaseItemProvider {
    //准备要显示的数据
    private List<String> list;
    //应用上下文，用于创建布局
    private Context ctx;
    //构造方法传入数据和上下文
    public ItemProvider(List<String> list, Context ctx){
        this.list=list;
        this.ctx=ctx;
    }
    //获取数据集的总数量
    @Override
    public int getCount() {
        return list.size();
    }
    //获取数据集中指定位置的数据，用于将数据集中的数据与子项布局对应
    @Override
    public Object getItem(int position) {
        return list.get(position);
    }
```

```
    //获取指定数据在列表中的位置
    @Override
    public long getItemId(int position) {
        return position;
    }
    //获取指定位置要显示的组件
    @Override
    public Component getComponent(int position, Component convertComponent,ComponentContainer componentContainer) {
        final Component cpt;
        //判断是否存在可复用子项
        if(convertComponent==null){
            //若不存在,则创建新的子项布局对象
            cpt= LayoutScatter.getInstance(ctx).parse(ResourceTable.Layout_item_layout,null, false);
        }else{
            //若存在,则复用
            cpt=convertComponent;
        }
        //获取指定位置的数据
        String content = list.get(position);
        //获取子项中的组件
        Text text = (Text) cpt.findComponentById(ResourceTable.Id_item_index);
        //将数据显示到子项对应的组件中
        text.setText(content);
        //返回子项布局
        return cpt;
    }
}
```

getCount()方法返回了 list.size(),用于获取数据集的总数量。getItem(int position)方法通过 list.get(position)获取数据集中指定位置的数据。getItemId(int position)用于获取指定数据在列表中的位置,没有特殊处理,这里可以直接返回 position。

getComponent(int position, Component convertComponent, ComponentContainer parent)方法是一个最重要的方法,有三个参数。第一个参数为当前 Item 的位置。第二个参数 convertComponent 代表系统刚刚回收的布局,可用于复用。第三个参数为子项的父布局。

为什么布局要复用呢？如果列表中包含很多数据,每一条数据都对应列表的一项,那么在创建每一个子项时,如果不复用,就会为每一个子项都创建新的布局对象,这会出现性能问题。每个列表中子项的布局在大多数时候都是一样的（列表包含的布局的种类需要看项目的具体业务要求）。但是,当列表中的数据已经滑出屏幕不可见时,那些不可见的列表项的布局不再有用,但依然还占用内存空间,所以我们可以将这些布局重新拿来继续循环使用,而不是再创建新的布局,这样就可以省去加载布局的系统开销,也减少了内存使用空间。

在图 8-3 中,左侧图片的浅灰区域是一个 ListContainer,如果不做子项复用,那么滑出屏幕的子项依然占用空间。当列表被用户继续向下或向上滑动时,如果不做复用,新的数据就会产生新的子项,当显示的数据越来越多时,创建的子项也就越来越多,而那些已经滑出屏幕的子项布局没有其他用处,便可以将其复用。在复用布局以后,可能内存中只需要保存 10 个子项对象,也可以滑动显示 100 条数据。如图 8-3 右侧图片所示,如果向下滑动列表,滑出屏幕后的子项可以复用到列表最上方循环使用。

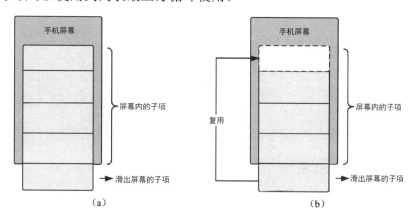

图 8-3 布局复用示意图

在上面 getComponent()方法的代码中,首先判断可复用布局是否为 null,如果为 null,那么通过 cpt=LayoutScatter.getInstance(ctx).parse(ResourceTable.

Layout_item_layout, null, false)来创建新的布局,如果不为 null,那么说明布局是可以被复用的,我们就可以拿来使用。我们可以通过该布局的 cpt.findComponentById()方法来获取布局中组件的引用,从而对复用布局中的内容重新设值。这样就实现了一个性能良好的、布局可复用的 ListContainer。

(4)在 MainAbilitySlice 中,将 ListContainer 和 ItemProvider 进行绑定。

```
public class MainAbilitySlice extends AbilitySlice {
    @Override
    public void onStart(Intent intent) {
        super.onStart(intent);
        super.setUIContent(ResourceTable.Layout_ability_main);
        ListContainer listContainer = (ListContainer)
findComponentById(ResourceTable.Id_list_container;
        //准备数据
        List<String> data = new ArrayList<>();
        for (int i = 0;i<10;i++){
            data.add("第"+i+"条数据");
        }
        //将 ItemProvider 和 ListContainer 绑定
        listContainer.setItemProvider(new ItemProvider(data,
getContext()));
    }
}
```

程序运行结果如图 8-4 所示。

当 ListContainer 的方向设置为水平时,代码如下。

```
<ListContainer
    ......
    ohos:orientation="horizontal"/>
```

显示效果如图 8-5 所示。

8.1.2 ListContainer 的事件方法

前面实现的案例只是 ListContainer 在页面上的显示效果,ListContainer 也有对应的点击事件,下面介绍 ListContainer 的点击事件。

图 8-4　ListContainer 的列表样式　　　　图 8-5　水平显示的 ListContainer

在前面案例的基础上，修改 MainAbilitySlice 中的代码，为子项添加点击事件。具体代码如下。

```java
public class MainAbilitySlice extends AbilitySlice {
    @Override
    public void onStart(Intent intent) {
        super.onStart(intent);
        super.setUIContent(ResourceTable.Layout_ability_main);
        ListContainer listContainer = (ListContainer) findComponentById(ResourceTable.Id_list_container);
        List<String> data = new ArrayList<>();
        for (int i = 0;i<10;i++){
            data.add("第"+i+"条数据");
        }
        //为 ListContainer 设置 Provider
        listContainer.setItemProvider(new ItemProvider(data, getContext()));
        //为列表添加点击事件
        listContainer.setItemClickedListener(new ListContainer.ItemClickedListener() {
```

```
            @Override
            public void onItemClicked(ListContainer parent,
Component component, int position, long id) {
                //获取子项数据
                String item = (String)listContainer.getItemProvider().
getItem(position);
                //弹出提示
                new ToastDialog(getContext()).setText(item).show();
            }
        });
    }
}
```

图 8-6 ListContainer 的点击事件

在上述代码中，使用了 ListContainer 的 setItemClickedListener()方法为 ListContainer 的子项注册了监听器。当用户点击 ListContainer 中的任意 item 子项时，就可以通过 getItem()方法来获取子项数据，最后通过 ToastDialog 组件弹出提示。这里需要掌握使用 getItemProvider().getItem(position)方法获取子项数据。

将程序运行，点击列表的 item 子项后弹出 ToastDialog 组件提示，如图 8-6 所示。

8.2 ScrollView

8.2.1 ScrollView 的使用

ScrollView 也是一种可以滚动的组件。如果屏幕显示不全子布局，那么可以使用 ScrollView 来滚动显示。它和 ListContainer 在应用场景上不同，ListContainer 更适用于长列表数据显示，并且可以动态地对列表内容进行修改。ScrollView 适合用来显示数量不多的需要滚动显示的数据。如果 ScrollView 中的组件高度超过了 ScrollView 的高度，就可以采用滚动的方式在有限的区域内显示更多的内容。

ScrollView 继承自 StackLayout，拥有 StackLayout 通用的 XML 属性，其他自有属性见表 8-3。

表 8-3　ScrollView 的自有属性

属性	含义
ohos:match_viewport	是否可拉伸匹配
ohos:rebound_effect	开启/关闭回弹效果

在 ScrollView 中，组件的摆放与 StackLayout 一样是层叠的，多层的布局会被层叠显示，最后放置的布局会显示在最上层。

下面来看 ScrollView 的具体用法。新建一个 Empty Ability（Java）模板项目，在 "Project Type" 选区中选择 "Application" 单选按钮。在 ability_main.xml 布局文件中添加 ScrollView，具体代码如下。

```
<?xml version="1.0" encoding="utf-8"?>
<DirectionalLayout
    xmlns:ohos="http://schemas.huawei.com/res/ohos"
    ohos:height="match_parent"
    ohos:width="match_parent"
    ohos:alignment="center"
    ohos:orientation="vertical">
    <ScrollView
        ohos:id="$+id:scrollview"
        ohos:height="200vp"
        ohos:width="200vp"
        ohos:background_element="#E1E1E1"
        ohos:top_margin="32vp"
        ohos:bottom_padding="16vp"
        ohos:layout_alignment="horizontal_center">
        <DirectionalLayout
            ohos:height="match_content"
            ohos:width="match_content">
            <Text
                ohos:height="match_content"
                ohos:width="match_content"
                ohos:text="第一行"
                ohos:layout_alignment="center"
                ohos:margin="20vp"
                ohos:text_size="36vp"/>
```

```xml
        <Text
            ohos:height="match_content"
            ohos:width="match_content"
            ohos:text="第二行"
            ohos:layout_alignment="center"
            ohos:margin="20vp"
            ohos:text_size="36vp"/>
        <Text
            ohos:height="match_content"
            ohos:width="match_content"
            ohos:text="第三行"
            ohos:layout_alignment="center"
            ohos:margin="20vp"
            ohos:text_size="36vp"/>
     </DirectionalLayout>
   </ScrollView>
</DirectionalLayout>
```

在 ScrollView 布局中，嵌套了一个 DirectionalLayout，一共放置了三个 Text 组件。程序运行后，由于外层 ScrollView 指定了宽度和高度，而实际显示的内容超出了 ScrollView 的范围，所以在 ScrollView 中只显示了"第一行""第二行"。这时，可以通过向上滑动布局来显示"第三行"，如图 8-7 所示。

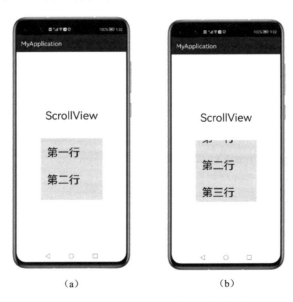

(a)　　　　　　　　(b)

图 8-7　超出 ScrollView 范围后可滚动

由此可见，ScrollView 在其内部组件超出其能显示的范围后可滚动。下面演示子布局的长度和高度都超出了 ScrollView 范围后的滚动情况。由于布局的代码较长，所以以简化代码形式给出。

```xml
<?xml version="1.0" encoding="utf-8"?>
<ScrollView
    ......>
    <DirectionalLayout
        ohos:height="match_content"
        ohos:width="match_content">
        <DirectionalLayout
            ohos:height="match_content"
            ohos:width="match_content"
            ohos:orientation="horizontal">
            <!--此处放置 3 个 Text 组件-->
        </DirectionalLayout>
        <DirectionalLayout
            ohos:height="match_content"
            ohos:width="match_content"
            ohos:orientation="horizontal">
            <!--此处放置 3 个 Text 组件-->
        </DirectionalLayout>
        <DirectionalLayout
            ohos:height="match_content"
            ohos:width="match_content"
            ohos:orientation="horizontal">
            <!--此处放置 3 个 Text 组件-->
        </DirectionalLayout>
    </DirectionalLayout>
</ScrollView>
```

该布局中包含三行三列的 Text 组件，在行和列的方向上都超出了外层 ScrollView 的范围。这时，ScrollView 中的布局可以在行和列方向进行滚动，如图 8-8 所示。

ScrollView 的 ohos:match_viewport 属性为是否可拉伸匹配。当 ScrollView 中的组件无法填满 ScrollView 时，可以使用这个属性来使子组件填满 ScrollView。

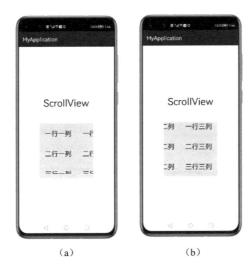

(a)   (b)

图 8-8　水平和垂直都超出 ScrollView 范围后的滚动状态

在 ScrollView 中添加 DirectionalLayout，把背景颜色设置为绿色。在 DirectionalLayout 中只添加两个 Text 组件，当 ohos:match_viewport="false" 时，效果如图 8-9 所示。

当 ohos:match_viewport="true" 时，可以看见 ScrollView 中的 DirectionalLayout 将 ScrollView 填充满了，效果如图 8-10 所示。

图 8-9　ScrollView 不拉伸显示　　　　图 8-10　ScrollView 拉伸显示

ScrollView 的另一个属性 ohos:rebound_effect 可以控制移动到边界时的回弹效果，读者可以自行测试。

8.2.2　ScrollView 的事件方法

ScrollView 包括以下与位置移动有关的方法，开发者可以通过这些方法来用代码控制 ScrollView 的滚动。

1. 设置滚动速度（见表8-4）

表 8-4　设置滚动速度

方法	含义
doFling(int velocityX, int velocityY)	同时设置沿 X 轴、Y 轴的初始滚动速度
doFlingX(int velocityX)	设置沿 X 轴的滚动速度
doFlingY(int velocityY)	设置沿 Y 轴的滚动速度

可以通过上面的方法来控制 ScrollView 在水平和垂直方向的滚动速度。

2. 设置相对运动（见表8-5）

表 8-5　设置相对运动

方法	含义
fluentScrollBy(int dx, int dy)	沿坐标轴滚动指定距离
fluentScrollByX(int dx)	沿 X 轴滚动指定距离
fluentScrollByY(int dy)	沿 Y 轴滚动指定距离

表 8-5 中的方法可以使 ScrollView 进行相对运动，即以当前位置为参考原点，只需要设定滚动的距离，就可以向指定方向进行滚动。

以下代码可以实现在每次点击 ScrollView 时，ScrollView 都可以沿 X 轴和 Y 轴滚动指定的位置。如果某个方向上的子组件未能填充满 ScrollView 或已经滚动到 ScrollView 所包含的布局的尽头，那么在该方向上不再进行滚动。

```
ScrollView scrollView = (ScrollView)findComponentById
(ResourceTable.Id_scrollview);
    //设置滚动速度
scrollView.doFling(25,25);
scrollView.setClickedListener(new Component.ClickedListener() {
    @Override
    public void onClick(Component component) {
        //滚动指定距离
        scrollView.fluentScrollBy(108,108);
    }
});
```

运行结果如图 8-11 所示，在每次点击 ScrollView 时，ScrollView 都会向下滚动指定的距离。因为在水平方向上未填充满 ScrollView，所以在该方向上不再进行滚动。

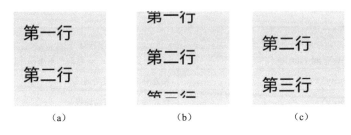

(a)　　　　　　　(b)　　　　　　　(c)

图 8-11　ScrollView 的相对运动

3. 设置绝对运动（见表8-6）

表 8-6　设置绝对运动

方法	含义
fluentScrollTo(int x, int y)	沿坐标轴滚动到指定的坐标位置
fluentScrollXTo(int x)	沿 X 轴滚动到指定的坐标位置
fluentScrollYTo(int y)	沿 Y 轴滚动到指定的坐标位置

上面的方法可以使 ScrollView 进行绝对运动，使 ScrollView 滚动到指定的坐标位置。

以下代码可以实现当点击 ScrollView 时，ScrollView 滚动到指定的坐标位置。如果某个方向上的子组件未能填充满 ScrollView 或已经滚动到布局的尽头，那么在该方向上不再进行滚动。

```java
ScrollView scrollView = (ScrollView)findComponentById(ResourceTable.Id_scrollview);
//设置滚动速度
scrollView.doFling(25,25);
scrollView.setClickedListener(new Component.ClickedListener() {
    @Override
    public void onClick(Component component) {
        //滚动到指定的坐标位置
        scrollView.fluentScrollTo(108,108);
    }
});
```

运行结果如图 8-12 所示，点击 ScrollView 可以使其滚动到指定的坐标位置。如果再次点击，就不会起作用了。因为 fluentScrollTo()方法执行的是滚动到指定的坐标位置，在第一次滚动后已经滚动到指定的坐标位置了，再次点击不会再起作用。同样，在水平方向上由于子布局未能填充满 ScrollView，所以在该方向上不再滚动。

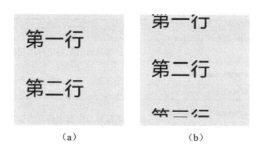

图 8-12 ScrollView 的绝对运动

8.3 PageSlider与PageSliderIndicator

8.3.1 PageSlider 的使用

PageSlider 是一个可以滑动的布局容器。开发者可以在其中添加其他的组件，用于页面之间切换。使用 PageSlider 可以很方便地在应用内左右滑动切换页面、轮播图等。它与 ListContainer 一样，都是单标签组件。PageSlider 继承自 StackLayout，公共属性均继承自 StackLayout，其自有属性见表 8-7。

表 8-7 PageSlider 的自有属性

属性	含义
ohos:orientation	滑动方向
ohos:page_cache_size	缓存页面数量

PageSlider 的每一页都可以包含其他组件和布局。每一页的布局和数据都由 PageSliderProvider 来提供。

PageSliderProvider 是一个抽象类。在实际使用时，开发者需要自定义 Provider 并继承自 PageSliderProvider。PageSliderProvider 的常用方法见表 8-8。

我们自己定义的 Provider 方法要继承 PageSliderProvider，并重写表 8-8 中

的方法。从这个设计上来看，PageSlider 和 ListContainer 有相似之处。它们都是单标签组件，内部的视图管理都需要通过对应的 Provider 来实现。ListContainer 使用的是 BaseItemProvider，PageSlider 使用的是 PageSliderProvider。

表 8-8　PageSliderProvider 的常用方法

方法	含义
getCount()	获取当前适配器中可用视图的数量
createPageInContainer(ComponentContainer componentContainer, int position)	在容器的指定位置创建页面
destroyPageFromContainer(ComponentContainer componentContainer, int position, Object object)	销毁容器中指定位置的页面
isPageMatchToObject(Component component, Object object)	视图是否关联指定对象

下面来看 PageSlider 的具体用法。新建一个 Empty Ability（Java）模板项目，在"Project Type"选区中选择"Application"单选按钮。在 ability_main.xml 布局文件中添加 PageSlider，具体代码如下。

```xml
<?xml version="1.0" encoding="utf-8"?>
<DirectionalLayout
    xmlns:ohos="http://schemas.huawei.com/res/ohos"
    ohos:height="match_parent"
    ohos:width="match_parent"
    ohos:alignment="center"
    ohos:orientation="vertical">
    <PageSlider
        ohos:id="$+id:pageslider"
        ohos:height="match_parent"
        ohos:width="match_parent"
        ohos:bottom_margin="50vp"/>
</DirectionalLayout>
```

上述代码在布局中添加了 PageSlider 作为布局容器，增加了 id，指定了宽度和高度都为 match_parent。

然后，新建两个页面，用于在 PageSlider 中显示。

布局一：

```xml
<?xml version="1.0" encoding="utf-8"?>
<DirectionalLayout
    xmlns:ohos="http://schemas.huawei.com/res/ohos"
    ohos:height="match_parent"
    ohos:width="match_parent"
    ohos:alignment="center"
    ohos:orientation="vertical">
    <Text
        ohos:height="match_content"
        ohos:width="match_parent"
        ohos:text="布局一"
        ohos:text_size="26vp"
        ohos:text_alignment="horizontal_center"
        ohos:layout_alignment="horizontal_center"/>
    <Image
        ohos:height="match_content"
        ohos:width="match_parent"
        ohos:image_src="$media:icon"/>
</DirectionalLayout>
```

该布局包含一个 Text 组件和一个 Image 组件。Text 组件上显示"布局一"。Image 组件引用了 src/main/resources/base/media 目录下的 icon.png 图标。

布局二：

```xml
<?xml version="1.0" encoding="utf-8"?>
<DirectionalLayout
    xmlns:ohos="http://schemas.huawei.com/res/ohos"
    ohos:height="match_parent"
    ohos:width="match_parent"
    ohos:alignment="center"
    ohos:orientation="vertical">
    <Text
        ohos:height="match_content"
        ohos:width="match_parent"
        ohos:text="布局二"
        ohos:text_size="26vp"
        ohos:text_alignment="horizontal_center"
```

```xml
        ohos:layout_alignment="horizontal_center"/>
    <ScrollView
        ohos:id="$+id:scrollview"
        ohos:height="200vp"
        ohos:width="200vp"
        ohos:background_element="#E1E1E1"
        ohos:top_margin="32vp"
        ohos:bottom_padding="16vp"
        ohos:layout_alignment="horizontal_center">
    </ScrollView>
</DirectionalLayout>
```

该布局包含一个 Text 组件和一个 ScrollView 组件。Text 组件上显示"布局二"。ScrollView 组件的宽度和高度固定为 200vp，并设置灰色背景。

下面需要将这两个布局添加到 PageSlider 中。首先，新建 MyPageSliderProvider 类，继承自 PageSliderProvider，并重写对应的方法。在表 8-8 中已经介绍过这些需要重写的方法的含义。

```java
public class MyPageSliderProvider extends PageSliderProvider {
    private List<Component> mViewList;
    public MyPageSliderProvider(List<Component> mViewList){
        this.mViewList =mViewList;
    }
    @Override
    public int getCount() {
        //获取当前适配器中可用视图的数量
        return mViewList.size();
    }
    @Override
    public Object createPageInContainer(ComponentContainer componentContainer,int position) {
        //在容器的指定位置创建页面
        componentContainer.addComponent(mViewList.get(position));
        return mViewList.get(position);
    }
    @Override
    public void destroyPageFromContainer(ComponentContainer componentContainer,
```

```
        int position, Object object) {
            //销毁容器中指定位置的页面
            componentContainer.removeComponent(mViewList.get
(position));
        }
        @Override
        public boolean isPageMatchToObject(Component component, Object
object) {
            //视图是否关联指定对象
            return component == object;
        }
    }
```

这里声明了一个 List<Component>数组，数组的泛型为 Component。这个数组用来保存我们要放入 PageSlider 中的两个布局文件，通过 MyPageSliderProvider 对象的构造方法传入，MyPageSliderProvider 对象的方法的含义如下。

getCount()方法用来返回数据的数量。

createPageInContainer(ComponentContainer componentContainer, int position)方法用来在 PageSlider 的指定位置创建页面，它的第一个参数为 PageSlider，这里通过 addComponent()方法把 List<Component>数组中对应的页面添加到 PageSlider 的指定位置，第二个参数为要创建的页面的位置。

destroyPageFromContainer(ComponentContainer componentContainer, int position, Object object)方法用来销毁容器中指定位置的页面。

isPageMatchToObject(Component component, Object object)方法用来判断视图是否关联指定对象。这个方法的返回值是 component == object，要理解这个语句的含义，就需要看 createPageInContainer()方法。它返回的是 List<Component>数组中我们自己定义的页面，返回值的类型为 Object。在 PageSlider 中存储着要被显示的所有视图，在显示视图时，会从这个容器中查找，这个方法用于判断被显示的视图是不是 createPageInContainer()方法返回的 Object。

然后，在 MainAbilitySlice 中，将 PageSlider 与 MyPageSliderProvider 对象进行绑定，就可以正确显示出页面了。

```java
public class MainAbilitySlice extends AbilitySlice {
    //布局容器
    List<Component> mPageViews;
    //PageSlider 内容适配器
    MyPageSliderProvider provider;
    @Override
    public void onStart(Intent intent) {
        super.onStart(intent);
        super.setUIContent(ResourceTable.Layout_ability_main);
        PageSlider pageSlider = (PageSlider)findComponentById(ResourceTable.Id_pageslider);
        //初始化组件
        initPager();
        //为 PageSlider 提供布局适配器
        pageSlider.setProvider(provider);
    }
    private void initPager() {
        mPageViews = new ArrayList();
        //获取两个布局实例
        Component page_1 = LayoutScatter.getInstance(this).parse(ResourceTable.Layout_page_slider_1, null, false);
        Component page_2 = LayoutScatter.getInstance(this).parse(ResourceTable.Layout_page_slider_2, null, false);
        //将布局添加到列表中
        mPageViews.add(page_1);
        mPageViews.add(page_2);
        provider = new MyPageSliderProvider( mPageViews);
    }
}
```

首先，创建一个 List<Component>类型的 mPageViews 对象，用来保存需要显示的布局。使用 LayoutScatter 对象对两个布局实例化，并将布局添加到 List<Component>数组中。如果你还想添加更多的页面，那么只需要在这里继续添加布局页面。之后，将 List<Component>数组作为构造方法的参数来创建 MyPageSliderProvider 对象。最后，使用 PageSlider 的 setProvider()方法，将 MyPageSliderProvider 对象与 PageSlider 进行绑定。这样就完成了数据的初始化和页面绑定工作。

下面运行程序来观察效果。首先显示的是第一个布局页面，然后把屏幕向左滑动，就会出现第二个布局页面，如图 8-13 所示。

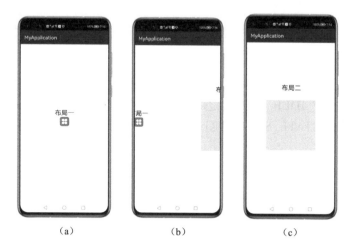

图 8-13　PageSlider 的实现效果

8.3.2　PageSlider 的方法

PageSlider 包含了与页面切换有关的多个配置方法和监听器。开发者可以对 PageSlider 中缓存的页面数量和 PageSlider 的方向进行手动配置。通过在 PageSlider 上添加监听器可以监听 PageSlider 的切换状态。具体的方法见表 8-9。

表 8-9　PageSlider 的方法

方法	含义
setProvider(PageSliderProvider provider)	设置 Provider，配置容器中的页面
addPageChangedListener(PageChangedListener listener)	添加页面切换监听
removePageChangedListener(PageChangedListener listener)	移除页面切换监听
setOrientation(int orientation)	设置布局方向
setPageCacheSize(int count)	设置 PageSlider 当前页两侧的缓存页数量
setCurrentPage(int itemPos)	设置当前展现页
setCurrentPage(int itemPos, boolean smoothScroll)	设置当前展现页，设置是否平滑滚动
setSlidingPossible(boolean enable)	设置是否启用页面滑动
setReboundEffect(boolean enabled)	设置是否启用回弹效果
setPageSwitchTime(int durationMs)	设置页面切换时间

下面对上述部分方法进行介绍。

1. addPageChangedListener()

当页面滑动时会回调监听器中的方法。回调方法包括以下三个。

（1）onPageSliding()：当页面滑动时回调。

（2）onPageSlideStateChanged()：当页面状态改变时回调。页面状态包括 SLIDING_STATE_IDLE（空闲状态）、SLIDING_STATE_DRAGGING（拖动状态）、SLIDING_STATE_SETTLING（滑动后从脱离手指自由滑动到最终停下的状态）。

（3）onPageChosen()：当新页面选择完成时回调。

下面来观察在页面切换的过程中，监听器的回调方法是如何执行的。在上述三个方法中均打印 HiLog 日志，具体代码如下。

```
pageSlider.addPageChangedListener(new PageSlider.PageChangedListener() {
    @Override
    public void onPageSliding(int itemPos, float itemPosOffset, int itemPosOffsetPixels) {
        HiLog.info(LABEL_LOG,"onPageSliding");
    }
    @Override
    public void onPageSlideStateChanged(int state) {
        HiLog.info(LABEL_LOG,"onPageSlideStateChanged:"+i);
    }
    @Override
    public void onPageChosen(int itemPos) {
        HiLog.info(LABEL_LOG,"onPageChosen:"+i);
    }
});
```

将项目启动，然后滑动 PageSlide，HiLog 日志控制台的日志输出如图 8-14 所示。

下面分析一下日志打印情况。当开始滑动页面时，首先回调 onPageSlideStateChanged()方法，页面状态变为 SLIDING_STATE_DRAGGING，在滑动过程中会一直调用 onPageSliding()方法，直到滑到第二页时，回调了 onPageChosen()方法，说明已经进入第二页了。松开手指后，页面状态变为 SLIDING_STATE_SETTLING，虽然松开手指，但是页面还会继续滑动至最终停下，所以在状态改变后，还会继续回调 onPageSliding()方法，当页面最终停下后，页面的状态变为 SLIDING_STATE_IDLE，这就是滑动页面的一个完整的回调过程。

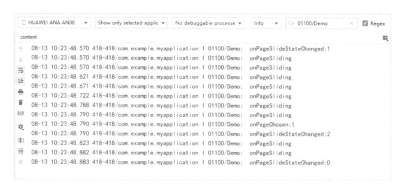

图 8-14　PageSlide 滑动时的回调方法日志

2. setCurrentPage(int itemPos, boolean smoothScroll)

该方法包括两个参数。第一个参数为要滑动到的页面的位置，第二个参数 smoothScroll 用来控制是否平滑滚动到该指定页面，如果为 true，则平滑滚动，可以观察到 PageSlider 的滚动动画。如果为 false，则省略中间滚动动画，直接跳转到指定页面。

例如：

```
//平滑滚动到第二个页面（索引从 0 开始）
pageSlider.setCurrentPage(1,true);
```

3. setPageSwitchTime(int durationMs)

该方法可以设置页面切换时间，单位为毫秒。

4. setSlidingPossible(boolean enabled)

该方法可以设置 PageSlider 是否启用页面滑动。如果设置为 false，PageSlider 就失去了滑动切换页面的功能，只显示第一页的布局。PageSlider 默认是允许滑动的。

例如：

```
//不允许 PageSlider 滑动
pageSlider.setSlidingPossible(false);
```

5. setPageCacheSize(int count)

该方法可以设置 PageSlider 当前页两侧的缓存页数量，这里的缓存看作页面的预加载。以图 8-15 为例，手机屏幕上当前显示深绿色的"页面二"，在"页面二"左侧和右侧其实都有浅色表示的未显示页面。如果只设置预加载当前页及当前页两侧各一页的数据，即 setPageCacheSize(1)，在由"页面一"滑动到"页面二"后，系统会开始预加载右侧的"页面三"，这样提前加载未显示的页面可以提高 PageSlider 滑动的流畅性。setPageCacheSize()方法就是用来设置提前预加载几页的。如果设置预加载当前页左右两侧各两页，即 setPageCacheSize(2)，那么当滑动到"页面二"后，系统会自动加载右侧的"页面四"。注意：这个值不能设置为负数，否则会报 IllegalArgumentException 异常。

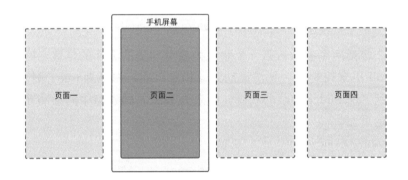

图 8-15　PageSlider 的页面预加载

6. setReboundEffect(boolean enabled)

该方法可以设置是否启用回弹效果。

7. setOrientation(int orientation)

该方法可以设置 PageSlider 的布局方向，有水平和垂直两个枚举值，包括 Component.HORIZONTAL（水平方向）和 Component.VERTICAL（垂直方向）。

8.3.3　PageSliderIndicator 的使用

PageSliderIndicator 是 PageSlider 的导航点。

下面先来看图 8-16，这是一个应用首页的顶部区域，最上方是应用的轮播图区域。轮播图功能可以使用 PageSlider 来实现。轮播图可以左右滑动切换页面。下方方框内的圆点是轮播图的导航点，它们和上方的轮播图联动。当轮播图切换时，下方的导航点也会跟着变化。导航点就是 PageSliderIndicator。

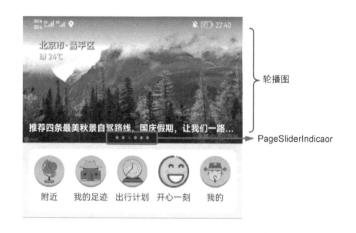

图 8-16　应用首页的 PageSliderIndicator

PageSliderIndicator 需要和 PageSlider 配合使用，从而达到与 PageSlider 页面切换的联动效果。

PageSliderIndicator 继承自 Component，公共属性均继承自 Component，其自有属性见表 8-10。

表 8-10　PageSliderIndicator 的自有属性

属性	含义
ohos:item_offset	导航点之间的距离
ohos:normal_element	未被选中时的样式
ohos:selected_element	被选中时的样式
ohos:unselected_dot_color	未被选中时的颜色
ohos:selected_dot_color	被选中时的颜色

PageSliderIndicator 的属性都是围绕着导航点样式来设定的，包括设置导航点之间的距离、导航点被选中时和未被选中时的样式等。下面为 8.3.1 节例子中的 PageSlider 添加 PageSliderIndicator，步骤如下。

（1）在 ability_main.xml 布局文件中添加 PageSliderIndicator。

```xml
<?xml version="1.0" encoding="utf-8"?>
<DirectionalLayout
    xmlns:ohos="http://schemas.huawei.com/res/ohos"
    ohos:height="match_parent"
    ohos:width="match_parent"
    ohos:alignment="center"
    ohos:orientation="vertical">
    <PageSliderIndicator
        ohos:id="$+id:indicator"
        ohos:height="match_content"
        ohos:width="match_content"
        ohos:layout_alignment="horizontal_center"
        ohos:top_margin="50vp"/>
    <PageSlider
        ohos:id="$+id:pageslider"
        ohos:height="match_parent"
        ohos:width="match_parent"
        ohos:orientation="horizontal"
        ohos:bottom_margin="50vp"/>
</DirectionalLayout>
```

上述代码在 PageSlider 上方添加了 PageSliderIndicator，并设置水平居中显示。

（2）在 MainAbilitySlice 中，实例化 PageSliderIndicator，并与 PageSlider 进行关联。

```
//实例化 PageSlider
PageSlider pageSlider = (PageSlider)findComponentById
(ResourceTable.Id_pageslider);
//PageSlider 数据初始化
......
//实例化 PageSliderIndicator
PageSliderIndicator indicator = (PageSliderIndicator)
findComponentById(ResourceTable.Id_indicator);
//把 PageSliderIndicator 与 PageSlider 关联
indicator.setPageSlider(pageSlider);
```

上述代码首先通过 findComponentById()方法找到 PageSliderIndicator，然后调用 PageSliderIndicator 的 setPageSlider()方法，将 PageSlider 作为参数传入即可完成 PageSliderIndicator 与 PageSlider 的关联。最终运行的效果如图 8-17 所示。

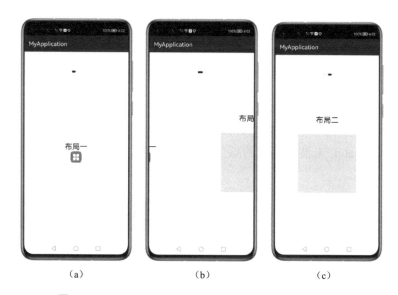

图 8-17　PageSliderIndicator 与 PageSlider 的联动效果

图 8-17 中屏幕上方出现的两个小点就是 PageSliderIndicator，分别对应布局中的两个页面。当第一个页面显示在屏幕上时，第一个 PageSliderIndicator 变为蓝色被选中状态，在滑动到第二个页面的过程中，PageSliderIndicator 也会随着滑动而出现过渡动画，在完全滑入第二页后，第二个 PageSliderIndicator 就会呈现被选中的样式，第一个 PageSlidcrIndicator 的状态变为未被选中。

下面设置 PageSliderIndicator 的其他相关属性。

1. 设置 PageSliderIndicator 之间的距离

ohos:item_offset 属性可以用来设置 PageSliderIndicator 之间的距离。

```
<PageSliderIndicator
    ……
    ohos:item_offset="100"/>
```

程序运行后如图 8-18 所示，PageSliderIndicator 之间的距离变大了。

2. 修改 PageSliderIndicator 未被选中时和被选中时的颜色

ohos:selected_dot_color 和 ohos:unselected_dot_color 属性分别用来设置 PageSliderIndicator 被选中时和未被选中时的颜色。

```
<PageSliderIndicator
    ......
    ohos:selected_dot_color="#00FFFF"
    ohos:unselected_dot_color="#FF0000"/>
```

在上述配置中，ohos:selected_dot_color 属性指定了 PageSliderIndicator 被选中时的颜色为"#00FFFF"，ohos:unselected_dot_color 属性指定了 PageSliderIndicator 未被选中时的颜色为"#FF0000"。程序的运行结果如图 8-19 所示。

图 8-18 改变 PageSliderIndicator 之间的距离

图 8-19 修改 PageSliderIndicator 的颜色

3. 修改 PageSliderIndicator 的样式

PageSliderIndicator 默认的样式为圆形小点，我们可以按照自己的需求对 PageSliderIndicator 的样式进行修改。下面将 PageSliderIndicator 的样式修改为圆角矩形。

首先，在 graphic 目录下新建样式，被选中时的样式文件为 selected_element.xml，代码如下：

```xml
<?xml version="1.0" encoding="utf-8"?>
<shape xmlns:ohos="http://schemas.huawei.com/res/ohos"
    ohos:shape="rectangle">
    <corners
        ohos:radius="16px"/>
    <bounds
        ohos:top="0"
        ohos:left="0"
        ohos:right="64px"
        ohos:bottom="32px"/>
    <solid
        ohos:color="#0000FF"/>
</shape>
```

未被选中时的样式文件为 unselected_element.xml，代码如下：

```xml
<?xml version="1.0" encoding="utf-8"?>
<shape xmlns:ohos="http://schemas.huawei.com/res/ohos"
    ohos:shape="rectangle">
    <corners
        ohos:radius="16px"/>
    <bounds
        ohos:top="0"
        ohos:left="0"
        ohos:right="64px"
        ohos:bottom="32px"/>
    <solid
        ohos:color="#FF0000"/>
</shape>
```

在 MainAbilitySlice 中添加代码，将样式配置到 PageSliderIndicator 上。

```
ShapeElement normalElement = new ShapeElement(this, ResourceTable
                    .Graphic_unselected_element);
ShapeElement selectedElement = new ShapeElement(this, ResourceTable
                    .Graphic_selected_element);
indicator.setItemElement(normalElement, selectedElement);
```

在上述代码中，ShapeElement 是样式的实例，分别构造了被选中时和未被选中时的样式。通过 PageSliderIndicator 的 setItemElement()方法，将样式配置到 PageSliderIndicator，程序的运行效果如图 8-20 所示。

图 8-20　PageSliderIndicator 的自定义样式

可以看到，顶部的 PageSliderIndicator 变成了圆角矩形的，在被选中时是蓝色圆角矩形的，未被选中时是红色圆角矩形的。

8.3.4　PageSliderIndicator 的事件方法

PageSliderIndicator 同样包含相应的事件方法，常用的事件方法见表 8-11。

表 8-11　PageSliderIndicator 常用的事件方法

方法	含义
setPageSlider(PageSlider pageSlider)	关联一个 PageSlider
setSelected(int pos)	设置被选中的 PageSliderIndicator
setItemElement(Element normal, Element selected)	设置 PageSliderIndicator 被选中时和未被选中时的样式
setItemOffset(int offset)	设置 PageSliderIndicator 之间的距离
addPageChangedListener(PageSlider.PageChangedListener listener)	添加页面变化事件的监听

1. setPageSlider(PageSlider pageSlider)

该方法可以使 PageSliderIndicator 与 PageSlider 进行关联，关联后便可以实现联动效果。

2. setSelected(int pos)

该方法可以设置被选中的 PageSliderIndicator。

3. setItemElement(Element normal, Element selected)

该方法用来改变 PageSliderIndicator 的样式，第一个参数为未被选中时 PageSliderIndicator 的样式，第二个参数为被选中时 PageSliderIndicator 的样式。

4. setItemOffset(int offset)

该方法用来设置 PageSliderIndicator 之间的距离。

5. addPageChangedListener(PageSlider.PageChangedListener listener)

该方法可以添加页面变化事件的监听。该方法的入参是 PageSlider.PageChangedListener，与 PageSlider 中的监听器是同一个对象，所以内部的回调方法也完全一样。当滑动 PageSlider 中的页面时，PageSliderIndicator 是能够监听到这个变化的。在回调方法中打印 HiLog 日志，观察页面滑动时各个方法的回调情况。

```
indicator.addOnSelectionChangedListener(new PageSlider.
PageChangedListener() {
    @Override
    public void onPageSliding(int i, float v, int i1) {
        HiLog.info(LABEL_LOG,"---"+"onPageSliding---"+i);
    }
    @Override
    public void onPageSlideStateChanged(int i) {
        HiLog.info(LABEL_LOG,"---"+"onPageSlideStateChanged---"+i);
    }
    @Override
    public void onPageChosen(int i) {
        HiLog.info(LABEL_LOG,"---"+"onPageChosen---"+i);
    }
});
```

图 8-21 记录了从第一页滑到第二页的日志情况。

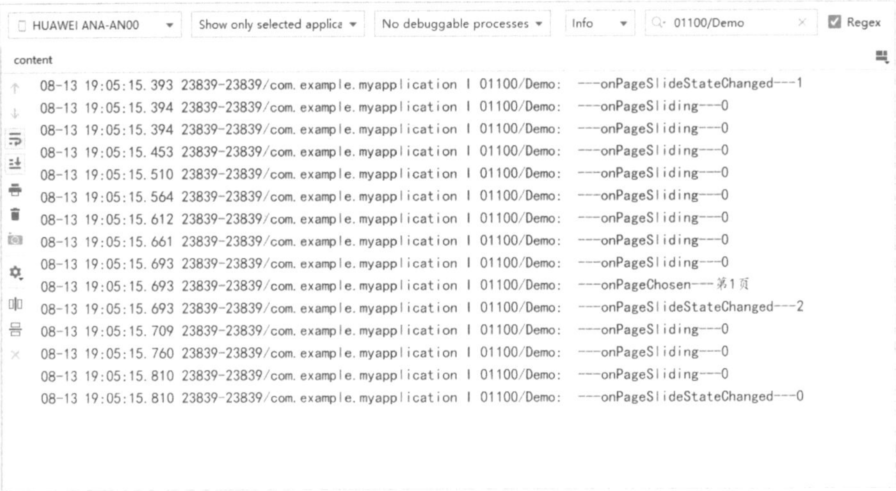

图 8-21 PageSliderIndicator 监听 PageSlider 滑动

当页面开始滑动时，首先回调 onPageSlideStateChanged()方法，页面状态改变为滑动状态。然后，开始回调 onPageSliding()方法，说明页面一直在滑动。在滑动到第二页，松开手指后，回调 onPageChosen()方法，打印了"第 1 页"。由于 i 的值从 0 开始计算，所以"第 1 页"其实是第二个页面，同时修改了页面状态为 2，代表用户松开手指后，页面在惯性滑动。继续滑动一会儿，页面停下后，回调 onPageSlideStateChanged()方法，页面状态变为空闲。这里的回调过程和 PageSlider 中 PageChangedListener 的回调过程是一样的。

8.4 WebView

8.4.1 WebView 的使用

在应用开发中，有时需要在程序中用到展示网页的功能。HarmonyOS 提供了基于 WebKit 内核的 WebView 组件。可以通过这个组件在应用中嵌入一个浏览器，用于显示网页信息。

WebView 继承自 Component，其公共属性均继承自 Component，没有自己的自有属性。下面来看 WebView 的具体用法。新建一个 Empty Ability（Java）

模板项目，在"Project Type"选区中选择"Application"单选按钮。

使用 WebView 访问网络，首先要为应用申请网络访问权限 ohos.permission.INTERNET，在 config.json 文件的 reqPermissions 字段中添加该权限。

```
"reqPermissions": [
  {
      "name": "ohos.permission.INTERNET"
  }
]
```

在 ability_main.xml 布局文件中添加 WebView，具体代码如下：

```xml
<?xml version="1.0" encoding="utf-8"?>
<DirectionalLayout
    xmlns:ohos="http://schemas.huawei.com/res/ohos"
    ohos:height="match_parent"
    ohos:width="match_parent"
    ohos:alignment="center"
    ohos:orientation="vertical">
    <ohos.agp.components.webengine.WebView
        ohos:id="$+id:webview"
        ohos:height="match_parent"
        ohos:width="match_parent"/>
</DirectionalLayout>
```

WebView 是单标签组件，使用<ohos.agp.components.webengine.WebView>标签进行声明，没有其他额外的属性配置，接下来在 MainAbilitySlice 中编写代码，实现打开网页的功能。

```java
public class MainAbilitySlice extends AbilitySlice {
    @Override
    public void onStart(Intent intent) {
        super.onStart(intent);
        super.setUIContent(ResourceTable.Layout_ability_main);
        WebView webView = (WebView) findComponentById(ResourceTable.Id_webview);
        //允许使用 JavaScript 语言
        webView.getWebConfig().setJavaScriptPermit(true);
        //设置要打开的 URL
        final String url = "https://www.harmonyos.com";
        //打开 URL
```

```
            webView.load(url);
    }
}
```

上述代码比较简单，首先通过 findComponentById()方法获取 WebView 实例，之后通过 webView.getWebConfig().setJavaScriptPermit(true) 方法设置 WebView 允许使用 JavaScript 语言。最后，通过 webView.load()方法打开指定的 URL。

将程序运行，效果如图 8-22 所示。不过，如果不为 WebView 做额外配置，那么通过 load()方法加载网址是不能发生网页跳转的，如果网页发生跳转，那么会启动系统默认浏览器来打开新的网页。这样的跳转包括网站的自动跳转，也包括用户点击网页内的链接发生的跳转。要解决这个问题，就需要用到 8.4.2 节介绍的 WebView 的事件方法——定制网页加载行为。

图 8-22　WebView 打开网页的效果

8.4.2　WebView 的事件方法

1. 查看浏览器历史记录的前进和后退功能

在使用浏览器时，前进和后退是非常常用的功能，用来查看上一次或下一次打开的网站，WebView 也提供了这样的功能。

Navigator 是 WebView 用于控制浏览器导航的对象。Navigator 对象的方法见表 8-12。

表 8-12　Navigator 对象的方法

方法	含义
canGoBack()	检查是否可向后浏览
canGoForward()	检查是否可向前浏览
goBack()	向后浏览
goForward()	向前浏览

Navigator 对象有四个非常简洁的方法，用起来非常方便，我们可以直接通

过 webView.getNavigator()方法获取 Navigator 对象的实例，然后通过 Navigator 实例来操作网页的跳转。具体代码如下。

```
Navigator navigator = webView.getNavigator();
if (navigator.canGoBack()) {
    //向后浏览
    navigator.goBack();
}
if (navigator.canGoForward()) {
    //向前浏览
    navigator.goForward();
}
```

2. 定制网页加载行为

在加载网页时，往往需要与网页进行交互，比如跳转到一个新的网页。如果不定制网页加载行为，那么会自动触发系统浏览器打开跳转后的网页，这显然不是我们想要的用户体验。要想只在应用内的 WebView 中完成网页跳转，就需要使用 WebAgent 对象定制网页加载行为。

WebAgent 对象用来处理 WebView 的事件和通知，包含以下常用方法，见表 8-13。

表 8-13　WebAgent 对象的常用方法

方法	含义
isNeedLoadUrl(WebView webView, ResourceRequest request)	检查是否由当前的 WebView 来加载请求
onLoadingPage(WebView webView, String url, PixelMap icon)	当网页开始加载时调用
onLoadingContent(WebView webView, String url)	当加载资源时调用
onPageLoaded(WebView webView, String url)	当网页加载停止时调用
onError(WebView webView, ResourceRequest request, ResourceError error)	当网页在加载过程中出错时调用
onSslError(WebView webView, SslError error)	当网页在加载过程中发生 SSL 错误时调用
processResourceRequest(WebView webView, ResourceRequest request)	当启动资源请求时调用

上述回调方法涵盖了从请求发生到结束的过程，包括在请求过程中出现的异常。下面先来看 WebAgent 对象的回调方法的调用过程，在回调方法中打印

HiLog 日志，观察方法的执行过程。

```
String url = "https://www.harmonyos.com";
webView.setWebAgent(new WebAgent(){
    @Override
    public boolean isNeedLoadUrl(WebView webview, ResourceRequest request) {
        HiLog.info(LABEL_LOG,"---isNeedLoadUrl---");
        return super.isNeedLoadUrl(webView,request);
    }
    @Override
    public void onLoadingPage(WebView webView, String url, PixelMap icon) {
        HiLog.info(LABEL_LOG,"---onLoadingPage---"+url);
        super.onLoadingPage(webView, url, icon);
    }
    @Override
    public void onPageLoaded(WebView webView, String url) {
        HiLog.info(LABEL_LOG,"---onPageLoaded---"+url);
        super.onPageLoaded(webView, url);
    }
    @Override
    public void onLoadingContent(WebView webView, String url) {
        HiLog.info(LABEL_LOG,"---onLoadingContent---"+url);
        super.onLoadingContent(webView, url);
    }
    @Override
    public ResourceResponse processResourceRequest(WebView webView, ResourceRequest request) {
        HiLog.info(LABEL_LOG,"---processResourceRequest---"+ request.getRequestUrl());
        return super.processResourceRequest(webView, request);
    }
});
```

上述代码通过 webView.setWebAgent()方法传入了 WebAgent 对象，在 WebAgent 对象中重写了加载网页时的回调方法。将程序运行，日志打印结果如图 8-23 所示。

图 8-23　WebView 加载网页时的回调方法的调用过程

由于打印出来的日志比较长,这里只截取了日志的开头和结尾部分。可以看到,在打开一个网页时加载了很多资源,包括网页的 css、js 和其他资源文件。每次加载资源都触发了一对回调方法:processResourceRequest() 和 onLoadingContent()。一个资源文件的请求首先调用 processResourceRequest() 方法,在该方法处理完后,再调用 onLoadingContent() 方法加载资源。

在请求发起后,调用了一次 onLoadingPage() 方法,表示网页开始加载,在结束时调用了 onPageLoaded() 方法,表明网页加载完成。需要注意的是,onPageLoaded() 方法被回调后,依然可以请求网页的资源。以上打印出来的日志完整地表现了一个网页的加载过程及触发的回调方法。

在打印的日志中,并没有触发 isNeedLoadUrl() 方法。当在网页内点击一个可以跳转其他网页的按钮后,再次观察控制台的打印信息,可以看到控制台打印出了 isNeedLoadUrl() 方法的回调过程,如图 8-24 所示。

图 8-24　网页跳转时的回调过程

这个方法是 WebView 加载 URL 前回调的,它能够拦截 URL 请求。

isNeedLoadUrl(WebView webview, ResourceRequest request)方法的返回值是布尔类型的,当返回 true 时,意味着需要使用 WebView 打开新的 URL,当返回 false 时,表示不需要 WebView 打开新的 URL。该方法包括两个入参:第一个参数 webview 为 WebView 实例的引用,第二个参数 request 为发出的请求,可以通过 request.getRequestUrl()方法来获得请求的 URL 地址。这样,在 isNeedLoadUrl()方法中便可以对 URL 进行拦截,根据 URL 来定制网页的加载行为。

```
@Override
public boolean isNeedLoadUrl(WebView webview, ResourceRequest request) {
    HiLog.info(LABEL_LOG, "---isNeedLoadUrl---");
    if (request == null || request.getRequestUrl() == null) {
        HiLog.info(LABEL_LOG, "---isNeedLoadUrl---request or url is null");
        return false;
    }
    webView.load(url);
    return true;
}
```

上述代码实现了网页内其他跳转链接仍然使用应用内的浏览器进行加载。

3. 观测浏览事件

观测浏览事件使用 BrowserAgent 对象,它可以协助 WebView 处理 Web 请求。例如,处理 JavaScript 事件和网站属性更改事件。BrowserAgent 对象的常用方法见表 8-14。

表 8-14 BrowserAgent 对象的常用方法

方法	含义
onJsMessageShow(WebView webView, String url, String message, boolean isAlert, JsMessageResult result)	当网页接收到 JavaScript 消息弹出时调用
onJsTextInput(WebView webView, String url, String message, String defaultInput, JsTextInputResult result)	当网页接收到 JavaScript 文本输入弹出窗口时调用
onLocationApiAccessCancel()	当取消获取位置请求时调用
onLocationApiAccessRequest(String origin, LocationAccessController.Response response)	当发起获取位置请求时调用

续表

方法	含义
onPickFiles(WebView webView, AsyncCallback<Uri[]> urisCallback, PickFilesParams params)	当触发文件选择事件时调用
onProgressUpdated(WebView webView, int newProgress)	当网页加载进度更新时回调
onTitleUpdated(WebView webView, String value)	当网页标题更改时调用

下面来看通过 BrowserAgent 对象打印网页加载进度。这里需要实现 BrowserAgent 对象中的 onProgressUpdated() 回调方法，这个方法的参数 newProgress 为网页的加载进度，将这个值打印输出。

```
webView.setBrowserAgent(new BrowserAgent(getContext()){
    @Override
    public void onProgressUpdated(WebView webview, int newProgress) {
        super.onProgressUpdated(webview, newProgress);
        //加载进度变化时的处理
        HiLog.info(LABEL_LOG,"网页加载进度："+newProgress);
    }
});
```

把应用运行到模拟器上，在日志中输出了在 onProgressUpdated() 方法中打印出的网页加载进度变化，如图 8-25 所示。这个方法可以用来实现访问网页时，显示网页加载进度的功能。

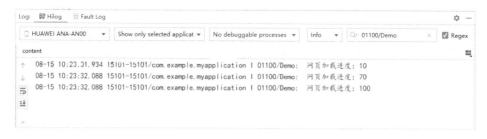

图 8-25　网页加载进度变化

网页中的消息提示使用 JavaScript（简称 JS）语言提供的 alert() 方法，它与系统中的 ToastDialog 功能一样。我们为了使网页内的消息提示具有与系统一样的使用体验，通常会使用 onJsMessageShow() 方法来拦截 JS 语言提供的 alert() 方法，将其替换为系统的 ToastDialog。

```
    webView.setBrowserAgent(new BrowserAgent(getContext()){
        @Override
        public boolean onJsMessageShow(WebView webView, String url,
String message, boolean isAlert, JsMessageResult result) {
            if (isAlert) {
                //替换alert为ToastDialog
                new ToastDialog(getApplicationContext()).setText
(message).show();
                //对弹框进行确认处理
                result.confirm();
                return true;
            } else {
                return super.onJsMessageShow(webView, url, message,
isAlert, result);
            }
        }
    });
```

4. 加载本地网页文件

新建一个 test.html 文件,将该文件放到 src/main/resources/rawfile 目录下。在该目录上点击鼠标右键→"New"→"File"选项,将文件命名为 test.html,如图 8-26 所示。

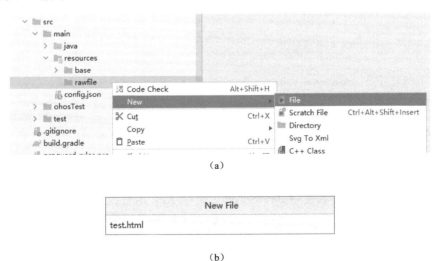

(a)

(b)

图 8-26 新建 test.html 文件

在 test.html 文件中写入以下 HTML 代码。

```html
<html>
    <h1>
        Hello WebView!
    </h1>
</html>
```

在 HarmonyOS 中，WebView 访问本地 Web 文件有两种方法，第一种方法是在 WebAgent 的 processResourceRequest()方法中请求本地资源，第二种方法是使用 Data Ability 来访问本地资源。

首先来看第一种，在 processResourceRequest()方法中完成对本地资源的加载，主要思路是按照约定的格式来读取文件。本案例约定访问的 URL 格式为 http://包名/文件名，例如：

```
http://com.example.myapplication/test.html
```

这个地址表示要读取本地文件 test.html，代码如下。

```
webView.setWebAgent(new WebAgent() {
    @Override
    public ResourceResponse processResourceRequest(WebView webview,
ResourceRequest request) {
        Uri uri = request.getRequestUrl();
        //判断访问的是不是本地文件，如果是本地文件，则请求本地文件路径
        if(uri.getDecodedHost().equals("com.example.
myapplication")){
            String path = uri.getDecodedPath();
            //拼接路径和文件名地址
            String rawFilePath = "entry/resources/rawfile" + path;
            try {
                Resource resource = getResourceManager()
.getRawFileEntry(rawFilePath). openRawFile();
                ResourceResponse response = new ResourceResponse
("text/html", resource, null);
                //返回读取的本地文件对象
                return response;
            } catch (IOException e) {
                e.printStackTrace();
```

```
                    }
                }
                //非本地文件情况
                return super.processResourceRequest(webview, request);
            }
        });
        webView.load("http://com.example.myapplication/test.html");
```

在 WebView 中，所有资源的加载都会调用 processResourceRequest()方法。这里通过 uri.getDecodedHost()方法获取"http://"后面的 host 信息来判断 host 信息是否为项目包名。如果是，则说明该资源为本地资源。如果不是，则判定访问的为一般网址链接，交给 WebView 来处理。这里的处理方式比较灵活，在实际开发时按照具体业务来判断即可。

然后，拼接了文件的地址 rawFilePath，通过系统资源管理器来加载 entry/resources/rawfile/test.html，并构造 ResourceResponse 对象。它是 WebView 访问某个资源的响应结果。ResourceResponse 对象的构造方法包含三个参数：第一个参数为 MIME_type，设置为 text/html；第二个参数为数据的输入流，传入 Resource 即可；第三个参数为字符集。最后，返回构造好的 ResourceResponse 对象。

将程序运行到模拟器中,可以看到 text.html 文件被正常地加载到了 WebView 中显示，如图 8-27 所示。

第二种方法是使用 Data Ability 访问本地资源。在 5.4.3 节中，我们详细地介绍了 Data Ability 读取文件的方法。下面创建 MyDataAbility 来演示，在 MyDataAbility 中编写代码，重写 openRawFile()方法。

图 8-27 WebView 加载本地文件

```
    public class MyDataAbility extends Ability {
        ......
        @Override
```

```java
        public RawFileDescriptor openRawFile(Uri uri, String mode) 
throws FileNotFoundException {
            if (uri == null) {
                throw new FileNotFoundException("Uri 为空！");
            }
            //根据自己定义的路径来解析文件路径
            String path = uri.getEncodedPath();
            int splitIndex = path.indexOf('/', 1);
            String providerName = Uri.decode(path.substring(1, 
splitIndex));
            //获取到文件路径
            String rawFilePath = Uri.decode(path.substring(splitIndex + 1));
            RawFileDescriptor rawFileDescriptor = null;
            try {
                //根据路径访问本地文件
                rawFileDescriptor = getResourceManager().
getRawFileEntry(rawFilePath).openRawFileDescriptor();
            } catch (IOException e) {
                e.printStackTrace();
            }
            return rawFileDescriptor;
        }
    }
```

在 Data Ability 中读文件的写法相对固定，首先拼接文件的路径，使用资源管理器加载文件，返回文件描述符 RawFileDescriptor。

然后，便可以在 Page Ability 中通过下面的方式来访问文件。

```java
    //文件路径
    String URL_LOCAL = "dataability://com.example.myapplication.
MyDataAbility" +"/resources/rawfile/test.html";
    //设置 WebView 是否可以访问 Data Ability，默认为 true
    webView.getWebConfig().setDataAbilityPermit(true);
    //加载本地文件
    webView.load(URL_LOCAL);
```

需要注意的是，路径中的 com.example.myapplication.MyDataAbility 要与 config.json 文件中 Data Ability 配置的 Uri 属性值一致。

5. 应用与 WebView 间通信

在用 Java 语言编写的 Page Ability 中可以调用 WebView 中 Web 页面的 JS 方法。在上面的 test.html 文件中，我们继续编写代码，增加一个<script>标签用来编写 JS 方法，同时为<h1>标签增加 id 属性，用于改变 h1 标签显示的内容。代码如下：

```
<html>
    <h1 id="content">
        Hello WebView!
    </h1>
</html>

<script type="text/javascript">
    //JS 方法
    function call(message) {
        document.getElementById("content").innerHTML = message;
        return 'JavaScript 返回值！';
    }
</script>
```

Call()方法包含一个入参 message，返回值为字符串"JavaScript 返回值！"，然后在 ability_main.xml 布局文件中新增一个按钮，用来触发调用方法。

```
<Button
    ohos:id="$+id:java_call_js"
    ohos:height="match_content"
    ohos:width="match_parent"
    ohos:text="调用 Web 页面的 JS 方法"
    ohos:text_size="26vp"
    ohos:background_element="#E1E1E1"
    ohos:text_alignment="center"/>
```

在 MainAbilitySlice 中完成对 Web 页面的 JS 方法的调用，设置按钮的点击事件。

```
Button button = (Button)findComponentById(ResourceTable.Id_java_call_js);
```

```
button.setClickedListener(new Component.ClickedListener() {
    @Override
    public void onClick(Component component) {
        //执行WebView网页中的call()方法
        webView.executeJs("javascript:call('MainAbilitySlice传入的消息')", new AsyncCallback<String>() {
            @Override
            public void onReceive(String s) {
                HiLog.info(LABEL_LOG,s);
            }
        });
    }
});
```

运行程序，点击"调用 Web 页面的 JS 方法"按钮，这时，WebView 中收到了 MainAbilitySlice 传过去的值，并在控制台中打印出了 call()方法的返回值，说明使用 Java 方法调用 Web 页面的 JS 方法成功了，如图 8-28 所示。

图 8-28　使用 Java 方法调用 Web 页面的 JS 方法

下面再来看使用 Web 页面的 JS 方法调用 Java 方法。

在 test.html 文件中继续添加代码。

```html
<html>
   ...
   <h1 onclick="callJava()"style="background-color:A1A1A1">
      使用 Web 页面的 JS 方法调用 Java 方法
   </h1>
</html>

<script type="text/javascript">
   ...
   function callJava() {
      if (window.JsCallJava && window.JsCallJava.call) {
        var result = JsCallJava.call("JsCallJava 的消息！");
      }
   }
</script>
```

在 test.html 文件中新增了一个 h1 标签，为其设置了点击方法 callJava()，点击 h1 标签后，会调用 Java 代码中的 JsCallJava 回调方法。

再来看 MainAbilitySlice 中的代码：

```
final String jsName = "JsCallJava";
webView.addJsCallback(jsName, new JsCallback() {
   @Override
   public String onCallback(String msg) {
      //增加自定义处理
      HiLog.info(LABEL_LOG,msg);
      return "MainAbilitySlice";
   }
});
```

通过 WebView 的 addJsCallback()方法来监听指定的事件，这里指定了监听的事件为 JsCallJava。当在 JS 方法中触发了事件时，就会回调这个方法。在 onCallback()方法中打印了 Web 页面的 JS 方法传过来的值。将程序运行，在 WebView 中点击"调用 Java 方法"按钮，输出的日志如图 8-29 所示，说明使用 JS 方法调用 Java 方法成功，如图 8-29 所示。

(a)

(b)

图 8-29　使用 JS 方法调用 Java 方法

8.5 Fraction

8.5.1 Fraction 概述

在之前学到的页面开发中，页面的最小单元是 AbilitySlice。这里要介绍的 Fraction 是一种 UI 片段，从名字上来看是"小部分"的意思。它可以嵌入 AbilitySlice 中，让程序充分利用屏幕空间，在手机、平板电脑上应用广泛，让应用拥有更丰富的布局。Fraction 可以包含布局页面，但是不能单独使用，需要作为 UI 的一部分放到 Ability 或 AbilitySlice 中。Fraction 的生命周期状态取决于它的容器，如果父级容器被销毁，那么 Fraction 也将被销毁。

Fraction 的优势如下：

（1）可以使程序的 UI 设计更加灵活，以适应不同的屏幕尺寸。

（2）可以在一个 Ability 或 AbilitySlice 内完成多页面切换，开销小。

（3）Fraction 是一个独立的模块，与 Ability 或 AbilitySlice 绑定，可以动态地增加、移除、切换。

（4）使页面局部内容更新变得容易。如果不使用 Fraction，那么更新页面布局需要更新整个 Ability 或 AbilitySlice，现在可以用 Fraction 来作为局部布局，可以按需加载和更新。

比如下面这种情况，有一个新闻 App，首页是新闻列表。在手机上展示时，点击某个新闻，跳转到新闻详情页，如图 8-30 所示。

这样显示似乎没有问题，如果将该应用放到平板电脑上运行，那么会出现如图 8-31 所示的效果。

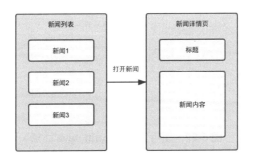

图 8-30　在手机上从新闻列表跳转到详情页示意图

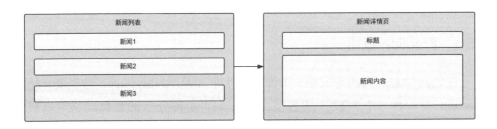

图 8-31　在平板电脑上从新闻列表跳转到详情页示意图

从整体上来看，每一页展示的内容都很少，比较单调，组件被拉得很长，屏幕的空间并没有得到充分使用。我们更希望充分利用屏幕空间，设计出更好的交互体验。比如，让屏幕左侧为新闻列表，右侧为详情页，如图 8-32 所示。这种设计使用户在切换新闻时，不需要再回到上一页，用户体验会好得多。这样的布局就可以用 Fraction 来实现，我们可以将新闻列表和新闻详情页分别放到不同的 Fraction 中。

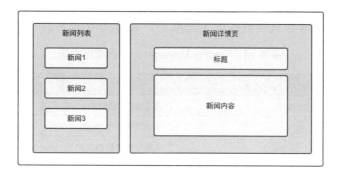

图 8-32　新闻页面设计

8.5.2　Fraction 的使用

下面来看使用 Fraction 需要掌握的几个对象。

1. Fraction

该对象为页面碎片对象，包含相应的布局，其常用方法见表 8-15。

表 8-15　Fraction 对象的常用方法

方法	含义
getFractionAbility()	获取 Fraction 所在的 Ability 实例
getComponent()	获取 Fraction 实例
onComponentAttached(LayoutScatter scatter, ComponentContainer container, Intent intent)	当 Fraction 添加到指定容器时调用
onComponentDetach()	当 Fraction 与容器分离时调用
onStart(Intent intent)	Fraction 生命周期方法
onActive()	Fraction 生命周期方法
onInactive()	Fraction 生命周期方法
onForeground(Intent intent)	Fraction 生命周期方法
onBackground()	Fraction 生命周期方法
onStop()	Fraction 生命周期方法

在上述方法中，比较重要的是 onComponentAttached()方法。这个方法用来为 Fraction 绑定布局。getFractionAbility()方法可以获得 Fraction 所在容器的 Ability 实例，获取所在 Ability 的上下文环境。

2. FractionManager

该对象用于管理页面碎片的生命周期，其常用方法见表 8-16。

表 8-16 FractionManager 对象的常用方法

方法	含义
getFractionByTag(String tag)	通过 tag 来获取 Fraction 实例
popFromStack()	从堆栈中移除 Fraction 实例
popFromStack(String tag, int flags)	从堆栈中移除指定的 Fraction 实例
startFractionScheduler()	开启 Fraction 事务

每一个 Fraction 都可以指定一个 tag。当 Fraction 比较多时，通过 tag 来管理会非常方便。

3. FractionScheduler

该对象提供了具体的添加、隐藏、替换、删除 Fraction 的功能，其常用方法见表 8-17。

表 8-17 FractionScheduler 对象的常用方法

方法	含义
add(int containerComponentId, Fraction fraction)	在指定容器中添加一个 Fraction
add(int containerComponentId, Fraction fraction, String tag)	在指定容器中添加一个 Fraction，并为其指定 tag 标记
hide(Fraction fraction)	隐藏指定的 Fraction
show(Fraction fraction)	显示指定的 Fraction
remove(Fraction fraction)	移除指定的 Fraction
replace(int containerComponentId, Fraction fraction)	替换指定容器中的 Fraction，如果容器中不存在 Fraction，那么此方法等同于添加 Fraction
pushIntoStack(String tag)	将 Fraction 压入堆栈，为其添加指定名称
submit()	提交事务

在了解了这三个对象的基本功能后，下面来看 Fraction 的具体使用方法。这个案例将完成在一个 AbilitySlice 中进行页面切换，完成本案例需要以下步骤：

（1）新建 Empty Ability（Java）模板项目，在"Project Type"选区中选择

"Application"单选按钮。修改 MainAbility 文件，将其由继承 Ability 修改为继承 FractionAbility。

```java
public class MainAbility extends FractionAbility {
    @Override
    public void onStart(Intent intent) {
        super.onStart(intent);
        super.setMainRoute(MainAbilitySlice.class.getName());
    }
}
```

（2）在 MainAbility 对应的布局文件 ability_main.xml 中，添加两个按钮，用于切换 Fraction 布局。同时，添加一个 ComponentContainer 类型的组件，作为 Fraction 的容器。

```xml
<?xml version="1.0" encoding="utf-8"?>
<DirectionalLayout
    xmlns:ohos="http://schemas.huawei.com/res/ohos"
    ohos:height="match_parent"
    ohos:width="match_parent"
    ohos:orientation="vertical">

    <DirectionalLayout
        ohos:height="match_content"
        ohos:width="match_parent"
        ohos:orientation="horizontal">
        <Button
            ohos:id="$+id:home"
            ohos:height="match_content"
            ohos:width="match_content"
            ohos:text="主页"
            ohos:text_size="26vp"
            ohos:margin="5vp"
            ohos:weight="1"
            ohos:background_element="#E1E1E1"/>
        <Button
            ohos:id="$+id:my"
            ohos:height="match_content"
            ohos:width="match_content"
```

```
                ohos:text="个人信息"
                ohos:text_size="26vp"
                ohos:margin="5vp"
                ohos:weight="1"
                ohos:background_element="#E1E1E1"/>
    </DirectionalLayout>
    <StackLayout
       ohos:id="$+id:fraction_container"
                    ohos:height="match_parent"
                    ohos:width="match_parent"
                    ohos:background_element="#EEE1EE"/>
    </DirectionalLayout>
```

FractionAbility 布局如图 8-33 所示。

（3）在包目录下创建两个 Fraction，分别为 HomeFraction 和 MyFraction，分别继承自 Fraction，并重写其 onComponentAttached() 方法。在 onComponentAttached() 方法中，将 Fraction 与其对应的布局进行绑定。HomeFraction 对应的布局文件为 fraction_home.xml，MyFraction 对应的布局文件为 fraction_my.xml。这两个布局文件都比较简单，只包含一个 Text 组件用来显示对应的 Fraction 名称。

HomeFraction 的代码如下。

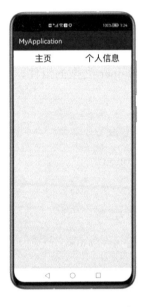

图 8-33　FractionAbility 布局

```
public class HomeFraction extends Fraction {
    @Override
    protected Component onComponentAttached(LayoutScatter scatter, ComponentContainer container, Intent intent) {
        //获取 fraction_home.xml 布局文件
        Component component = scatter.parse(ResourceTable.Layout_fraction_home,container, false);
        return component;
    }
}
```

HomeFraction 的布局文件 fraction_home.xml 的代码如下。

```xml
<?xml version="1.0" encoding="utf-8"?>
<DirectionalLayout
    xmlns:ohos="http://schemas.huawei.com/res/ohos"
    ohos:height="match_parent"
    ohos:width="match_parent"
    ohos:orientation="vertical">
    <Text
        ohos:height="match_content"
        ohos:width="match_content"
        ohos:layout_alignment="center"
        ohos:text="Home Fraction"
        ohos:text_size="36vp"/>
</DirectionalLayout>
```

MyFraction 的代码如下。

```java
public class MyFraction extends Fraction {
    @Override
    protected Component onComponentAttached(LayoutScatter scatter, ComponentContainer container, Intent intent) {
        //获取 fraction_my.xml 布局文件
        Component component = scatter.parse(ResourceTable.Layout_fraction_my,container, false);
        return component;
    }
}
```

MyFraction 的布局文件 fraction_my.xml 的代码如下。

```xml
<?xml version="1.0" encoding="utf-8"?>
<DirectionalLayout
    xmlns:ohos="http://schemas.huawei.com/res/ohos"
    ohos:height="match_parent"
    ohos:width="match_parent"
    ohos:orientation="vertical">
    <Text
        ohos:height="match_content"
        ohos:width="match_content"
        ohos:layout_alignment="center"
        ohos:text="My Fraction"
```

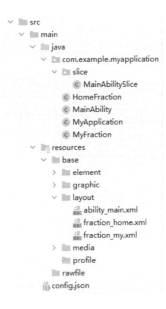

图 8-34 项目的目录结构

```
            ohos:text_size="36vp"/>
</DirectionalLayout>
```

此时，项目的目录结构如图 8-34 所示。

到这里就完成了 Fraction 的创建，接下来的工作就是使用 FractionManager 和 FractionScheduler 来进行 Fraction 的添加、显示和隐藏。

（4）在 MainAbilitySlice 中编写页面切换的代码。

主要思路是在 ability_main.xml 布局文件的 StackLayout 中切换 Fraction，当 HomeFraction 显示时，就把 MyFraction 隐藏，反之也一样。具体代码如下。

```java
    public class MainAbility extends FractionAbility {
    FractionManager mFractionManager;
    //当前显示的Fraction
    Fraction currentFraction;
    //保存所有Fraction的集合
    List<Class<? extends Fraction>> frationList;
    @Override
    public void onStart(Intent intent) {
        super.onStart(intent);
        super.setUIContent(ResourceTable.Layout_ability_main);
        //将程序中包含的Fraction添加到List集合中管理,并获得
FractionManager实例
        initFraction();
        //为布局中的按钮添加点击事件,用于切换Fraction
        initComponent();
    }
}
```

首先来看三个成员变量。FractionManager 为 Fraction 的管理器，currentFraction 表示当前显示的 Fraction，List<Class<? extends Fraction>>数组

用来保存所有要被显示的 Fraction。

在 onStart()方法中，我们通过 initFraction()方法初始化 Fraction 和 FractionManager，在 initComponent()方法中对两个按钮设置点击事件。

接下来看 initFraction()方法的代码。

```
private void initFraction() {
    frationList = new ArrayList<>();
    //将需要被显示的HomeFraction和MyFraction添加到数组中
    frationList.add(HomeFraction.class);
    frationList.add(MyFraction.class);
    //获取FractionAbility的上下文环境
    FractionAbility fractionAbility = (FractionAbility)
getAbility();
    //获取FractionManager对象
    mFractionManager = fractionAbility.getFractionManager();
}
```

在这个方法中，首先把所有要被显示的 Fraction 都添加到了集合中进行管理。由于 MainAbility 继承自 FractionAbility，所以可以将 getAbility()方法强转为 FractionAbility，通过 getFractionManager()方法来获取 FractionManager 对象。通过 FractionManager 可以得到 FractionScheduler 对象，来对 Fraction 进行添加、隐藏、删除等操作。

接下来看 initComponent()方法，这个方法为两个按钮添加了点击事件。

```
private void initComponent() {
    Button home = (Button)findComponentById(ResourceTable.Id_home);
    Button my = (Button)findComponentById(ResourceTable.Id_my);
    //显示HomeFraction
    home.setClickedListener(new Component.ClickedListener() {
        @Override
        public void onClick(Component component) {
            createPageInContainer(0);
        }
    });
    //显示MyFraction
    my.setClickedListener(new Component.ClickedListener() {
        @Override
```

```
        public void onClick(Component component) {
            createPageInContainer(1);
        }
    });
}
```

在它们的点击事件中，调用了 createPageInContainer(int position)方法。这个方法是我们封装好的显示 Fraction 的方法，主要功能如下。

（1）判断当前是否有 Fraction 显示，如果已经有 Fraction 显示了，就先把它隐藏。

（2）在 FractionManager 对象中查找是否有指定 tag 的 Fraction，这里的 tag 用入参 position 来代替。

（3）如果已经存在指定的 Fraction，就显示出来，如果不存在，就从 List 中取出该 Fraction，将其实例化后再进行显示。

下面来看具体的代码。

```
public void createPageInContainer(int position) {
    //获取 FractionScheduler 对象，用于控制 Fraction 的显示
    FractionScheduler fractionScheduler = mFractionManager.startFractionScheduler();
    if (currentFraction != null) {
        //当前 fraction 不为空，说明已经有显示的页面，那么将其隐藏
        fractionScheduler.hide(currentFraction);
    }
    Fraction fraction = null;
    //根据 position 标签从 FractionManager 对象中获取 Fraction
    Optional<Fraction> fractionOptional = mFractionManager
            .getFractionByTag(Integer.toString(position));
    //判断 FractionManager 对象中是否存在指定的 Fraction
    if (fractionOptional.isPresent()) {
        //存在，通过 FractionScheduler 对象的 show()方法显示出来
        fraction = fractionOptional.get();
        fractionScheduler.show(fraction);
    } else {
        //如果不存在指定的 Fraction，就创建它
        try {
```

```
            //从 List 中获取该 Fraction,调用 newInstance()方法通过反射来
实例化对象
            fraction = frationList.get(position).newInstance();
        } catch (Exception e) {
            e.printStackTrace();
        }
        //将 fraction 添加到 FractionScheduler 对象中
        fractionScheduler.add(ResourceTable.Id_fraction_container,
fraction,Integer.toString(position));
    }
    //修改 currentFraction 的引用为当前显示的 Fraction
    currentFraction = fraction;
    //提交事务
    fractionScheduler.submit();
}
```

我们要关注一下 FractionScheduler 对象的 show()方法和 add()方法的使用时机,当 FractionManager 对象中已经包含了该 Fraction 时,直接调用 show()方法就可以将其显示,如果不包含该 Fraction,那么需要将该 Fraction 通过 add()方法添加到 FractionManager 对象中管理。这样,Fraction 才可以被显示。最后,需要调用 submit()方法,将事务进行提交,才可以最终将 Fraction 显示。

下面来看最终的运行效果。分别点击"主页"和"个人信息"按钮可以完成对应 Fraction 的切换,如图 8-35 所示。

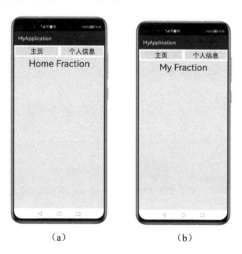

图 8-35 Fraction 的切换

可以看到，在同一个 AbilitySlice 中，完成了两个页面的切换。

8.6　本章小结

本章介绍了 ListContainer、ScrollView、PageSlider 与 PageSliderIndicator、WebView 和 Fraction。与前面讲到的 Button、Text 等组件相比，这些属于稍微复杂一些的组件，可以实现的功能更加丰富。相信经过本章的学习，读者已经初步掌握了这些组件的基本用法。在实际项目中，我们会经常遇到做轮播图、页面切换、局部刷新、嵌入 H5 页面等需求，就可以使用本章介绍的组件来完成。

本书最后一章将介绍 HamronyOS 中的线程管理，使读者可以对 HarmonyOS 应用程序开发有更深入的了解，灵活掌握各种场景下线程的使用。

第 9 章 线程管理

在程序开发的过程中，我们编写的代码仅仅是静态的字符，要让代码起作用还需要将代码提交到 CPU。CPU 是设备的核心运算单元，负责代码的执行。代码的执行并非随机和无序的，而是以线程作为运行和调度的基本单位。在 HarmonyOS 开发中，线程管理是非常重要的内容。在应用启动后，系统会为该应用创建一个被称为"主线程"的执行线程。在应用停止后，主线程也随之消失，主线程是应用的核心线程。UI 页面的显示和更新等操作，都是在主线程上进行的。主线程又称为 UI 线程，默认所有的操作都是在主线程上执行的。

主线程的特点是尽量不做耗时操作。耗时操作是执行消耗时间比较多的任务，比如网络请求、数据库读取、文件操作、数据量比较大的初始化操作等。如果在主线程上执行耗时操作，那么容易造成程序未响应和崩溃。所以，耗时操作一般应该放在子线程中完成，这样不会阻塞程序正常运行。一般应用的业务逻辑比较复杂，可能需要创建多个线程来执行多个任务，这就需要开发者完成线程的管理。

9.1 线程管理开发

在进行复杂业务开发时，经常需要用到不同的线程来处理任务，但是线程不可能无限地产生。线程在创建和销毁的过程中都会有系统开销，所以我们会考虑通过线程优先级、线程池等方式来优化线程的使用，否则线程太多会给 CPU 带来线程调度问题。

为了解决复杂业务逻辑中多线程调度和维护的问题，HarmonyOS 提供了 TaskDispatcher 对象来管理线程。它是一个任务分发器，是 Ability 任务分发的基本接口。它隐藏了底层线程实现的细节，包括线程的创建、销毁和重用，使开发者可以更加专注于业务开发，而不用做复杂线程的管理。

9.1.1 线程优先级

在开发过程中,并非所有业务的重要性都是同等的。比如,对于新闻客户端来说,新闻显然是用户更关注的数据。新闻页面的新闻列表数据要比广告数据重要。

由于 CPU 资源是有限的,为了保证应用有更好的响应能力,任务需要有相应的优先级。优先级高的任务会获得更多的 CPU 资源,而优先级低的任务相对来说更不容易获得 CPU 资源。在主线程上运行的任务应当以高优先级运行,如果某个任务无须实时等待结果,那么可以使用低优先级。在 HarmonyOS 中,有以下三种线程优先级,见表 9-1。

表 9-1 线程优先级

优先级	含义
TaskPriority.HIGH	高优先级
TaskPriority.DEFAULT	默认优先级
TaskPriority.LOW	低优先级

9.1.2 TaskDispatcher 开发

TaskDispatcher 是将任务发送到任务分发器的基本接口,支持同步、异步、串行和并行任务的派发,其方法见表 9-2。

表 9-2 TaskDispatcher 的方法

方法	含义
applyDispatch(Consumer<Long> task, long iterations)	对指定的任务执行多次
createDispatchGroup()	创建任务组
asyncDispatch(Runnable task)	派发异步任务
asyncGroupDispatch(Group group, Runnable task)	将异步任务添加到任务组中
asyncDispatchBarrier(Runnable task)	设置给定任务的执行屏障,只有在任务组中的所有任务完成后才能执行
syncDispatch(Runnable task)	派发同步任务
syncDispatchBarrier(Runnable task)	为给定任务在任务组中设置执行屏障,并等待任务组中的所有任务完成后执行该任务
groupDispatchNotify(Group group, Runnable task)	在任务组中的所有任务完成后执行任务

续表

方法	含义
groupDispatchWait(Group group, long timeout)	等待任务组中的所有任务完成
delayDispatch(Runnable task, long delayMs)	延迟指定时间后派发异步任务

在 HarmonyOS 中，任务分发有以下几种类别，分别适用于不同场景下的任务分发。

（1）GlobalTaskDispatcher。它是全局并发任务分发器，通过 AbilityContext 的 getGlobalTaskDispatcher()方法创建。它适用于任务之间没有联系的情况。一个应用只有一个 GlobalTaskDispatcher，它在程序结束时才被销毁，可以使用它来执行日常的任务。

getGlobalTaskDispatcher(TaskPriority priority)方法有一个入参：

priority：任务优先级。

比如：

```
getGlobalTaskDispatcher(TaskPriority.DEFAULT);
```

（2）ParallelTaskDispatcher。它是并发任务分发器，通过 AbilityContext 的 createParallelTaskDispatcher()方法创建。与 GlobalTaskDispatcher 不同的是，ParallelTaskDispatcher 不具有全局唯一性，可以创建多个。

createParallelTaskDispatcher(String name, TaskPriority priority)方法有两个入参：

name：TaskDispatcher 的名字，由于 ParallelTaskDispatcher 不具备全局唯一性，需要用名称来标识。

priority：任务优先级。

比如：

```
TaskDispatcher parallelTaskDispatche = createParallelTaskDispatcher
("myParallelTaskDispatche", TaskPriority.DEFAULT);
```

（3）SerialTaskDispatcher。它是串行任务分发器，通过 AbilityContext 的 createSerialTaskDispatcher()方法创建。由该分发器分发的所有任务都按顺序执行，相当于一个有序列表，但是执行这些任务的线程并不是固定的。它只是按顺序将任务放入队列中，至于最后的执行顺序，还取决于当前线程池的情况。它的创建和销毁由开发者自己管理，开发者在使用期间需要持有该对象的引用。

createSerialTaskDispatcher(String name, TaskPriority priority)方法有两个入参：

name：TaskDispatcher 的名字，由于 SerialTaskDispatcher 不具备全局唯一性，需要用名称来标识。

priority：任务优先级。

比如：

```
TaskDispatcher serialTaskDispatche = createSerialTaskDispatcher
("mySerialTaskDispatcher", TaskPriority.DEFAULT);
```

（4）SpecTaskDispatcher。它是专有任务分发器，是绑定到专有线程上的任务分发器。目前有 MainTaskDispatcher 或 UITaskDispatcher 两种任务分发器。推荐使用 UITaskDispatcher，它可以把任务绑定到主线程上执行，通过 AbilityContext 的 getUITaskDispatcher()方法创建。由该分发器分发的所有任务都是在主线程上按顺序执行的，它在程序结束时被销毁。

getUITaskDispatcher()没有入参，可以直接使用，比如：

```
TaskDispatcher uiTaskDispatcher = getUITaskDispatcher();
```

下面按照 TaskDispatcher 提供的接口方法，介绍使用任务分发器的开发。

新建 Empty Ability（Java）模板项目，在"Project Type"选区中选择"Application"单选按钮，在 MainAbilitySlice 中编写代码。

1. syncDispatch

这个方法用于派发同步任务。同步任务是指在任务执行完成之前，当前线程会被阻塞，直到任务执行完成。下面的例子通过 GlobalTaskDispatcher 来完成同步任务执行。设置执行两次同步任务，通过日志打印的情况来观察任务的执行顺序。

```
public class MainAbilitySlice extends AbilitySlice {
    static final HiLogLabel LABEL_LOG=new HiLogLabel(HiLog.LOG_APP,
0xD001100, "MY_TAG");
    @Override
    public void onStart(Intent intent) {
```

```
        super.onStart(intent);
        super.setUIContent(ResourceTable.Layout_ability_main);
        TaskDispatcher globalTaskDispatcher = getGlobalTaskDispatcher
(TaskPriority.DEFAULT);
        //执行同步任务1
        globalTaskDispatcher.syncDispatch(new Runnable() {
            @Override
            public void run() {
                try {
                    //线程睡眠5秒模拟耗时操作
                    Thread.sleep(5000);
                } catch (InterruptedException e) {
                    e.printStackTrace();
                }
                HiLog.info(LABEL_LOG,"第一个同步任务");
            }
        });
        HiLog.info(LABEL_LOG,"第一个同步任务执行完毕");
        //执行同步任务2
        globalTaskDispatcher.syncDispatch(new Runnable() {
            @Override
            public void run() {
                try {
                    //线程睡眠5秒模拟耗时操作
                    Thread.sleep(5000);
                } catch (InterruptedException e) {
                    e.printStackTrace();
                }
                HiLog.info(LABEL_LOG,"第二个同步任务");
            }
        });
        HiLog.info(LABEL_LOG,"第二个同步任务执行完毕");
    }
}
```

syncDispatch 的入参为 Runnable 接口,在其 run()方法中编写任务的业务代码。这里使用 Thread.sleep(5000)模拟 5 秒耗时操作,在耗时操作结束后输出日志。在程序运行完后,观察执行的结果,如图 9-1 所示。

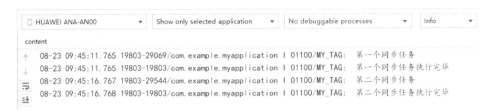

图 9-1 同步任务的执行过程

从日志中可以看到，耗时操作阻塞了线程，只有在第一个任务执行完成后，才会继续执行后面的代码。

2. asyncDispatch

这个方法用于派发异步任务。异步任务是指任务的执行不会阻塞线程，不会影响其他任务的执行。异步任务派发只是将任务派发到任务队列中，实际执行时间要比任务派发的时间晚，具体晚多少取决于队列和内部线程池的繁忙情况。异步任务派发的返回值为 Revocable 对象，此对象可用于取消异步任务的执行。在下面例子中，使用 GlobalTaskDispatcher 来派发异步任务，观察异步任务执行中和执行后的日志。

```java
public class MainAbilitySlice extends AbilitySlice {
    static final HiLogLabel LABEL_LOG=new HiLogLabel(HiLog.LOG_APP,
0xD001100, "MY_TAG");
    @Override
    public void onStart(Intent intent) {
        super.onStart(intent);
        super.setUIContent(ResourceTable.Layout_ability_main);
        TaskDispatcher globalTaskDispatcher =
            getGlobalTaskDispatcher(TaskPriority.DEFAULT);
        Revocable revocable = globalTaskDispatcher.asyncDispatch
(new Runnable() {
            @Override
            public void run() {
                HiLog.info(LABEL_LOG,"第一个异步任务");
            }
        });
        HiLog.info(LABEL_LOG,"第一个异步任务执行后");
        //如果异步任务还没有得到执行，可用于取消异步任务
        //revocable.revoke();
```

```
        }
    }
```

在程序运行完后，观察执行的结果，如图9-2所示。

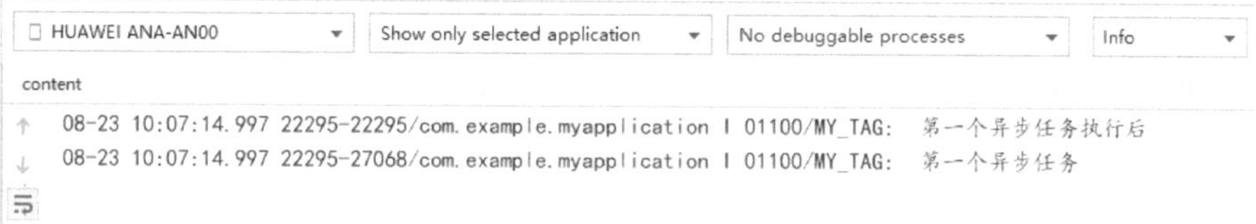

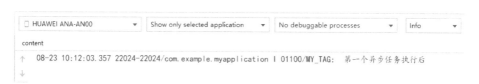

图9-2 异步任务的执行过程

可以看到，先打印出来的是"第一个异步任务执行后"，而异步任务的执行是在这行语句结束后才输出的。这说明asyncDispatch中Runnable的run()方法并未阻塞线程，而是继续执行下面的语句。

在上面的代码中，我们注释掉了revocable.revoke()方法，它可以取消未执行的异步任务。我们将这行代码取消注释再次运行。这时，如果在此语句执行之前，仍没有执行异步任务，那么异步任务就会被取消，异步任务中的日志也就不会打印出来了，如图9-3所示。

图9-3 取消异步任务的执行

3. delayDispatch

其内部Runnable的run()方法会在指定的延时之后执行。延迟时间参数仅代表在这段时间以后任务分发器会将任务加入队列中，任务的实际执行时间可能晚于这个时间，具体比这个数值晚多久，取决于队列及内部线程池的繁忙情况。此方法会立即返回Revocable对象，可以用于取消未执行的延迟任务。下面使用GlobalTaskDispatcher派发异步延迟任务。

```
public class MainAbilitySlice extends AbilitySlice {
    static final HiLogLabel LABEL_LOG=new HiLogLabel(HiLog.LOG_APP,
0xD001100, "MY_TAG");
    @Override
    public void onStart(Intent intent) {
```

```
        super.onStart(intent);
        super.setUIContent(ResourceTable.Layout_ability_main);
        TaskDispatcher globalTaskDispatcher = getGlobalTaskDispatcher
(TaskPriority.DEFAULT);
        HiLog.info(LABEL_LOG,"开始异步任务");
        Revocable revocable = globalTaskDispatcher.delayDispatch
(new Runnable() {
            @Override
            public void run() {
                HiLog.info(LABEL_LOG,"执行异步任务");
            }
        }, 1000);
        HiLog.info(LABEL_LOG,"执行异步任务后");
        //revocable.revoke();
    }
}
```

在延迟 1 秒后，会将任务放到队列中等待执行，从图 9-4 所示的日志时间戳中可以看到，"开始异步任务"和"执行异步任务后"很快被打印出来，"执行异步任务"在过了 1 秒多后被执行。

图 9-4　延迟派发异步任务的执行过程

同样，将 revocable.revoke()方法注释掉，能够取消异步任务，如图 9-5 所示。

图 9-5　取消延迟派发异步任务的执行过程

4．applyDispatch

这个方法用于对指定任务执行多次。applyDispatch(Consumer<Long> task,

long iterations)方法有两个入参：第一个参数表示要执行的任务，第二个参数为要执行的次数。

```
public class MainAbilitySlice extends AbilitySlice {
    static final HiLogLabel LABEL_LOG=new HiLogLabel(HiLog.LOG_APP,
0xD001100, "MY_TAG");
    @Override
    public void onStart(Intent intent) {
        super.onStart(intent);
        super.setUIContent(ResourceTable.Layout_ability_main);
        TaskDispatcher globalTaskDispatcher =
getGlobalTaskDispatcher(TaskPriority.DEFAULT);
        globalTaskDispatcher.applyDispatch(new Consumer<Long>() {
            @Override
            public void accept(Long aLong) {
                HiLog.info(LABEL_LOG,"执行第"+aLong+"次");
            }
        }, 5);
    }
}
```

在程序运行完后，观察执行的结果，如图9-6所示，任务被执行了5次。

图9-6　指定任务的多次执行过程

5. createDispatchGroup

这个方法用于创建任务组。任务组表示一组任务，每组任务之间有一定的联系，可以将多个任务关联到一个任务组，以便将它们视为一个整体。这个方法返回了Group对象。我们可以将同步任务或异步任务放到一个组里执行，这样一次可以执行多个任务。其创建方式如下。

```
TaskDispatcher globalTaskDispatcher = getGlobalTaskDispatcher
(TaskPriority.DEFAULT);
```

```
Group group = globalTaskDispatcher.createDispatchGroup();
```

6. asyncGroupDispatch

这个方法用于将异步任务添加到任务组中。通常被加入一个组的任务具有一定的相关性。当组中的任务全部执行完后，会回调 groupDispatchNotify()方法，在这个方法中可以对已执行的关联任务做最后处理，比如数据聚合。

```
public class MainAbilitySlice extends AbilitySlice {
    static final HiLogLabel LABEL_LOG=new HiLogLabel(HiLog.LOG_APP, 0xD001100, "MY_TAG");
    @Override
    public void onStart(Intent intent) {
        super.onStart(intent);
        super.setUIContent(ResourceTable.Layout_ability_main);
        TaskDispatcher globalTaskDispatcher = getGlobalTaskDispatcher(TaskPriority.DEFAULT);
        //创建任务组
        Group group = globalTaskDispatcher.createDispatchGroup();
        //在任务组中添加第一个任务
        globalTaskDispatcher.asyncGroupDispatch(group, new Runnable() {
            @Override
            public void run() {
                HiLog.info(LABEL_LOG,"任务组中第一个任务");
            }
        });
        //在任务组中添加第二个任务
        globalTaskDispatcher.asyncGroupDispatch(group, new Runnable() {
            @Override
            public void run() {
                HiLog.info(LABEL_LOG,"任务组中第二个任务");
            }
        });
        //在任务组中的所有任务执行完成后执行
        globalTaskDispatcher.groupDispatchNotify(group, new Runnable() {
            @Override
            public void run() {
```

```
            HiLog.info(LABEL_LOG, "任务组中任务执行完成");
        }
    });
    }
}
```

在程序运行完后,观察执行的结果,如图 9-7 所示。

图 9-7 任务组中的任务执行过程

这里要说明的是,由于执行的是异步任务,所以可能的执行结果还有:

任务组中第二个任务
任务组中第一个任务
任务组中任务执行完成

也就是说,"任务组中第二个任务"和"任务组中第一个任务"的执行顺序是不固定的,但"任务组中任务执行完成"会永远在最后执行。

7. syncDispatchBarrier

这个方法用于设置同步任务屏障,同步等待设置屏障之前任务组中的所有任务执行完成,再执行该任务。假设任务 1、任务 2 和任务 3 都属于同一个任务组,对于如下任务执行顺序:

任务 1→任务 2→同步任务屏障→任务 3

任务的执行情况为同步任务屏障会等待任务 1 和任务 2 执行完后执行,同一任务组中的任务 3 会在同步任务屏障后执行。同步任务屏障只会等待在设置同步任务屏障前开始的任务。

值得一提的是,在全局并发任务分发器(GlobalTaskDispatcher)上同步设置任务屏障,将不会起到屏障作用。同步任务屏障的重点是,同步等待所有任务屏障前任务执行完成,会阻塞进程。可以使用并发任务分发器(ParallelTaskDispatcher)分离不同的任务组,达到局部并行、全局串行的任务执行行为。

```java
public class MainAbilitySlice extends AbilitySlice {
    static final HiLogLabel LABEL_LOG=new HiLogLabel(HiLog.LOG_APP,
0xD001100, "MY_TAG");
    @Override
    public void onStart(Intent intent) {
        super.onStart(intent);
        super.setUIContent(ResourceTable.Layout_ability_main);
        TaskDispatcher dispatcher = createParallelTaskDispatcher
("parallelTaskDispatcher",TaskPriority.DEFAULT);
        //创建任务组
        Group group = dispatcher.createDispatchGroup();
        //在任务组中添加第一个任务
        dispatcher.asyncGroupDispatch(group, new Runnable() {
            @Override
            public void run() {
                HiLog.info(LABEL_LOG,"任务组中第一个任务");
            }
        });
        //在任务组中添加第二个任务
        dispatcher.asyncGroupDispatch(group, new Runnable() {
            @Override
            public void run() {
                HiLog.info(LABEL_LOG,"任务组中第二个任务");
            }
        });
        //设置同步任务屏障
        dispatcher.syncDispatchBarrier(new Runnable() {
            @Override
            public void run() {
                HiLog.info(LABEL_LOG, "同步任务屏障");
            }
        });
        HiLog.info(LABEL_LOG, "任务屏障后");
    }
}
```

在上述代码中，添加了两个异步任务和一个同步任务屏障。同步任务屏障并非执行同步任务，而是同步阻塞等任务屏障前的任务执行完。在程序运行后，任务屏障永远在两个任务执行完成后执行，而任务一、任务二的次序是不固定的。由于同步屏障的阻塞，最后打印的"任务屏障后"会永远在"同步任务屏障"后执行。在程序运行完后，观察执行的结果，如图9-8所示。

图 9-8 同步任务屏障的执行过程

8. asyncDispatchBarrier

这个方法用于设置异步任务屏障。只有任务组内设置屏障前的异步任务都执行完后，才会执行此方法内的任务，此方法内的任务也是异步执行的。另外，在全局并发任务分发器（GlobalTaskDispatcher）上设置异步任务屏障，将不会起到屏障作用。

```java
public class MainAbilitySlice extends AbilitySlice {
    static final HiLogLabel LABEL_LOG=new HiLogLabel(HiLog.LOG_APP,
0xD001100, "MY_TAG");
    @Override
    public void onStart(Intent intent) {
        super.onStart(intent);
        super.setUIContent(ResourceTable.Layout_ability_main);
        TaskDispatcher dispatcher = createParallelTaskDispatcher
("parallelTaskDispatcher",TaskPriority.DEFAULT);
        //创建任务组
        Group group = dispatcher.createDispatchGroup();
        //在任务组中添加第一个任务
        dispatcher.asyncGroupDispatch(group, new Runnable() {
            @Override
            public void run() {
                HiLog.info(LABEL_LOG,"任务组中第一个任务");
            }
```

```
    });
    //在任务组中添加第二个任务
    dispatcher.asyncGroupDispatch(group, new Runnable() {
       @Override
       public void run() {
           HiLog.info(LABEL_LOG,"任务组中第二个任务");
       }
    });
    //设置异步任务屏障
    dispatcher.asyncDispatchBarrier(new Runnable() {
       @Override
       public void run() {
           HiLog.info(LABEL_LOG, "异步任务屏障");
       }
    });
    HiLog.info(LABEL_LOG, "异步任务屏障后");
  }
}
```

从打印的日志中可以看到,"异步任务屏障后"的执行顺序和其他任务无关,"异步任务屏障"总会在设置任务屏障之前任务组中的任务执行完后执行,如图9-9所示。

图9-9　异步任务屏障的执行过程

上面的内容对 TaskDispatcher 中的接口进行了介绍，大部分以 GlobalTaskDispatcher 和 ParallelTaskDispatcher 来举例。我们平时使用得较多的还有 getUITaskDispatcher() 方法，它可以绑定到主线程上来操作应用的 UI 组件。举一个例子，如果使用下面的代码就会导致程序崩溃。

```
  Text text = (Text) findComponentById(ResourceTable.Id_text_
helloworld);
    TaskDispatcher globalTaskDispatcher = getGlobalTaskDispatcher
(TaskPriority.DEFAULT);
```

```
globalTaskDispatcher.delayDispatch(new Runnable() {
    @Override
    public void run() {
        text.setText("通过 TaskDispatcher 修改");
    }
},1000);
```

这是因为 getGlobalTaskDispatcher()方法的线程在子线程上,子线程无法更新组件。如果将 GlobalTaskDispatcher 换成 UITaskDispatcher,程序就可以正常修改 Text 组件的值,下面的代码就不会报错。

```
Text text = (Text) findComponentById(ResourceTable.Id_text_helloworld);
TaskDispatcher uiTaskDispatcher = getUITaskDispatcher();
uiTaskDispatcher.delayDispatch(new Runnable() {
    @Override
    public void run() {
        text.setText("通过 TaskDispatcher 修改");
    }
},1000);
```

利用这种特性,我们可以在需要 ToastDialog 组件提示的地方,使用下面这种方式来优化程序,绑定主线程派发异步任务。

```
getUITaskDispatcher().asyncDispatch(() -> new ToastDialog(context).setText(msg).show());
```

9.2 线程间通信

在 HarmonyOS 中,线程如果按照功能划分,分为主线程和子线程。主线程主要完成 UI 绘制和响应用户的操作。主线程不能执行耗时操作,否则会造成阻塞,影响用户体验,严重时会导致程序未响应或崩溃。在开发过程中,我们经常遇到处理网络请求、数据库读取等耗时操作场景,但不希望当前的主线程受到阻塞,于是将耗时操作在子线程中执行。子线程无法更新 UI 页面,在执行完成后要将数据返回主线程中使用,这就涉及线程间通信。HarmonyOS 提供了 EventHandler 机制,用于处理线程间的通信问题。

9.2.1 EventHandler 运行机制

EventHandler 主要用来在不同线程间分发和处理 InnerEvent 事件或 Runnable 任务，其运行机制如图 9-10 所示。

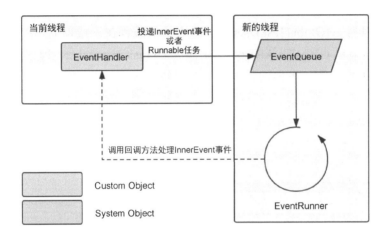

图 9-10　EventHandler 运行机制

EventHandler 用来创建线程，新的线程中包含一个事件队列 EventQueue，EventHandler 投递的事件就放在这个队列中。EventQueue 中的事件交由 EventRunner 来处理。EventRunner 本质上是一种事件循环器，可以循环处理其所在线程事件队列中的任务，包括 InnerEvent 事件和 Runnable 任务。如果取出的事件是 InnerEvent 事件，那么将在 EventRunner 所在的线程中回调 processEvent()方法，如果取出的事件是 Runnable 任务，那么将在 EventRunner 所在的线程中执行 Runnable 的 run()方法。

EventHandler 在线程间的通信方向是双向的，其场景包括以下两个。

（1）将 InnerEvent 事件或 Runnable 任务投递到新的线程，并按照指定的线程优先级和延时来处理。

（2）在新创建的线程中投递事件到原线程处理，原线程可以是主线程或一般子线程。

需要注意的是，一个 EventHandler 只能同时与一个 EventRunner 绑定，一个 EventRunner 可以同时绑定多个 EventHandler。也就是说，EventRunner 可以同时处理多个 EventHandler 对象传递过来的消息。

下面来看线程间通信的具体方法。

9.2.2 线程间通信相关的对象

首先来介绍进行进程间通信需要用到的类对象。

1. EventHandler

EventHandler 可以在异步线程上发送、处理 InnerEvent 事件和 Runnable 任务，可以使用下列方法进行同步事件、异步事件和延迟事件的处理，并设置事件优先级。其常用方法见表 9-3。

表 9-3 EventHandler 的常用方法

方法	含义
EventHandler(EventRunner runner)	使用已有的 EventRunner 来创建 EventHandler
current()	获取当前的 EventHandler
distributeEvent(InnerEvent event)	分发指定的 InnerEvent
getEventRunner()	获取绑定到当前 EventHandler 的 EventRunner
processEvent(InnerEvent event)	回调事件处理方法，需要开发者实现
sendEvent(InnerEvent event)	向事件队列发送一个事件，默认优先级为 LOW
sendEvent(InnerEvent event, long delayTime)	向事件队列发送一个延迟事件，默认优先级为 LOW
sendEvent(InnerEvent event, EventHandler.Priority priority)	向事件队列发送一个指定优先级的事件
sendEvent(InnerEvent event, long delayTime, EventHandler.Priority priority)	向事件队列发送一个指定优先级的延迟事件
sendSyncEvent(InnerEvent event)	向事件队列发送同步事件，默认优先级为 LOW
sendSyncEvent(InnerEvent event, EventHandler.Priority priority)	向事件队列发送指定优先级的同步事件
postTask(Runnable task)	向事件队列发送 Runnable 任务，默认优先级为 LOW
postTask(Runnable task, long delayTime)	向事件队列发送延时 Runnable 任务，默认优先级为 LOW
postTask(Runnable task, EventHandler.Priority priority)	向事件队列发送指定优先级的 Runnable 任务
postTask(Runnable task, long delayTime, EventHandler.Priority priority)	向事件队列发送指定优先级的延时 Runnable 任务
postSyncTask(Runnable task)	向事件队列发送同步 Runnable 任务，默认优先级为 LOW

续表

方法	含义
postSyncTask(Runnable task, EventHandler.Priority priority)	向事件队列发送指定优先级的同步 Runnable 任务
postTimingTask(Runnable task, long taskTime)	向事件队列发送定时 Runnable 任务，如果时间小于当前值，则立即执行，默认优先级为 LOW
postTimingTask(Runnable task, long taskTime, EventHandler.Priority priority)	向事件队列发送指定优先级的定时 Runnable 任务，如果时间小于当前值，则立即执行
sendTimingEvent(InnerEvent event, long taskTime)	向事件队列发送定时 Runnable 任务，如果时间小于当前值，则立即执行，默认优先级为 LOW
sendTimingEvent(InnerEvent event, long taskTime, EventHandler.Priority priority)	向事件队列发送指定优先级的定时 Runnable 任务，如果时间小于当前值，则立即执行
removeEvent(int eventId)	根据事件 ID 从 EventHandler 中删除事件
removeEvent(int eventId, long param)	根据给定的事件 ID 和参数从 EventHandler 中删除指定的事件
removeEvent(int eventId, long param, Object object)	根据给定的事件 ID、参数和对象从 EventHandler 中删除指定的事件
removeAllEvent()	删除 EventHandler 中的所有事件
getEventName(InnerEvent event)	获取任务名称或事件 ID

上述方法分为两类：一类是针对 InnerEvent 事件的，另一类是针对 Runnable 任务的，这一点可以从 API 的名称上进行区分。每一类 API 又包括许多重载方法，加入了延时处理和优先级的概念。目前，EventHandler 对事件的优先级划分为以下几种，优先级由高到低排列依次为：

（1）Priority.IMMEDIATE：表示事件要被立即投递。

（2）Priority.HIGH：表示高优先级事件。

（3）Priority.LOW：表示低优先级事件。

（4）Priority.IDLE：表示最低优先级事件，在没有其他优先级事件时才会被投递。

2．EventRunner

EventRunner 用来在当前线程中创建和管理事件队列。其有两种工作模式，分别为托管模式和手动模式，默认为托管模式。

（1）托管模式：EventRunner 的启动和停止由系统管理。当 EventRunner

实例化时，系统自动调用 run() 方法来启动 EventRunner。当 EventRunner 不被引用时，系统会调用 stop() 方法来停止 EventRunner。

（2）手动模式：开发者需要手动调用 EventRunner 的 run() 或 stop() 方法来启动或停止 EventRunner。

两种工作模式需要在 EventRunner 创建时指定。

EventRunner 的常用方法见表 9-4。

表 9-4　EventRunner 的常用方法

方法	含义
create()	创建一个线程并启动 EventRunner，默认为托管模式
create(boolean inNewThread)	创建一个线程并启动 EventRunner，其中入参如下： true：托管模式。 false：手动模式
create(String newThreadName)	创建一个指定线程名字的 EventRunner，并启动 EventRunner
current()	获取当前线程的 EventRunner
getEventQueue()	获取当前 EventRunner 的事件队列
getCurrentEventQueue()	获取与当前线程关联的 EventRunner 的事件队列
getMainEventRunner()	获取应用程序主线程的 EventRunner
run()	启动新线程，在手动模式下起作用
stop()	停止新线程，在手动模式下起作用

3. InnerEvent

InnerEvent 是事件投递的基本对象，在线程间通信时，需要将事件封装为 InnerEvent，其成员变量有以下几个。

（1）eventId：事件 ID，用来标识事件。

（2）object：事件中携带的信息。

（3）param：事件中携带的 long 类型数据，用于传递简单数据。

InnerEvent 的常用方法见表 9-5。

表 9-5　InnerEvent 的常用方法

方法	含义
get(int eventId)	指定 eventId 创建 InnerEvent 实例
get(int eventId, long param)	指定 eventId 和 param 创建 InnerEvent 实例
get(int eventId, long param, Object object)	指定 eventId、param 和 object 创建 InnerEvent 实例
get(int eventId, Object object)	指定 eventId 和 object 创建 InnerEvent 实例
get(Runnable task)	指定 Runnable 任务创建 InnerEvent 实例
get(InnerEvent oldInnerEvent)	克隆一个 InnerEvent 实例
getPacMap()	获取 PacMap，如果没有，则会新建一个
setPacMap(PacMap pacMap)	设置 PacMap
getTask()	获取处理此 InnerEvent 时将执行的 Runnable 任务

9.2.3　线程间通信开发

下面介绍线程间通信的方法。线程间通信的关键点在于 EventRunner，如果从主线程向子线程发消息，那么需要使用子线程的 EventRunner 来构建 EventHandler。如果从子线程向主线程发消息，那么需要使用主线程的 EventRunner 来构建 EventHandler，下面通过代码来具体讲解。

新建 Empty Ability（Java）模板项目，在"Project Type"选区中选择"Application"单选按钮，在 MainAbilitySlice 中编写代码。

1. 从主线程向子线程发消息

下面分步骤介绍如何从主线程向子线程发消息，后面会给出完整代码。

（1）创建 EventRunner。EventRunner 的作用是声明一个线程，并启动 EventRunner 循环处理事件队列中的任务。这个线程可以是新的线程，也可以是当前线程，它是处理事件的具体线程。EventRunner 默认的工作模式为托管模式，也就是说开发者不用管 EventRunner 的启动和停止。

创建子线程，获取子线程的 EventRunner：

```
EventRunner eventRunner = EventRunner.create();
```

获取当前线程的 EventRunner：

```
EventRunner eventRunner = EventRunner.current();
```

在创建好 EventRunner 后，我们就有了一个线程。通过 EventRunner.create() 方法创建的是子线程，可以做耗时操作，但不能更新 UI 页面。

（2）构造 EventHandler。使用第一步创建的 EventRunner 来创建 EventHandler。EventHandler 中的 processEvent()方法工作在 EventRunner 所在的线程中，这里是做事件处理的地方，也就是下面的代码。

```
EventHandler handler = new EventHandler(eventRunner){
    @Override
    protected void processEvent(InnerEvent event) {
        super.processEvent(event);
    }
};
```

processEvent()方法中的入参为 InnerEvent，它是事件的载体。接下来构造 InnerEvent。

（3）构造 InnerEvent。InnerEvent 中可以包含事件的枚举值和参数，它是用于在线程间通信的对象。我们可以将需要在线程间传递的内容放到 InnerEvent 中。通过 InnerEvent 的 get(int eventId)方法来获得 InnerEvent 实例。eventId 代表了事件 ID。在实际开发中，要尽量避免使用纯数字这种没有明显含义的表述，可以将事件 ID 声明为全局静态变量。然后，将构造好的事件对象通过 handler.sendEvent(event)方法发送到其他线程。

```
private static final int DOWNLOAD_PICTURE =1;//下载图片
private static final int DOWNLOAD_FILE =2;//下载文件
InnerEvent event = InnerEvent.get(DOWNLOAD_PICTURE);
//将构造好的事件发送出去
handler.sendEvent(event);
```

（4）实现 processEvent()方法。改造一下 EventHandler 中的 processEvent()方法。它的入参 event 是第三步中通过 handler 发送来的。通过判断 event 的 ID 来区分不同事件。我们在 processEvent()方法中加入 switch-case 语句，指定了两个事件：DOWNLOAD_PICTURE（下载图片）和 DOWNLOAD_FILE（下载文件）。

```
EventHandler handler = new EventHandler(eventRunner){
    @Override
    protected void processEvent(InnerEvent event) {
```

```
            switch (event.eventId){
                case DOWNLOAD_PICTURE:
                    HiLog.info(LABEL_LOG,"下载图片");
                    break;
                case DOWNLOAD_FILE:
                    HiLog.info(LABEL_LOG,"下载文件");
                    break;
                default:break;
            }
        }
    };
```

为了方便观察不同线程的效果，我们将当前线程的线程号输出显示到控制台，分别在构造 EventRunner 的线程和执行 processEvent() 的线程中打印日志，案例的代码如下。

```
    public class MainAbilitySlice extends AbilitySlice {
        private static final int DOWNLOAD_PICTURE =1;//下载图片
        private static final int DOWNLOAD_FILE =2;//下载文件
        static final HiLogLabel LABEL_LOG= new HiLogLabel(HiLog.LOG_APP,
0xD001100, "MY_TAG");
        @Override
        public void onStart(Intent intent) {
            super.onStart(intent);
            super.setUIContent(ResourceTable.Layout_ability_main);
            HiLog.info(LABEL_LOG,"当前线程为: "+Thread.currentThread().getId());
            //创建子线程，并以托管模式（默认）启动 EventRunner
            EventRunner eventRunner = EventRunner.create();
            //创建事件消息对象
            InnerEvent event = InnerEvent.get(DOWNLOAD_PICTURE);
            EventHandler handler = new EventHandler(eventRunner){
                @Override
                protected void processEvent(InnerEvent event) {
                    HiLog.info(LABEL_LOG,"processEvent 当前线程为: "
                        +Thread.currentThread().getId());
                    switch (event.eventId){
                        case DOWNLOAD_PICTURE:
                            HiLog.info(LABEL_LOG,"下载图片");
```

```
                break;
            case DOWNLOAD_FILE:
                HiLog.info(LABEL_LOG,"下载文件");
                break;
            default:break;
        }
    }
};
//发送事件
handler.sendEvent(event);
    }
}
```

将程序运行,打印的日志如图 9-11 所示。

图 9-11 从主线程发送消息到子线程处理

第一条日志表示应用的主线程,它的线程号为 1。然后,通过 EventRunner.create()的方式创建 EventRunner,create()方法会创建一个新的线程来处理事件,所以在 EventHandler 的回调方法 processEvent()中,打印的线程号为 486,说明这个时候 processEvent()方法的工作线程是一个新的子线程。线程间通信的含义是在线程间传递信息。我们在主线程中通过 handler.sendEvent() 方法,将构造好的 InnerEvent 由主线程传递到了新创建的子线程中。子线程在收到消息后,可以从 InnerEvent 中获取事件 ID 和事件的信息,进行相应的下载图片或下载文件等操作。

2. 从子线程向主线程发消息

上面讲到的是从主线程向子线程发消息,接下来看如何从子线程向主线程发消息。

要向主线程发消息,就需要拿到主线程的 EventRunner。在主线程中执行下面的方式来获取主线程的 EventRunner:

```
EventRunner eventRunner = EventRunner.current();
```

接下来的问题就是要将主线程的 EventRunner 传递到子线程中，然后在子线程中构建主线程的 EventHandler。我们在线程间传递信息使用的是 InnerEvent，这个对象中有一个 object 参数可以用来存储 EventRunner。这里可以使用 get(int eventId, Object object)方法来构造 InnerEvent。

```
EventRunner currentEventRunner = EventRunner.current();
InnerEvent event = InnerEvent.get(DOWNLOAD_PICTURE, currentEventRunner);
```

这样就可以将当前线程的 EventRunner 保存到 InnerEvent 中。在 processEvent()方法中，可以通过 event.object 来获取，并用其来创建主线程的 EventHandler。下面是对应的方法。

```
@Override
protected void processEvent(InnerEvent event){
    //声明主线程的 EventHandler
    EventHandler main = null;
    //判断传进来的 object 是不是 EventRunner 类型的对象
    if (event.object instanceof EventRunner) {
        //强转 event.object 为 EventRunner
        EventRunner er = (EventRunner) event.object;
        //使用主线程 EventRunner 来构造 EventHandler
        main = new EventHandler(er) {
            @Override
            protected void processEvent(InnerEvent event) {
                //这里是主线程
            }
        };
    }
}
```

首先判断 event 中的 object 是不是 EventRunner 的实例，如果是就将其强转为 EventRunner。在拿到 EventRunner 后，初始化 EventHandler，重写 processEvent()方法来处理事件。这里的事件处理方法工作在主线程，也就是说，可以在这里更新主线程 UI 页面。以下是从子线程向主线程发送消息的全部代码。

```java
public class MainAbilitySlice extends AbilitySlice {
    private static final int DOWNLOAD_PICTURE =1;//下载图片
    private static final int DOWNLOAD_FILE =2;//下载文件
    private static final int DOWNLOAD_PICTURE_DONE=3;//图片下载完成
    static final HiLogLabel LABEL_LOG= new HiLogLabel(HiLog.LOG_APP,
0xD001100, "MY_TAG");
    @Override
    public void onStart(Intent intent) {
        super.onStart(intent);
        super.setUIContent(ResourceTable.Layout_ability_main);
        HiLog.info(LABEL_LOG,"当前线程为: "+Thread.currentThread().getId());
        //创建子线程，并以托管模式（默认）启动 EventRunner
        EventRunner eventRunner = EventRunner.create();
        //保存主线程的 EventRunner 实例
        EventRunner currentEventRunner = EventRunner.current();
        InnerEvent event = InnerEvent.get(DOWNLOAD_PICTURE,currentEventRunner);
        //用子线程的 EventRunner 初始化 EventHandler
        EventHandler handler = new EventHandler(eventRunner){
            @Override
            protected void processEvent(InnerEvent event) {
                HiLog.info(LABEL_LOG,"processEvent当前线程为: "
                        +Thread.currentThread().getId());
                //声明主线程的 EventHandler
                EventHandler main = null;
                //判断传进来的 object 是不是 EventRunner 类型的对象
                if(event.object instanceof EventRunner){
                    //强转 event.object 为 EventRunner
                    EventRunner er = (EventRunner)event.object;
                    //使用主线程 EventRunner 来构造 EventHandler
                    main = new EventHandler(er){
                        @Override
                        protected void processEvent(InnerEvent event) {
                            //这里是主线程
                            switch (event.eventId){
                                case DOWNLOAD_PICTURE_DONE:
                                    HiLog.info(LABEL_LOG,"当前线程为: "
```

```
                                +Thread.currentThread().getId());
                                HiLog.info(LABEL_LOG,"收到子线程传来
的消息："
                                +(String)event.object);
                                break;
                            default:break;
                        }
                    }
                };
            }
            //子线程中的事件处理
            switch (event.eventId){
                case DOWNLOAD_PICTURE:
                    HiLog.info(LABEL_LOG,"下载图片");
                    //通知主线程更新UI
                    InnerEvent e = InnerEvent.get(DOWNLOAD_PICTURE_DONE,"图片下载完成！");
                    main.sendEvent(e);
                    break;
                case DOWNLOAD_FILE:
                    HiLog.info(LABEL_LOG,"下载文件");
                    break;
                default:break;
            }
        }
    };
    handler.sendEvent(event);
}
```

程序的运行结果如图9-12所示。

图9-12　从子线程发送消息到主线程

这个案例实现了主线程通知子线程下载图片，在图片下载完成后子线程通知主线程下载完成。这里主要是从子线程向主线程发消息，关键点在于把主线程的 EventRunner 作为参数传递到子线程。这样子线程才可以构造 EventHandler 向主线程发送消息。

3. 投递 Runnable 任务

在上面的例子中，使用 EventHandler 投递 InnerEvent 事件。接下来看如何用 EventHandler 投递 Runnable 任务。

投递 Runnable 任务的步骤与"1.从主线程向子线程发消息"中的步骤基本相同，只是第（3）步中构建线程间通信的消息对象有区别。

首先创建 Runnable 任务。

```
Runnable task = new Runnable() {
    @Override
    public void run() {
        HiLog.info(LABEL_LOG,"processEvent 的当前线程为: "+Thread.currentThread().getId());
        HiLog.info(LABEL_LOG,"这是一个 Runnable 任务");
    }
};
```

这里其实创建了一个任务，但是并没有运行，任务的运行线程与 EventRunner 有关，需要通过 handler 来投递。

```
EventRunner eventRunner = EventRunner.create();
EventHandler handler = new EventHandler(eventRunner);
handler.postTask(task);
```

或者用其他重载方法：

```
handler.postTask(task,1000, EventHandler.Priority.IMMEDIATE);
```

上面的第一个方法不带有其他参数，可以直接运行 Runnable 任务，第二个方法指定了延时时间为 1000ms，优先级为高。

从图 9-13 所示的执行结果中可以看到，Runnable 任务已经运行，线程号为 582，工作在子线程中，这是因为在创建 EventRunner 时创建了新线程。

图 9-13　投递 Runnable 任务

如果在主线程中通过 EventRunner.current()方法来构建 EventRunner，那么任务会被投递到主线程中执行。

以上就是投递 Runnable 任务的方法。

9.3　本章小结

本章主要介绍了 HarmonyOS 中的线程管理，分别介绍了四种分发器的具体实现。主线程不能做耗时操作，否则会阻塞主线程的执行。耗时操作需要在子线程中完成，这就涉及线程间通信。线程间通信包括从主线程向子线程发送消息、从子线程向主线程发送消息和子线程间进行通信。线程间通信的关键在于 EventRunner 的构建和传递。灵活使用 EventRunner 可以完成线程间的通信。